数据挖掘：
R语言实战

黄文　王正林　编著

电子工业出版社·
Publishing House of Electronics Industry
北京·BEIJING

内 容 简 介

数据挖掘技术是当下大数据时代最关键的技术，其应用领域及前景不可估量。R是一款极其优秀的统计分析和数据挖掘软件，本书侧重使用R进行数据挖掘，重点讲述了R的数据挖掘流程、算法包的使用及相关工具的应用，同时结合大量精选的数据挖掘实例对R软件进行深入潜出和全面的介绍，以便读者能深刻理解R的精髓并能快速、高效和灵活地掌握使用R进行数据挖掘的技巧。

通过本书，读者不仅能掌握使用R及相关的算法包来快速解决实际问题的方法，而且能得到从实际问题分析入手，到利用R进行求解，以及对挖掘结果进行分析的全面训练。

本书适用于计算机、互联网、机器学习、信息、数学、经济金融、管理、运筹、统计以及有关理工科专业的本科生、研究生使用，也能帮助市场营销、金融、财务、人力资源管理人员及产品经埋解决实际问题，还能帮助从事咨询、研究、分析行业的人士及各级管理人士提高专业水平。

图书在版编目（CIP）数据

数据挖掘：R语言实战 / 黄文，王正林编著. —北京：电子工业出版社，2014.6
（大数据时代的R语言）
ISBN 978-7-121-23122-3

Ⅰ. ①数… Ⅱ. ①黄… ②王… Ⅲ. ①数据采集－统计分析－应用软件 Ⅳ. ①TP274

中国版本图书馆CIP数据核字（2014）第087041号

策划编辑：张月萍
责任编辑：刘 舫
印　　刷：北京虎彩文化传播有限公司
装　　订：北京虎彩文化传播有限公司
出版发行：电子工业出版社
　　　　　北京市海淀区万寿路173信箱　　邮编：100036
开　　本：787×980　　1/16　　　　印张：19　　字数：471千字
版　　次：2014年6月第1版
印　　次：2022年7月第14次印刷
定　　价：56.00元

前　言

在大数据时代，数据挖掘无疑将是最炙手可热的技术。数据挖掘的理论和方法正日新月异地发展，数据挖掘的技术及工具，已经渗透到互联网、金融、电商、管理、生产、决策等各个领域，数据挖掘的软件也是层出不穷，其中 R 是最引人关注的软件。

R 是一个免费的开源软件，它提供了首屈一指的统计计算和绘图功能，尤其是大量的数据挖掘方面的算法包，使得它成为一款优秀的、不可多得的数据挖掘工具软件。

本书的主要目的是向读者介绍如何用 R 进行数据挖掘，通过大量的精选实例，循序渐进、全面系统地讲述 R 在数据挖掘领域的应用。

本书以数据预处理、基本算法及应用和高级算法及应用这三篇展开。

（1）上篇：数据预处理

由第 1~5 章组成，首先简要介绍数据挖掘流程、算法和工具，然后介绍 R 中的数据分类和数据集，以及使用 R 获取数据的多种灵活的方法。最后讲述对数据进行探索性分析和预处理的方法。这些内容是使用 R 进行数据挖掘的最基础内容。

（2）中篇：基本算法及应用

由第 6~9 章组成，主要讲述数据挖掘的基本算法及应用，包括关联分析、聚类分析、判别分析和决策树，这些算法也是数据挖掘使用最多最普遍的算法。R 中提供了丰富的、功能强大的算法包和实现函数，数据挖掘的初级和中级用户务必掌握。

（3）下篇：高级算法及应用

由第 10~14 章组成，主要讲述数据挖掘的高级算法及应用，包括集成学习、随机森林、支持向量机和神经网络，以及使用 R 中的工具对数据挖掘的模型进行评估与选择。对于中高级的用户，可以深入学习一下本篇的内容。

R 的特点是入门非常容易，使用也非常简单，因此本书不需要读者具备 R 和数据挖掘的基础知识。不管是 R 初学者，还是熟练的 R 用户都能从书中找到对自己有用的内容，快速入门和提高。读者既可以把本书作为学习如何应用 R 的一本优秀的教材，也可以作为数据挖掘的工具书。

全书以实际问题、解决方案和对解决方案的讨论为主线来组织内容，脉络清晰，并且各章自成体系。读者可以从头至尾逐章学习，也可以根据自己的需要进行学习，根据自己在实际中遇到的问题寻找解决方案。

本书所编写的源程序，都通过了反复调试，读者可在 www.broadview.com.cn 网站下载，方便读者使用。

本书主要由黄文、王正林编写，其他参与编写的人员有付东旭、王思琪、钟太平、刘拥军、陈菜枚、李灿辉、钟事沅、王晓丽、王龙跃、夏路生、钟颂飞、钟杜清、王殿祜等。在此对所有参与编写的人员表示感谢！对关心、支持我们的读者表示感谢！

由于时间仓促，作者水平和经验有限，书中错漏之处在所难免，敬请读者指正，我们的电子邮箱是：wa_2003@126.com。

编　　者

2014 年 4 月 18 日于北京

目　　录

上篇　数据预处理

中篇 基本算法及应用

下篇 高级算法及应用

第 0 章

致敬，R！

此时，你一定想知道，书的封面上停着一只什么鸟？

那我告诉你，那是 Robin 鸟，中文名叫知更鸟，它可大有来头，是英国的国鸟，以羽毛颜色漂亮招人喜爱著称。

我把它放在封面，首先是借用其名字首字母 R，来表示 R 语言。最重要的是，我想到了股神巴菲特的一句关于知更鸟的名言，我想双关暗示一下——如果你还不学一些 R，大数据对你来说就快结束了。

如果你想等到知更鸟报春，那春天就快结束了。——巴菲特

So if you wait for the robins, spring will be over. ——Warren Edward Buffett

如果你想快速成功

你最好站在一个高的肩膀上

如果你想驾驭大数据时代

你最好懂点数据挖掘

如果你想玩转数据挖掘

你最好先玩转 R！

致敬，肩膀！

可能当我们还是三好小学生的时候，我们就知道，牛顿是站在巨人的肩膀上的，现如今，我们都知道，中国所有的"二代"，不是站在老爹的肩膀上，就是踩在老丈人的肩膀上的。不得不承认，脚下的肩膀有时候是很牛的。

当你走进数据挖掘，当你走进 R 的世界，你会发现，R 的脚下也有一个肩膀，有肩膀的 R 也是很牛的！

R 的肩膀，是谷歌首席经济学家范里安先生发现的，先生说了好几句话，我只记住了这句"使用 R，你已经站在了巨人的肩膀上"。

在此，我只想致敬一下肩膀，与"二代"无关！

我之所以能取得现在的成就，是因为我站在巨人的肩膀上。——牛顿

If I have seen further it is by standing on the shoulders of giants.   ——Isaac Newton

艾萨克·牛顿爵士（Isaac Newton，1643.12.25—1727.3.20），
英国数学家、物理学家、天文学家和经典力学体系奠基人。

R 的最美之处在于，你能够通过修改很多牛人预先编写好的包的代码，解决你想解决的各种问题，因此，事实上，使用 R，你已经站在了巨人的肩膀上。——哈尔·罗纳德·范里安

The great beauty of R is that you can modify it to do all sorts of things. And you have a lot of prepackaged stuff that's already available, so you're standing on the shoulders of giants.

——Hal Ronald Varian

哈尔·罗纳德·范里安（Hal Ronald Varian），
谷歌首席经济学家，美国著名研究微观经济学和信息经济学学者。

致敬，时代！

"大数据"一词，最早是全球知名咨询公司麦肯锡提出来的，"数据，已经渗透到当今每一个行业和业务职能领域，成为重要的生产因素。人们对于海量数据的挖掘和运用，预示着新一波生产率增长和消费者盈余浪潮的到来。"

我们，已经身处大数据时代了，对于做数据挖掘、用 R 的我们来说，好时代来了！

"大数据"时代已经降临，在商业、经济及其他领域中，决策将日益基于数据和分析而做出，而并非基于经验和直觉。

——摘自《纽约时报》，2012 年 2 月的一篇专栏

摘自《纽约时报》，How Big Data Became So Big 一文

　　"在美国具备高度分析技能的人才（大学及研究生院中学习统计和机器学习专业的学生）供给量，2008 年为 15 万人，预计到 2018 年将翻一番，达到 30 万人。然而，预计届时对这类人才的需求将超过供给，达到 44 万~49 万人的规模，这意味着将产生 14 万~19 万的人才缺口。仅仅四五年前，对数据科学家的需求还仅限于 Google、Amazon 等互联网企业中。然而在最近，重视数据分析的企业，无论是哪个行业，都在积极招募数据科学家，这也令人手不足的状况雪上加霜。"

——摘自麦肯锡全球研究院的报告 Big data: The next frontier for innovation, competition and productivity（大数据：未来创新、竞争、生产力的指向标），2011.5

　　……2017 年大数据技术和服务市场将增至 324 亿美元，实现 27% 的年复合增长率。……大数据不仅是新兴行业，也是市场的主要驱动力，它正在酿成一个主要的市场。

——摘自国际数据公司 IDC 的预测报告 Worldwide Big Data Technology and Services 2013–2017 Forecast，2013.12

致敬，人才！

　　Google 首席经济学家范里安先生，在 2008 年 10 月与麦肯锡总监 James Manyika 先生的对话中，曾经讲过下面一段话："我总是说，在未来 10 年里，从事最有意思的工作的人将是统计学家。人们都认为我在开玩笑。但是，过去谁能想到电脑工程师会成为 20 世纪 90 年代从事最有趣的工作的人？在未来 10 年里，获取数据——以便能理解它、处理它、从中提取价值、使其形象化、传送它——的能力将成为一种极其重要的技能，不仅在专业层面上是这样，而且在教育层面（包括对中小学生、高中生和大学生的教育）也是如此。由于如今我们已真正拥有实质上免费的和无所不在的数据，因此，与此互补的稀缺要素是理解这些数据并从中提取价值的能力。"

　　范里安教授在当初的对话中使用的是 statisticians（统计学家）一词，虽然当时他没有使用数据科学家这个词，但这里所指的，正是现在我们普遍所指的数据科学家。

　　对数据科学家的关注，源于大家逐步认识到，Google、Amazon、Facebook 等公司成功的背后，存在着这样一批专业人才。这些互联网公司对于大量数据不是仅进行存储而已，而是将其变为有价值的金矿——例如，搜索结果、定向广告、准确的商品推荐、可能认识的好友列表等。

　　仅仅在几年前，数据科学家还不是一个正式确定的职业，然而一眨眼的工夫，这个职业就已经被誉为"今后 10 年 IT 行业最重要的人才"了。

摘自 The Emerging Role of the Analyst 一文

在国外，据统计，目前世界 500 强企业中，有 90%以上都建立了数据分析部门。IBM、微软、Intel 等公司也积极投资数据业务，建立大数据部门，培养数据分析团队。

美国的小伙伴们，在数据挖掘、数据科学等方面比我们下手早。2011 年，美国的加州大学伯克利分校开始开设《数据科学导论》课程；伊利诺伊大学香槟分校从 2011 年起举办"数据科学暑期研究班"；哥伦比亚大学从 2013 年起开设《应用数据科学》课程，并从 2013 年起开设相关培训项目，还计划从 2014 年起设立硕士学位，2015 年设立博士学位；纽约大学从 2013 年秋季起设立"数据科学"硕士学位；在英国，邓迪大学从 2013 年起设立"数据科学"硕士学位……

怎么办，那就自学吧，从 R 开始，站上那个肩膀，做今后 10 年最重要的人才吧！

致敬，R 瑟！

1976 年，John Chambers 在贝尔实验室开发的 S 语言是为了替代昂贵的 SPSS 和 SAS 工具。如果说 S 是 VAX 和 UNIX 小型机时代的产物，那么 R 则是 PC 和 Linux 时代的产物，R 语言大量借用了 S 语言的方法。

1992 年，新西兰奥克兰大学的两位统计学教授，两位"R 姓"先生（R Sir，"R 瑟"）Ross Ihaka 和 Robert Gentleman 成为了同事，为了方便教授初等统计课程，这哥儿俩开发了一种语言，而恰巧他们名字的首字母都是 R，于是 R 便成为这门语言的名称。

这两位 R 教授也是 R 开发团队的核心成员，值得注意的是，S 语言的发明者 John Cambers 也是 R 开发团队的成员，因此不难理解 R 语言的一些数据处理路径与 S 语言相同。

R 可以看作 S 的一种实现，Insightful 公司开发的 S-PLUS 也是 S 的实现版本，2004 年 Insightful 把 S-PLUS 授权给了朗讯科技，后来又被 Tibco 软件于 2008 年收购。

R 语言的发明者 Ross Ihaka 和 Robert Gentleman

与 S 和 S-PLUS 不同的是，R 并不是象牙塔里炮制出的代码，而是一个由分析师和程序员构成的社区的产物，这个社区为处理各种数据集创建了超过 5000 个函数包和 2500 个插件。

今天，根据 Revolution Analytics 的统计，R 被全球超过 200 万个量化分析师采用。Revolution Analytics 成立于 2007 年，并开发出了 R 的并行实现，该公司采用了开放内核的方式开发 R，为开源软件包推广商业支持，同时扩展 R 环境，提升其在计算机集群上的表现，并将其与 Hadoop 集群对接。

在 2013 年中，数据挖掘专业网站 KDnuggets 做了一个关于"什么样的程序或者统计语言是你在做分析、挖掘、科学计算的时候所需要的？"的调查。

调查结果是：最受欢迎的是 R 语言（61%的调研会员在用），然后是 Python(39%)、SQL(37%)等，每个调研对象平均使用 2~3 种语言。

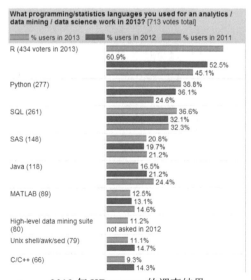

2013 年 KDnuggets 的调查结果

R 位列最受欢迎的数据挖掘软件，其实不足为奇，因为它已经三连冠了！

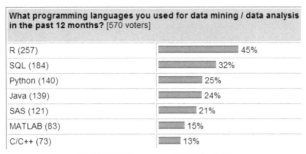

2012 年 KDnuggets 的调查结果

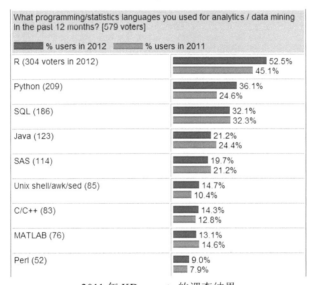

2011 年 KDnuggets 的调查结果

上篇

数据预处理

第 1 章

数据挖掘导引

数据挖掘这一学科已成为统计学、机器学习等诸多领域的研究热点，数据挖掘技术已成为大数据时代最热门的技术。

数据挖掘近年来发展异常迅猛，不仅产生了大量不同类型、功能强大的挖掘算法，而且也推动了众多数据挖掘工具软件的发展。在这些软件当中，R 已悄然成为了数据挖掘领域最重要的软件之一。

R 是一个包含众多科学、工程统计的庞大系统，是目前世界上最流行的统计软件之一。R 既是用于统计计算和统计制图的优秀工具，又是大数据分析和挖掘的重要工具。

1.1 数据挖掘概述

数据挖掘（Data Mining）是指通过系统分析从大量数据中提取隐藏于其中的规律，并用这些规律来预测未来或指导未来工作的科学。数据挖掘是近年来数据应用领域中相当热门的议题之一。

从技术角度看，数据挖掘是从大量的、不完全的、有噪声的、模糊的、随机的、看似杂乱的实际数据中，提取隐含在其中的、人们不知道的，但又是潜在有用的信息和知识的过程。

数据挖掘就是寻找隐藏在数据中的信息的过程，如趋势、特征及相关性，也就是从数据中发掘信息或知识。

1.1.1 数据挖掘的过程

数据挖掘的过程会随所应用的专业领域的不同而有所变化。每一种数据挖掘技术都有各自的特性以及使用步骤，因此针对不同需求所发展出的数据挖掘过程也存在差异，如数据的完整程度、专业人员的支持程度等都会对建立数据挖掘的过程有所影响，也因此造成了数据挖掘在不同领域之间整个规划流程上的差异。即使是同一产业，也会因为不同的分析技术结合了不同程度的专业知识，而产生明显的差异。

一般而言，常见的数据挖掘过程，可以分为三个主要阶段：数据准备、数据挖掘以及结果表达与解释，如图 1-1 所示。

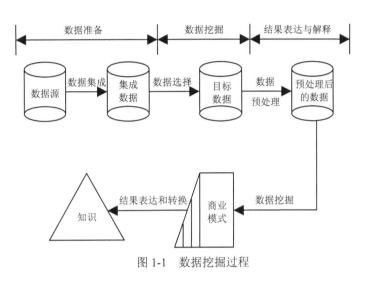

图 1-1　数据挖掘过程

1．数据准备

（1）数据集成

了解领域特点，确定用户需求。将多文件或多数据库运行环境中的数据进行合并处理，解决语义模糊性，处理数据中的遗漏和清洗脏数据等。

（2）数据选择

从原始数据库中选取相关数据或样本。为知识发现的目标搜索和选择有关的数据，这包括不同模式数据的转换和数据的统一和汇总。数据选择的目的是辨别出需要分析的数据集合，缩小处理范围，提高数据挖掘的质量。

（3）数据预处理

检查数据的完整性及一致性，消除噪声等。对数据进行清理和充实等预处理工作，也包括对数据编码，数据库中字段的不同取值转换成数码形式将有利于搜索。

2．数据挖掘

此阶段进行实际的挖掘操作，利用机器学习、统计分析等方法，从数据库中发现有用的模式或知识。数据挖掘阶段的主要步骤如下。

（1）确定挖掘目标：确定要发现的知识类型。

（2）选择算法：根据确定的目标选择合适的数据挖掘算法。

（3）数据挖掘：运用所选算法，提取相关知识并以一定的方式表示。

3. 结果表达与解释

根据最终用户的决策目的对提取的信息进行分析，把最有价值的信息区分出来，并且通过决策支持工具提交给决策者。这一步骤的主要任务包括如下两项。

- 模式评估：对在数据挖掘步骤中发现的模式（知识）进行评估。
- 知识表示：使用可视化和知识表示相关技术，呈现所挖掘的知识。

如果不能令决策者满意，需要重复以上数据挖掘的过程。

1.1.2　数据挖掘的对象

常见的数据挖掘对象有以下 7 大类：

- 关系型数据库、事务型数据库、面向对象的数据库
- 数据仓库/多维数据库
- 空间数据（如地图信息）
- 工程数据（如建筑、集成电路的信息）
- 文本和多媒体数据（如文本、图像、音频、视频数据）
- 时间相关的数据（如历史数据或股票交换数据）
- 万维网（如半结构化的 HTML、结构化的 XML 以及其他网络信息）

1.1.3　数据挖掘的方法

数据挖掘系统利用的技术越多，得出的结果的精确性越高。原因很简单，对于某一种技术不适用的问题，其他方法却可能奏效。这主要取决于问题的类型以及数据的类型和规模。

数据挖掘涉及的学科领域和方法很多，有多种分类法。根据挖掘任务，可分为分类、预测、聚类、关联规则、异常和趋势发现等。

根据挖掘方法，可分为统计方法和机器学习方法。统计方法包含回归分析、判别分析、聚类分析、探索性分析等。机器学习包含神经网络、集成学习、基于案例学习、遗传算法等。

数据挖掘的工具和方法，常用的有分类、聚类、关联、预测等。

1. 分类

预测模型以通过某些数据得到另外的数据为目标。若预测的变量是离散的（如批准或者否决一项

贷款），这类问题就称为分类；如果预测的变量是连续的（如预测盈亏情况），这种问题称之为回归。分类一直为人们所关注。数据挖掘广泛使用的方法有决策树、朴素贝叶斯、逻辑回归、神经网络等。

基于债务水平、收入水平和工作情况，可对给定用户进行信用风险分析。分类算法通过判断以上属性与已知训练数据中风险程度的关系给出预测结果。

2. 聚类

聚类用于从数据集中找出相似的数据并组成不同的组。与预测模型不同，聚类中没有明显的目标变量作为数据的属性存在。

聚类方法包括统计分析方法、机器学习方法、神经网络方法等。

在统计分析方法中，聚类分析是基于距离的聚类，如欧氏距离、海明距离等。这种聚类分析方法是一种基于全局比较的聚类，它需要考察所有的个体才能决定类的划分。

在机器学习方法中，聚类是无导师的学习。在这里距离是根据概念的描述来确定的，故聚类也称概念聚类，当聚类对象动态增加时，概念聚类则称为概念形成。

在神经网络中，自组织神经网络方法用于聚类。如 ART 模型、Kohonen 模型等，这是一种无监督学习方法。当给定距离阈值后，各样本按阈值进行聚类。

常用的统计分析聚类算法有很多，包括 k-Means 算法、分层凝聚法（Hierarchical Agglomerative Methods）及估算最大值法（Estimation Maximization Algorithm）等。

3. 关联

关联分析是从数据中发现知识的一类重要方法。若两个或多个数据项的取值之间重复出现且概率很高时，它就存在某种关联，可以建立起这些数据项的关联规则。关联分析的目的在于生成部分数据的概要，例如寻找数据子集间的关联关系或者一些数据与数据之间的派生关系。有时候如商场销售分析，关系规则的计算依赖于识别在相关数据中频繁出现的数据集。

4. 预测

预测是利用历史数据找出变化规律，建立模型，并用此模型来预测未来数据的种类、特征等。典型的方法是回归分析，即利用大量的历史数据，以时间为变量建立线性或非线性回归方程。预测时，只要输入任意的时间值，通过回归方程就可求出该时间的状态。

分类也能进行预测，但分类一般用于离散数值。回归预测用于连续数值。预测既可用于连续数值，也可以用于离散数值。

1.1.4 数据挖掘的应用

数据挖掘是从海量数据中提取知识的信息技术。目前，数据挖掘在国际国内都受到了前所未有的重视，并广泛应用于各个领域，如商业、互联网、地理学、地质学、生物医学等。数据挖掘使数据处理技术进入了一个更高级的阶段，不仅能对过去的数据进行查询和遍历，还能够找出以往数据间潜在的联系，促进信息的传播。

可以毫不夸张地说，只要有数据的地方，就有数据挖掘的用武之地。数据挖掘在各行各业都有着广泛的应用，随着时代的进步和技术的发展，应用的侧重点及特点也有所不同。

近年来，互联网数据和金融交易数据等呈几何级增长，如何从这些数据中提取有用信息的需求也随之膨胀。而近年来计算技术和存储技术的飞速发展也为数据挖掘技术的日臻完善提供了条件。

当今的大数据时代，数据挖掘被广泛应用于互联网、金融、零售等行业，侧重于商业应用。从商业应用角度看，数据挖掘是一种崭新的商业信息处理技术。其主要特点是对商业的海量业务数据进行抽取、转化、分析和模式化处理，从中提取辅助商业决策的关键知识，即从一个数据中自动发现相关商业模式。数据挖掘是利用统计学和机器学习的技术，探求那些符合市场、客户行为的模式。

商业数据挖掘中经常遇到的数据有：

- 公司运营数据，如销售、成本、库存、财会等；
- 公司客户数据，如购买记录、联系方式等；
- 行业销售、行业预测、宏观经济数据等；
- 描述数据的数据，如数据定义、意义、关联等。

数据挖掘技术在商业领域的应用已经比比皆是，比如：

- 互联网巨头——谷歌和百度等通过复杂的挖掘算法，来评估网页对于用户搜索关键词的相关度，对广告点击率进行预测等；
- 电子商务巨头——亚马逊和 eBay 等，通过数据挖掘来预测用户购买某一商品的可能性，以及推荐相关商品和个性化商品等；
- 零售巨头——沃尔玛，很早就通过分析顾客购买记录来寻找不同商品之间的关联性，从而做到更合理上架不同品类商品；
- 商业银行会通过分析历史存贷款及还款记录来预测客户的贷款风险；
- 对冲基金依赖于数据挖掘技术，来预测证券的价格走势和寻找投资机会；
- 证券交易监管部门通过分析证券交易数据来发现内线交易。

1.2 数据挖掘的算法

广义的数据挖掘是指知识发现的全过程；狭义的数据挖掘是指统计分析、机器学习等发现数据模式的智能方法，即偏重于模型和算法，算法是数据挖掘的核心和精髓。

2006 年，在香港举办的年度 IEEE 数据挖掘国际会议 ICDM 上，针对分类、聚类、统计学习、关联分析和链接分析等重要的数据挖掘研究和发展主题，与会专家进行投票遴选出了十个最具影响力的数据挖掘算法，这也是在实际中用途最广、影响最大的十种数据挖掘算法，即 C4.5、K-Means、SVM、Apriori、EM、PageRank、AdaBoost、kNN、Naive Bayes 和 CART。

1．C4.5

C4.5 是机器学习算法中的一个分类决策树算法，它是决策树核心算法 ID3 的改进算法。C4.5 算法是进行数据分类分析的经典决策树数据挖掘算法，应用广泛。

数据挖掘技术中的决策树算法建立在信息论的基础上，是一种常用于预测模型的算法，它通过将大量数据有目的地分类，从中找到一些具有价值的、潜在的信息。该算法的理论依据充分，具有较高的精度和效率，是一种知识获取的有用工具。

决策树算法是利用信息论原理对大量样本的属性进行分析和归纳而产生的。在树的每个节点上使用信息增益来度量选择测试属性，决策树的根节点是所有样本中信息量最大的属性。树的中间节点是该节点为根的子树所包含的样本子集中信息量最大的属性。

决策树算法起源于概念学习系统 CLS，随后 ID3 算法成为一个里程碑，然后又演化为能处理连续属性的 C4.5 和 C5.0。

2．K-Means 算法

K-Means 算法是数据挖掘技术中基于分裂法的一个经典的聚类算法，因为该算法的理论可靠、算法简单、收敛迅速而被广泛应用。

K-Means 算法是一种常用的基于划分的聚类算法。K-Means 算法是以 k（$k<n$）为参数，把 n 个对象分成 k 个簇，使簇内具有较高的相似度，而簇间的相似度较低。

K-Means 算法的处理过程为：首先随机选择 k 个对象作为初始的 k 个簇的质心；然后将其余对象根据其与各个簇的质心的距离分配到最近的簇；最后重新计算各个簇的质心。不断重复此过程，直到目标函数最小为止。

3．SVM 算法

SVM（Support Vector Machine，支持向量机），它是一种监督式学习的方法，广泛应用于统计分类以及回归分析中。

支持向量机将向量映射到一个更高维的空间里，在这个空间里建立有一个最大间隔超平面。在分开数据的超平面的两边建有两个互相平行的超平面，分隔超平面使两个平行超平面的距离最大化。假定平行超平面间的距离或差距越大，分类器的总误差越小。

4．Apriori 算法

Apriori 算法是一种最有影响的挖掘布尔关联规则频繁项集的算法。

Apriori 算法使用频繁项集的先验知识，使用一种称作逐层搜索的迭代方法，k 项集用于探索 $(k+1)$ 项集。首先，通过扫描事务（交易）记录，找出所有的频繁 1 项集，该集合记作 $L1$，然后利用 $L1$ 找频繁 2 项集的集合 $L2$，$L2$ 找 $L3$，如此下去，直到不能再找到任何频繁 k 项集。最后再在所有的频繁项集中找出强规则，即产生用户感兴趣的关联规则。

5．EM 算法

在统计计算中，EM（Expectation–Maximization，最大期望）算法是在概率模型中寻找参数最大似然估计的算法，其中概率模型依赖于无法观测的隐藏变量。

EM 算法是一种迭代算法，每一次迭代都能保证似然函数值增加，并且收敛到一个局部极大值。EM 算法的每一迭代包括两步：第一步求期望值（Expectation Step），称为 E 步；第二步求极大值（Maximization Step），称为 M 步。

EM 算法主要用来计算基于不完全数据的极大似然估计，经常用在机器学习和计算机视觉的数据集聚领域。

6．PageRank 算法

PageRank 是 Google 算法的重要内容。2001 年 9 月被授予美国专利，专利人是 Google 创始人之一拉里·佩奇（Larry Page）。因此，PageRank 里的 page 不是指网页，而是指佩奇，即这个等级方法是以佩奇的名字来命名的。PageRank 根据网站的外部链接和内部链接的数量和质量，衡量网站的价值。PageRank 背后的概念是，每个到页面的链接都是对该页面的一次投票，被链接的越多，就意味着被其他网站投票越多。

这个就是所谓的"链接流行度"——衡量多少人愿意将他们的网站和你的网站挂钩。PageRank 这个概念引自学术中一篇论文的被引述的频度——即被别人引述的次数越多，一般判断这篇论文的权威性就越高。

7．AdaBoost 算法

AdaBoost 是一种迭代算法，其核心思想是针对同一个训练集训练不同的分类器（弱分类器），然后把这些弱分类器集合起来，构成一个更强的最终分类器（强分类器）。其算法本身是通过改变数据分布来实现的，它根据每次训练集中每个样本的分类是否正确，以及上次的总体分类的准确率，来确定每个样本的权值。

将修改过权值的新数据集送给下层分类器进行训练，最后将每次训练得到的分类器融合起来，作为最后的决策分类器。

8. kNN 算法

kNN（k-Nearest Neighbor，K 最近邻）分类算法，是著名的模式识别统计学方法，已经有四十年的历史，理论上比较成熟，它是最好的文本分类算法之一。

kNN 也是最简单的机器学习算法之一，其整体思想比较简单：如果一个样本与特征空间中的 k 个最相似（即特征空间中最邻近）的样本中的大多数属于某一个类别，则该样本也属于这个类别。

9. 朴素贝叶斯算法

在众多的分类模型中，应用最广泛的两种分类模型是决策树模型和朴素贝叶斯模型（Naive Bayesian Model，NBC）。朴素贝叶斯模型发源于古典数学理论，有着坚实的数学基础以及稳定的分类效率。朴素贝叶斯分类器是一种基于贝叶斯理论的分类器。它的特点是以概率形式表达所有形式的不确定，学习和推理都由概率规则实现，学习的结果可以解释为对不同可能的信任程度。

朴素贝叶斯模型所需估计的参数很少，对缺失数据不太敏感，算法也比较简单。

理论上，NBC 模型与其他分类方法相比具有最小的误差率。但是实际上并非总是如此，这是因为 NBC 模型假设属性之间相互独立，这个假设在实际应用中往往是不成立的，这给 NBC 模型的正确分类带来了一定影响。在属性个数比较多或者属性之间相关性较大时，NBC 模型的分类效率比不上决策树模型。而在属性相关性较小时，NBC 模型的性能最为良好。

10. CART 算法

CART（Classification and Regression Trees，分类与回归树）算法是一种非常有趣并且十分有效的非参数分类和回归方法，它通过构建二叉树达到预测目的。该方法是四位美国统计学家耗时十多年辛勤劳动的成果。在他们所著的 *Classification And Regression Tree*(1984) 一书中有该方法的详细说明。

CART 模型最早由 Breiman 等人提出，已经在统计领域和数据挖掘技术中普遍使用。它采用与传统统计学完全不同的方式构建预测准则，它以二叉树的形式给出，易于理解、使用和解释。由 CART 模型构建的预测树，在很多情况下比常用的统计方法构建的代数学预测准则更加准确，且数据越复杂、变量越多，算法的优越性就越显著。模型的关键是预测准则的构建。

1.3 数据挖掘的工具

伴随越来越多的软件供应商加入数据挖掘这一行列，使得现有的挖掘工具的性能得到进一步增强，使用更加便捷，也使得其价格门槛迅速降低，为应用的普及带来了可能。

1.3.1 工具的分类

一般说来，数据挖掘工具根据其适用的范围分为以下两类。

1．专用数据挖掘工具

针对某个特定领域的问题提供解决方案，在涉及算法的时候充分考虑了数据、需求的特殊性，并进行了优化。

2．通用数据挖掘工具

不区分具体数据的含义，采用通用的挖掘算法，处理常见的数据类型。

1.3.2 工具的选择

数据挖掘是一个过程，只有将数据挖掘工具提供的技术和实施经验与企业的业务逻辑和需求紧密结合，并在实施的过程中不断磨合，才能取得成功。因此在选择数据挖掘工具时，要全面考虑多方面因素，从实际情况出发，具体分析，选择数据挖掘工具时，一些通用的参考指标包括以下几点。

1．功能性

数据挖掘的过程一般包括数据抽样、数据描述和预处理、数据变换、模型的建立、模型评估和发布等。因此，一个好的数据挖掘工具，应该能够为每个步骤提供相应的功能集，即是否可以完成各种数据挖掘的任务，如关联分析、分类分析、序列分析、回归分析、聚类分析、自动预测等。数据挖掘工具还应该能够方便地导出挖掘的模型，从而在以后的应用中使用该模型。

2．可伸缩性

可伸缩性简单说就是解决复杂问题的能力，一个好的数据挖掘工具应该可以处理尽可能大的数据量，可以处理尽可能多的数据类型，可以尽可能高地提高处理效率，尽可能使处理的结果有效。如果在数据量和挖掘维数增加的情况下，挖掘的时间呈线性增长，那么可以认为该挖掘工具的伸缩性较好。

3．操作的简易性

一个好的数据挖掘工具，应该为用户提供友好的可视化操作界面和图形化报表工具，在进行数据挖掘的过程中应该尽可能提高自动化运行程度。总之是面向广大用户的，而不是面向熟练的专业人员的。

4．可视化程度

这包括源数据的可视化、挖掘模型的可视化、挖掘过程的可视化、挖掘结果的可视化，可视化的程度、质量和交互的灵活性都将严重影响到数据挖掘系统的使用和解释能力。毕竟人们接受的外界信息中有80%是通过视觉获得的，自然数据挖掘工具的可视化能力相当重要。

5．开放性

即数据挖掘工具与数据库的结合能力。好的数据挖掘工具应该可以连接尽可能多的数据库管理系统和其他的数据资源，应尽可能地与其他工具进行集成。

尽管数据挖掘并不要求一定要在数据库或数据仓库之上进行，但数据挖掘的数据采集、数据清洗、数据变换等将耗费巨大的时间和资源，因此数据挖掘工具必须要与数据库紧密结合，减少数据转换的时间，充分利用整个数据和数据仓库的处理能力，在数据仓库内直接进行数据挖掘，而且开发模型、测试模型、部署模型都要充分利用数据仓库的处理能力。另外，最好多个数据挖掘项目可以同时进行。

1.3.3　商用的工具

目前市场上的数据挖掘工具，主要可以分为商用的和开源的两大类。商用的工具主要由商用开发商提供，并通过市场销售。商用数据挖掘工具的销售往往还与数据挖掘咨询服务相结合，一些常见的商用数据挖掘工具有如下几种。

1. SAS Enterprise Miner

SAS Enterprise Miner 是一种通用的数据挖掘工具，按照"抽样–探索–转换–建模–评估"的方法进行数据挖掘。可以与 SAS 数据仓库和 OLAP 集成，实现从提出数据、抓住数据到得到解答的"端到端"的知识发现。

SAS Enterprise Miner 在我国企业中得到较广泛的应用，比较典型的包括上海宝钢配矿系统应用和铁路部门在春运客运研究中的应用。

2. SPSS Clementine

SPSS Clementine 是一个开放式数据挖掘工具，曾两次获得英国政府 SMART 创新奖。它不但支持整个数据挖掘流程，从数据获取、转化、建模、评估到最终部署的全部过程，还支持数据挖掘的行业标准 CRISP-DM。

Clementine 的可视化数据挖掘使得"思路"分析成为可能，即将集中精力在要解决的问题本身，而不是局限于完成一些技术性工作（比如编写代码）。提供了多种图形化技术，有助理解数据间的关键性联系，指导用户以最便捷的途径找到问题的最终解决办法。

3. SQL Server 数据挖掘功能

SQL Server 包含由微软研究院开发的两种数据挖掘算法：Microsoft 决策树和 Microsoft 聚集。此外，SQL Server 中的数据挖掘支持由第三方开发的算法。

Microsoft 决策树算法：该算法基于分类。算法建立一个决策树，用于按照数据表中的一些列的值来预测其他列的值。该算法可以用于判断最倾向于点击特定标题（banner）或从某电子商务网站购买特定商品的个人。

Microsoft 聚集算法：该算法将记录组合到可以表示类似的、可预测的特征的聚集中。通常这些特征可能是隐含或非直观的。例如，聚集算法可以用于将潜在汽车买主分组，并创建对应于每个汽车购买群体的营销活动。

SQL Server 在数据挖掘方面提供了丰富的模型、工具以及扩展空间。包括可视化的数据挖掘工具与导航、数据挖掘算法集成、DMX、XML/A、第三方算法嵌入支持等。

4．Oracle Data Mining

Oracle Data Mining（ODM）是 Oracle 数据库企业版的一个选件，它使公司能够从最大的数据库中高效地提取信息并创建集成的商务智能应用程序。数据分析人员能够发现那些隐藏在数据中的模式和内涵。应用程序开发人员能够在整个机构范围内快速自动提取和分发新的商务智能——预测、模式和发现。

ODM 针对以下数据挖掘问题为 Oracle 数据库提供支持：分类、预测、回归、聚类、关联、属性重要性、特性提取以及序列相似性搜索与分析（BLAST）。所有的建模、评分和元数据管理操作都是通过 Oracle Data Mining 客户端以及 PL/SQL 或基于 Java 的 API 来访问的，并且完全在关系数据库内部进行。

5．DBMiner

DBMiner 是加拿大 SimonFraser 大学开发的一个多任务数据挖掘系统，它的前身是 DBLearn。该系统设计的目的是把关系数据库和数据挖掘集成在一起，以面向属性的多级概念为基础发现各种知识。

DBMiner 的主要特点有如下几点。

- 能完成多种知识的发现：泛化规则、特性规则、关联规则、分类规则、演化知识、偏离知识等。
- 综合了多种数据挖掘技术：面向属性的归纳、统计分析、逐级深化发现多级规则、元规则引导发现等方法。
- 提出了一种交互式的类 SQL 语言——数据挖掘查询语言 DMQL。
- 能与关系数据库平滑集成。
- 实现了基于客户端-服务器体系结构的 UNIX 和 PC（Windows）版本的系统。

6．Intelligent Miner

这是 IBM 公司开发的数据挖掘软件，它是一种分别面向数据库和文本信息进行数据挖掘的软件系列，它包括 Intelligent Miner for Data 和 Intelligent Miner for Text。

Intelligent Miner for Data 可以挖掘包含在数据库、数据仓库和数据中心中的隐含信息，帮助用户利用传统数据库或普通文件中的结构化数据进行数据挖掘。它已经成功应用于市场分析、诈骗行为监测及客户联系管理等。

Intelligent Miner for Text 允许企业从文本信息中进行数据挖掘，文本数据源可以是文本文件、

Web 页面、电子邮件、Lotus Notes 数据库等。

7. QUEST

QUEST 是 IBM 公司开发的一个多任务数据挖掘系统，目的是为新一代决策支持系统的应用开发提供高效的数据挖掘基本构件。

QUEST 的主要特点有如下几点。

- 提供了专门在大型数据库上进行各种挖掘的功能：关联规则发现、序列模式发现、时间序列聚类、决策树分类、递增式主动挖掘等。
- 各种开采算法具有近似线性计算复杂度，可适用于任意大小的数据库。
- 算法具有找全性，即能将所有满足指定类型的模式全部寻找出来。
- 为各种发现功能设计了相应的并行算法。

8. MineSet

MineSet 是由 SGI 公司和美国斯坦福大学联合开发的多任务数据挖掘系统。MineSet 集成多种数据挖掘算法和可视化工具，帮助用户直观地、实时地挖掘和理解大量数据背后的知识。

MineSet 的主要特点有如下几点。

- MineSet 以先进的可视化显示方法闻名于世。
- 支持多种关系型数据库。可以直接从 Oracle、Informix、Sybase 的表中读取数据，也可以通过 SQL 命令执行查询。
- 多种数据转换功能。在进行挖掘前，MineSet 可以去除不必要的数据项，统计、集合、分组数据，转换数据类型，构造表达式由已有数据项生成新的数据项，对数据采样等。
- 操作简单，支持国际字符，可以直接发布到 Web。

1.3.4　开源的工具

常见的开源数据挖掘工具有以下几种。

1. R

R 是用于统计分析和图形化的计算机语言及分析工具。为了保证性能，其核心计算模块是用 C、C++和 Fortran 编写的。同时，为了便于使用，它提供了一种脚本语言，即 R 语言。

R 语言和贝尔实验室开发的 S 语言类似。R 支持一系列分析技术，包括统计检验、预测建模、数据可视化等。在 CRAN 上可以找到众多开源的扩展包。

R 软件的首选界面是命令行界面，通过编写脚本来调用分析功能。如果缺乏编程技能，也可使用图形界面，比如使用 R Commander 或 Rattle。

2．Weka

Weka（Waikato Environment for Knowledge Analysis）是名气较大的开源机器学习和数据挖掘软件。高级用户可以通过 Java 编程和命令行来调用其分析组件。同时，Weka 也为普通用户提供了图形化界面，称为 Weka Knowledge Flow Environment 和 Weka Explorer。

和 R 相比，Weka 在统计分析方面较弱，但在机器学习方面要强得多。在 Weka 论坛可以找到很多扩展包，比如文本挖掘、可视化、网格计算等。很多其他开源数据挖掘软件也支持调用 Weka 的分析功能。

3．Tanagra

Tanagra 是使用图形界面的数据挖掘软件，采用了类似 Windows 资源管理器中的树状结构来组织分析组件。Tanagra 缺乏高级的可视化能力，但它的强项是统计分析，提供了众多的有参和无参检验方法。同时它的特征选取方法也很多。

4．RapidMiner

RapidMiner，之前叫做 YALE（Yet Another Learning Environment），是一个给机器学习和数据挖掘分析的试验环境，可用于研究真实世界的数据挖掘。它提供了图形化界面，采用了类似 Windows 资源管理器中的树状结构来组织分析组件，树上的每个节点表示不同的运算符。

YALE 中提供了大量的运算符，包括数据处理、变换、探索、建模、评估等各个环节。这些算子由详细的 XML 文件记录，并通过 RapidMiner 图形化用户界面表现出来。

RapidMiner 用 Java 开发，基于 Weka 来构建，也就是说，它可以调用 Weka 中的各种分析组件。

5．KNIME

KNIME（Konstanz Information Miner）是一个用户友好的开源数据集成、数据处理、数据分析和数据勘探平台。它使用户能够以可视化的方式创建数据流或数据通道，可选择性地运行部分或全部分析步骤，并提供后期研究结果、模型及可交互的视图。

KNIME 基于 Eclipse 并通过插件的方式来提供更多的功能。通过以插件方式的文件，用户可以为文件、图片和时间序列加入处理模块，并可以集成到其他各种各样的开源项目中，比如：R 语言、Weka、Chemistry Development Kit 和 LibSVM。

KNIME 用 Java 编写，是基于 Eclipse 开发环境精心开发的数据挖掘工具，无须安装，方便使用。

和 YALE 一样，KNIME 可以扩展使用 Weka 中的挖掘算法。和 YALE 不同的是，KNIME 采用的是类似数据流的方式来建立分析挖掘流程（和 SAS EM 或 SPSS Clementine 等商用数据挖掘软件的操作方式类似）。挖掘流程由一系列功能节点组成，每个节点有输入/输出端口，用于接收数据或模型并导出结果。

KNIME 中的每个节点都带有交通信号灯，用于指示该节点的状态（未连接、未配置、缺乏输入数据时为红灯；准备执行为黄灯；执行完毕后为绿灯）。在 KNIME 中有一个特色功能——HiLite，允许用户在节点结果中标记感兴趣的记录，并进一步展开后续探索。

6．Orange

Orange 是类似 KNIME 和 Weka 的数据挖掘工具，它的图形环境称为 Orange 画布（OrangeCanvas），用户可以在画布上放置分析控件（widget），然后把控件连接起来即可组成挖掘流程，这里的控件和 KNIME 中的节点是类似的概念。每个控件执行特定的功能，但与 KNIME 中的节点不同，KNIME 节点的输入输出分为两种类型（模型和数据），而 Orange 的控件间可以传递多种不同的信号，比如 learners、classifiers、evaluation results、distance matrices、dendrograms 等。Orange 的控件不像 KNIME 的节点分得那么细，也就是说，要完成同样的分析挖掘任务，在 Orange 里使用的控件数量可以比 KNIME 中的节点数少一些。Orange 的好处是使用更简单一些，但缺点是控制能力要比 KNIME 弱。

除了界面友好易于使用的优点，Orange 的强项在于提供了大量可视化方法，可以对数据和模型进行多种图形化展示，并能智能搜索合适的可视化形式，支持对数据的交互式探索。

Orange 的弱项在于传统统计分析能力不强，不支持统计检验，报表能力也有限。Orange 的底层核心采用 C++编写，同时允许用户使用 Python 脚本语言来进行扩展开发（参见 http://www.scipy.org）。

7．jHepWork

为科学家、工程师和学生所设计的 jHepWork 是一个免费的开源数据分析框架，其主要是用开源库来创建数据分析环境，并提供了丰富的用户界面，以此来和那些收费的软件竞争。它主要面向科学计算用的二维和三维图形，并包含用 Java 实现的数学科学库、随机数及其他数据挖掘算法。jHepWork 基于高级的编程语言 Jython，但可以使用 Java 代码来调用 jHepWork 的数学和图形库。

1.4　R 在数据挖掘中的优势

数据挖掘技术，首先依靠良好的算法建立模型，而且更重要的是要解决如何将数据挖掘技术，集成到复杂的业务信息应用环境中。对于数据科学家来说，R 语言无疑是他们的不二之选。

R 作为一门编程语言在以下三个方面具有很强的优势：数据处理、数据统计和数据可视化。和其他数据分析工具不同的是，它是由统计学家开发的，是一款免费的软件，并且可以通过用户开发的包进行扩展，目前大约有 5000 多个包在 CRAN 中，而且包的数量是一直在不断增加的。

R 的好处不仅仅在于其免费，更重要的在于其是开源的、灵活的，更新速度快，集思广益。而且 R 有点像是一种网络，用的人越多，贡献的人也越多，这样其价值就呈几何级数上升。

R 的编程思想非常简单，几乎就和写数学公式一样简单，学过 C 和 C++ 等语言就会知道 R 的编程是如此之简单，R 是一种面向对象的高级语言。R 入门者其实只要有人稍加指点，很快就能学会其基本操作！

总之，R 的特点是功能强大、开源和免费，在数据挖掘方面的主要优势如下所述。

- R 具有强大的数学统计分析功能，是可以使用的最为全面的统计分析包。它综合了所有标准的统计测试、模型和分析，同时还为管理和处理数据提供了一种全面的语言。统计方面最新的技术和创意，通常首先在 R 中出现。

- R 拥有 5000 多个可用的、高质量的、来自不同领域的软件包，这些软件包涵盖了从统计计算到机器学习，从金融分析到生物信息，从社会网络分析到自然语言处理，从各种数据库各种语言接口到高性能计算模型，可以说无所不包，无所不容，这也是为什么 R 正在获得越来越多各行各业的从业人员喜爱的一个重要原因。

- R 具有强大的科学数据可视化功能，能提供各种统计分析及图形显示工具，图形能力出色，它提供了一种完全可编程的图形语言，胜过了大多数统计和图形软件包。对数据挖掘来说，数据可视化是锦上添花的一部分，对于从数据中挖掘出规则和信息，将这些结果可视化出来，R 提供了优秀的数据可视化功能。

- R 是开源软件，允许任何人对其做贡献，而且，重要的是可以修改它。R 根据 GNU 的通用公开特许的批准，其版权由统计计算的 R 基金会拥有。R 欢迎任何人提供错误修复、代码改善和新的软件包，而且，对 R 来说，可用的大量高质量的软件包，是用这种方法来进行软件研发和共享的证明。

- R 是免费软件，没有特许限制，允许任何人使用它。因此，我们可以在任何地点、任何时间运行它，甚至可以根据特许的条件而出售它。

- R 是一个支持跨平台的软件。R 可以在常见的操作系统和不同的硬件上运行，比如它可以在 GNU/Linux、Macintosh 以及 Microsoft Windows 上运行，既可以在 32 位的处理器上运行，也可在 64 位的处理器上运行。

- R 的扩展性很强，它能兼容、方便地导入其他很多不同格式的工具和输入数据。比如，来自 CSV 的文件、SAS、SPSS 以及 MATLAB，或者是直接来自于 Microsoft Excel、Microsoft Access、Oracle、MySQL 以及 SQLite，R 都提供了交互的接口。R 还可以产生 PDF、JPG、PNG 和 SVG 格式的图片输出，以及用于 LATEX 和 HTML 的表格输出。

第2章

数据概览

"数据"是我们进行数据挖掘的起点。

一个小商店,某一天的可乐销售量是单个数据;某影院,《疯狂原始人》的每场上座率是一组数据;京东商城某次促销活动期间,各商品的折扣、浏览量、销量,及各商品间的购买关联性等,已可以构成一个值得去动手分析的数据集;中国各省市,乃至世界各国家近十年的人口数、出生率、死亡率等则是更庞大丰富的数据集合;在各个领域更有医学、气象学、遗传学等涉及高深专业知识的数据等。

生活中无处不充斥着数据,但在对各色数据进行获取、整理、预处理及进一步的数据挖掘等任务前,我们应首先了解这些数据都是以何种形式存在于数据集中,又是以何种数据类型储存于各变量中,以及如何从海量数据中进行抽样以构造出待分析的数据集,又将如何划分该数据集来建立模型并同时检测模型的优良程度。

2.1　n×m 数据集

本节简单引入 R 软件中的三个自带数据集,来让大家对数据集的不同存在形式有一个概括认识,并给出基于 $n \times m$ 形式数据集的几个最基本概念,以便后文中相应概念的统一表述。

我们来看表 2-1 至表 2-3 中的数据集表格,它们因信息内容和复杂程度的不同,以不同的列表形式呈现。其中如表 2-1 中的 women 数据集形式是我们最常见的,为一张 15×2 的表格,相应存放着 15 个样本和 2 个变量的数据信息。

表 2-2 中的 uspop 数据集为一组时间序列,从 1790 年至 1970 年每隔 10 年取一个值。

表 2-3 中 Titanic 数据集记录了泰坦尼克号沉船事故中乘客的年龄、性别、船舱等级,以及是

否存活 4 项信息，以列联表（Contingency Table）的形式呈现。

表 2-1　women 数据集

	height	weight
1	58	115
2	59	117
3	60	120
4	61	123
5	62	126
6	63	129
7	64	132
8	65	135
9	66	139
10	67	142
11	68	146
12	69	150
13	70	154
14	71	159
15	72	164

表 2-2　uspop 数据集

Time Series:				
Start = 1790End = 1970Frequency = 0.1				
[1]	3.93	5.31	7.24	9.64	12.90
[6]	17.10	23.20	31.40	39.80	50.20
[11]	62.90	76.00	92.00	105.70	122.80
[16]	131.70	151.30	179.30	203.20	

表 2-3　Titanic 数据集

, , Age = Child, Survived = No		
Class＼Sex	Male	Female
1st	0	0
2nd	0	0
3rd	35	17
Crew	0	0

续表

, , Age = Child, Survived = Yes		
Sex Class	Male	Female
1st	5	1
2nd	11	13
3rd	13	14
Crew	0	0
, , Age = Adult, Survived = No		
Sex Class	Male	Female
1st	118	4
2nd	154	13
3rd	387	89
Crew	670	3
, , Age = Adult, Survived = Yes		
Sex Class	Male	Female
1st	57	140
2nd	14	80
3rd	75	76
Crew	192	20

但无论数据的原始记录形式如何，都可以通过适当整理使之成为我们所熟悉的 $n \times m$ 表格形式。如表 2-4 所示为整理后的部分 Titanic 数据集，这种 $n \times m$ 表格是进行各项数据分析的基本形式，便于软件读入、函数识别、数据预处理等步骤的开展。但不排除其他列表形式对于特殊分析的便捷性，如表 2-3 所示的列联表就是进行列联分析的最佳形式。

表 2-4 整理后的部分 Titanic 数据集

	Age	Sex	Class	Survived
1	Adult	Male	1st	No
2	Adult	Female	3rd	No
3	Adult	Male	2nd	No
4	Child	Male	2nd	No
5	Child	Female	1st	Yes
6	Adult	Female	3rd	No
7	Adult	Male	3rd	No

续表

	Age	Sex	Class	Survived
8	Child	Male	2nd	No
9	Adult	Male	Crew	No
10	Adult	Male	Crew	No

在 $n \times m$ 表格形式的数据集中，n 代表数据的行（rows），即观测点（observations）的数量；m 代表列（columns），即变量（variables）的数量；$n \times m$ 为数据集的维度（dimension）。如在表 2-4 中，$n = 10$，$m = 4$，表示整理后的部分 Titanic 数据集共含有 10 个观测点和 4 个变量，维度为 10×4。

一般来说，当拿到一份数据时，最先做的往往就是查看该数据集的观测样本数、变量数，以及这些变量的实际含义，以此对数据集的庞大程度和各变量的相对重要性做到心中有数。这对选取何种数据挖掘算法，以及在这之前应该抽取多少及哪些变量及样本纳入建模都有着重要的先导作用。

2.2   数据的分类

在对数据集的轮廓有如上了解后，下面就来看一看其中各变量中存储数据的类型。

我们将分为传统上通用的数据分类方式，以及在 R 软件中的类型识别方式两部分进行介绍，并在最后以一个具体数据集为例来探究其中的变量类型。

2.2.1   一般的数据分类

在最高的层面上，我们将数据分为定量数据（Quantitative Data）和定性数据（Qualitative Data）两大类。

定量数据是我们日常接触最多，直观上最容易接受的数据类型，如表 2-1 中 women 数据集中 height（身高）和 weight（体重）变量，以及表 2-2 中 uspop 数据集下存储的都是定量数据。若要具体来看，则又可以分为连续型数据（Continuous Data）和离散型数据（Discrete Data），如我们一般所说的年龄即为离散型数据。但在数据区间极大的情况下，连续和离散两者并没有进行区别的必要。

相对来说，定性数据是我们较为陌生的数据类型。一般分为定类数据、定序数据、定距数据和定比数据，信息含量依次增加，也可以理解为与定量数据的相近度依次增大。这 4 类数据的含义由其名称即可略知一二，以下在表 2-5 中列示出它们分别可以进行的运算方式。

一般我们在讨论定性数据时，多指前两种类型——定类数据和定序数据。在 Titanic 数据集中，性别（Sex）、是否存活（Survived）即为定类变量，而年龄（Age）和船舱等级（Class）则为定序变量。当然，如果数据使用者在处理如含有儿童、成人、老人三种取值的定序变量时，仅仅依据此变量将数据区分为三个不同的群体，而对于其年龄的大小次序没有研究兴趣，则把该变量作为定类数据来处理也并无不可。

表 2-5 四类定性数据可进行的运算

	定类数据	定序数据	定距数据	定比数据
分类（=，≠）	√	√	√	√
排序（<，>）		√	√	√
间距（+，-）			√	√
比值（×，÷）				√

因此，数据类型的选择和转换是依据我们的需要而决定的。其中数据转换是在对数据集进行预处理的过程中十分重要的环节，此环节可以对变量的类型进行改变，进而通过分析挖掘过程，选择获取该变量的数值特征或者类别信息等。具体的转换过程及作用可参见第 5 章。

2.2.2 R 的数据分类

这里我们仅介绍 R 中最常见的 5 种数据类型：numeric-数值型，integer-整数型，logical-逻辑型，character-字符型和 factor-因子型。

1. numeric-数值型

一般数字形式的数据都为数值型，从传统的数据分类方式来看，即指定量变量。

```
> x=c(1,2,3,4)                 # 构造元素依次为 1,2,3,4 的向量 x
> x                            # 输出 x 的值
[1] 1 2 3 4
> class(x)                     # 显示向量 x 的数据类型
[1] "numeric"
```

2. integer-整数型

即仅含有整数，且设定数据类型为 integer，否则一般为数值型。

```
> x1=as.integer(x)             # 将 x 转化为整数型数据 x1
> class(x1)                    # 显示向量 x1 的数据类型
[1] "integer"
```

3. logical-逻辑型

取 TRUE 和 FALSE 两个固定值，用于指示判断结果。这是一种简单却用途广泛的数据类型，尤其在自己动手编写 R 程序时，有技巧地运用逻辑型数据至关重要。

```
> x=c(1,2,3,4)                 # 构造元素依次为 1,2,3,4 的向量 x
> x==2                         # 判断向量 x 中等于 2 的元素
 [1] FALSE  TRUE FALSE  FALSE
> !(x<2)                       # 判断向量 x 中大于等于 2 的元素
```

```
[1] FALSE  TRUE  TRUE  TRUE
> which(x<2)                              # 选择向量 x 中小于 2 的元素
[1] 1
> is.logical(x)                           # 判断向量 x 是否为逻辑型数据
[1] FALSE
```

4．character/string-字符型

指向量中每个元素都是一个字符或字符串，即一般的数据分类方式中所说的定性变量。

```
> y=c("I","love","R")                     # 构造元素依次为字符串 "I"、"love"、"R" 的向量 y
> y                                        # 输出 y 的值
[1] "I"  "love"  "R"
> class(y)                                 # 显示向量 y 的数据类型
[1] "character"
> length(y)                                # 显示向量 y 的维度，即元素个数
[1] 3
> nchar(y)                                 # 显示向量 y 中每个元素的字符个数
[1] 1 4 1
> y=="R"                                    # 判断向量 y 中为 "R" 的元素
[1] FALSE  FALSE  TRUE
```

5．factor-因子型

简单来说就是披着定量数据外壳的定性数据，即以数字代码形式表现的字符型数据，本质上也为定性数据。

```
> sex=factor(c(1,1,0,0,1),levels=c(0,1),labels=c("male","female"))# 设置因子型数据 sex
> sex                                                        # 输出 sex 的值
[1] female  female  male  male  female
Levels: male female
> class(sex)                                                 # 显示 sex 的数据类型
[1] "factor"
> sex1=factor(c(1,1,0,0,1),levels=c(0,1),labels=c("female","male"))
                                   # 调换标签（labels）的取值，得到因子型数据 sex1
> sex1                                                       # 输出 sex1 的值
[1] male male female female male
Levels: female male
> sex2=factor(c(1,1,0,0,1),levels=c(1,0),labels=c("male","female"))
                                   # 调换水平（levels）的取值，得到因子型数据 sex2
> sex2                                                       # 输出 sex2 的值
[1] male male female female male
Levels: male female
```

当调换因子型数据的取值水平（levels）或字符标签（labels）时，所得向量各元素取值发生

相应变化,即 levels 与 labels 有对应关系成立。但当不对 levels 或 labels 进行设置时,各个字符的数字代码则按照字母表顺序从 1 开始依次取值。

```
> num=factor(c("a","b","c","d"))              # 设置因子型变量 num
> as.numeric(num)                             # 将因子型数据 num 转换为数值型数据
[1] 1 2 3 4
> num1 =factor(c("b","a","d","c"))            # 调换 num 中元素顺序,构造因子型变量 num1
> as.numeric(num1 )                           # 将因子型数据 num1 转换为数值型数据
[1] 2 1 4 3
> num+1                                        # 因子型数据不可进行数值运算
[1] NA NA NA NA
Warning message:
In Ops.factor(num, 1) : + not meaningful for factors
> as.numeric(num)+1                           # 转换为数值型数据后可参与运算
[1] 2 3 4 5
```

2.2.3 用 R 简单处理数据

这一部分我们以 MASS 软件包中的 Insurance 数据集为例,通过对其基本信息及变量类型等方面的探索,介绍几个常用的 R 函数。在着手处理每一个数据集时,包括进行数据预处理及后续分析的过程中,这些函数通常会被反复使用,可以说是展开数据挖掘的必经步骤,且将在后面章节不断涉及。

1. 基本信息

Insurance 数据集记录了某保险公司 1973 年第三季度车险投保人的相关信息,表 2-6 所示为其中的部分数据。我们看到共有 5 个变量,分别为 District-投保人家庭住址所在区域,取值为 1～4;Group-所投保汽车的发动机排量,取小于 1 升,1-1.5 升,1.5-2 升及大于 2 升四个等级;Age-投保人年龄,取小于 25 岁,25-29 岁,30-35 岁及大于 35 岁四个组别;Holders-投保人数量,Claims-要求索赔的投保人数量。

```
> library(MASS)                               # 加载含有数据集的软件包 MASS
> data(Insurance)                             # 获取数据集 Insurance
```

表 2-6　Insurance 数据集(部分)

	District	Group	Age	Holders	Claims
1	1	<1L	<25	197	38
2	1	<1L	25-29	264	35
3	1	<1L	30-35	246	20
……					

	District	Group	Age	Holders	Claims
21	2	1-1.5L	<25	149	25
22	2	1-1.5L	25-29	313	51
23	2	1-1.5L	30-35	419	49
......					
41	3	1.5-2L	<25	24	8
42	3	1.5-2L	25-29	78	19
43	3	1.5-2L	30-35	121	24
......					
51	4	<1L	30-35	40	4
52	4	<1L	>35	316	36
53	4	1-1.5L	<25	31	7

我们开始用 R 中的函数来进一步探究 Insurance 数据集的基本信息，首先利用 dim( )函数来获知数据集最基本的行列数。

```
> dim(Insurance)              # 获取数据集的维度
[1] 64  5
> dim(Insurance[1:10,])       # 获取数据集前 10 条数据的维度
[1] 10  5
> dim(Insurance[,2:4])        # 获取数据集仅含第 2、3、4 个变量的维度
[1] 64  3
> dim(Insurance)[1]           # 获取数据集维度向量的第一个元素，即行数
[1] 64
> dim(Insurance)[2]           # 获取数据集维度向量的第二个元素，即列数
[1] 5
```

另外，除了通过控制下标的方式选择部分数据，还可以通过变量名称筛选数据。

```
> vars=c("District","Age")    # 构造含有"District"和"Age"两个元素的字符向量 vars
> Insurance[20:25,vars]       # 筛选出 District 及 Age 变量的第 20～25 行数据
      District   Age
20    2          >35
21    2          <25
22    2          25-29
23    2          30-35
24    2          >35
25    2          <25
```

而变量名可以直接通过函数 names( )来读取，另外也可以加入 head( )和 tail( )函数辅助选取前后的部分函数名，这两个函数也非常实用，如读取前若干条数据等。

```
> names(Insurance)                          # 输出 Insurance 数据集变量名
[1] "District" "Group"   "Age"   "Holders" "Claims"
> head(names(Insurance),n=2)                # 仅输出前 2 个变量名
[1] "District" "Group"
> tail(names(Insurance),n=2)                # 仅输出后 2 个变量名
[1] "Holders" "Claims"
> head(Insurance$Age)                       # 仅输出 Age 变量前若干条数据
[1] <25  25-29 30-35 >35  <25  25-29
Levels: <25 < 25-29 < 30-35 <>35
```

2. 变量类型

我们利用 R 中 class( ) 函数对 Insurance 数据集中变量的类型进行识别,该函数在前面已经使用过。

```
> class(Insurance$District)                 # 显示 District 的变量类型
[1] "factor"
> class(Insurance$Age)                      # 显示 Age 的变量类型
[1] "ordered" "factor"
> class(Insurance$Holders)                  # 显示 Holders 的变量类型
[1] "integer"
```

通过 levels( ) 函数可以看到因子型数据的各个水平值,且可以对水平取值进行修改。

```
> levels(Insurance$Age)                     # 显示 Age 变量的 4 个水平值
[1] "<25"  "25-29" "30-35" ">35"
> levels(Insurance$Age)[1]                  # 显示 Age 变量的第 1 个水平值
[1] "<25"
> levels(Insurance$Age)[1]="young"          # 将 Age 变量的第 1 个水平值修改为 "young"
> head(Insurance$Age)                       # 回看修改后 Age 变量前若干个取值
[1] young 25-29 30-35 >35  young 25-29
Levels: young < 25-29 < 30-35 <>35
```

另外,对于数据类型的判断还可通过系列函数 is.numeric( )、is.integer( )、is.logical( )以及 is.character( )来判断。

```
> is.character(Insurance$Age)               # 判断 Age 是否为字符型变量
[1] FALSE
```

相应的有 as.numeric( )、as.integer( )、as.logical( )等系列函数用来进行强制数据类型转换。

```
> class(Insurance$Claims)                   # 显示 Claims 的变量类型
[1] "integer"
> class(as.numeric(Insurance$Claims))       # 将 Claims 的数据类型强制转换为数值型
[1] "numeric"
```

2.3   数据抽样及 R 实现

抽样技术是我们在和数据打交道过程中常常需要用到的基本技能之一。

比如：在收集数据过程中，绝大多数情况下，并不采取普查的方式获取总体中所有样本的数据信息，而是以各类抽样方法抽取其中的若干代表性样本来进行数据获取和分析；而在获得待分析数据集后，往往需要再次通过抽样技术选取出训练集与测试集，以便比较选择出最优的挖掘算法，详细的作用将于 2.4 节讨论；而在许多数据挖掘算法，如集成分类算法 Bagging 中，其算法原理本身即包含多次采样过程，详见第 10 章。

以下我们主要介绍简单随机抽样、分层抽样及整群抽样这三种基本抽样方法在 R 中的实现。其中主要用到 base 软件包中的 sample()函数，该软件包是 R 中使用前不需加载的默认软件包之一，其中含有许多基本统计函数；以及 sampling 软件包中的 strata()、cluster()函数，该软件包专用于实现调查抽样技术，其中含有大量各类抽样方法及相关指标的计算等函数。各函数的具体内容及运用方式将在下面各小节分别说明。

2.3.1   简单随机抽样

本部分将使用 sample()函数进行简单随机抽样，该函数是我们在 R 中最常使用的抽样函数，其基本格式为：

```
sample(x, size, replace = FALSE, prob = NULL)
```

其中 x 表示待抽取对象，一般以向量形式表示；size 为非负整数，表示想要抽取样本的个数；replace 表示是否为可放回抽样，默认情况下为无放回；prob 用于设置各抽取样本的抽样概率，默认情况下无取值，即等概率抽样。

1.   有放回的随机抽样

首先，我们来看有放回随机抽样在 sample()函数中的实现，且继续以上节中的 Insurance 数据集为例来演示使用过程。

从对象 x 中抽取 n 项的简单代码实现格式即为：

```
sample(x, n, replace = T)
```

下面我们尝试从 Insurance 中抽取 10 条观测样本。

```
> sub1=sample(nrow(Insurance),10,replace=T)
                              # 从 Insurance 的总观测数中有放回随机抽取 10 个行序号
> sub1                        # 显示所抽取的 10 个行序号
 [1] 57 47 48 42 52 42 64 37  1 57
```

```
> Insurance[sub1,]                    # 输出抽取到的 10 条观测样本
         District      Group       Age      Holders     Claims
57       4            1.5-2l      <25      18          5
47       3            >2l         30-35    43          8
48       3            >2l         >35      245         37
42       3            1.5-2l      25-29    78          19
52       4            <1l         >35      316         36
42.1     3            1.5-2l      25-29    78          19
64       4            >2l         >35      114         33
37       3            1-1.5l      <25      53          10
1        1            <1l         <25      197         38
57.1     4            1.5-2l      <25      18          5
```

从如上输出结果我们看到，所抽取到的 Insurance 数据集中的样本行序号分别为 57、47、48、42、52、42、64、37、1、57，其中分别含有两个 42 号和 57 号，由于是有放回的抽样，因此重复的抽样结果是可能出现的。且在输出的 10 行数据集中，第 2 个重复观测代码分别以 42.1 与 57.1 显示，这是为了在后续的数据处理过程中不至于产生混乱。

下面我们使用 prob 参数，通过对其赋予一个以样本个数为维度的向量，来控制对每个观测样本的抽样概率。如上未对该参数进行设置，即表明对各样本等概率抽样。

为了体现更改 prob 参数的效果，我们以下尝试设置除最后一条样本的抽样概率为 1 外，其他样本被抽到的概率都为 0。可想而知，抽样结果应当全部为最后一条样本。

```
> sub2=sample(nrow(Insurance),10,replace=T,prob=c(rep(0,nrow(Insurance)-1),1))
                # 设置除最后一条样本的抽样概率为 1 外，其他样本被抽到的概率都为 0
> sub2                                   # 显示所抽取的 10 个行序号
[1] 64 64 64 64 64 64 64 64 64 64
> Insurance[sub2,]                       # 输出抽取到的 10 条观测样本
         District      Group       Age      Holders     Claims
64       4            >2l         >35      114         33
64.1     4            >2l         >35      114         33
64.2     4            >2l         >35      114         33
64.3     4            >2l         >35      114         33
64.4     4            >2l         >35      114         33
64.5     4            >2l         >35      114         33
64.6     4            >2l         >35      114         33
64.7     4            >2l         >35      114         33
64.8     4            >2l         >35      114         33
64.9     4            >2l         >35      114         33
```

如上结果显示了 prob 参数应当有的效果，即第 64 条样本被重复抽取了 10 次。在实际运用中，我们可以根据需要任意更改抽到每一个样本的可能性，从而构造出符合期望的数据集。

2. 无放回的随机抽样

实现无放回抽样只需不对 replace 参数进行设置即可，此时 size 的取值就不可超过 x 的长度，否则会出现如下错误提示：

```
> sub3=sample(nrow(Insurance),nrow(Insurance)+1)
                    # 无放回随机抽取比总观测数多 1 个的行序号
Error in sample.int(x, size, replace, prob) :
cannot take a sample larger than the population when 'replace = FALSE'
```

而 prob 参数的使用与有放回时完全相同，此处不再赘述。

2.3.2 分层抽样

分层抽样可通过 strata()函数来实现，其基本格式为：

```
strata(data, stratanames=NULL, size, method=c("srswor","srswr",
"poisson","systematic"), pik,description=FALSE)
```

其中，data 即为待抽样数据集；stratanames 中放置进行分层所依据的变量名称；size 用于设置各层中将要抽出的观测样本数，其顺序应当与数据集中该变量各水平出现顺序一致，且在使用该函数前，应当首先对数据集按照该变量进行升序排序；而 method 参数则用于选择其中列示的 4 种抽样方法，分别为无放回、有放回、泊松、系统抽样，默认情况下取 srswor；pik 用于设置各层中各样本的抽样概率；description 参数用于选择是否输出含有各层基本信息的结果。

下面我们首先简单地按照投保人所在街区 District 变量为分层变量进行抽样，且 1-4 街区分别抽取 1-4 个样本。

```
> sub4=strata(Insurance,stratanames="District",size=c(1,2,3,4),method="srswor")
              # 按街区 District 进行分层，且 1-4 街区中分别无放回抽取 1-4 个样本
> sub4                                        # 显示分层抽样结果
       District    ID_unit    Prob      Stratum
11     1           11         0.0625    1
20     2           20         0.1250    2
29     2           29         0.1250    2
42     3           42         0.1875    3
45     3           45         0.1875    3
46     3           46         0.1875    3
49     4           49         0.2500    4
53     4           53         0.2500    4
54     4           54         0.2500    4
61     4           61         0.2500    4
```

由如上输出结果，我们看到第 1 街区抽取的 1 个样本在 Insurance 数据集中的行序号为 11，第 2 街区抽得的 2 个样本的行序号分别为 20、29。且由抽样概率 Prob 一栏我们知道，在各层中每一样本被抽取的可能性都相等。最后一列 Stratum 标注出该样本所属的层号。

然后通过 getdata() 函数获取分层抽样所得的数据集如下：

```
> getdata(Insurance,sub4)                          # 获取分层抽样所得的数据集
      Group    Age      Holders  Claims  District  ID_unit  Prob    Stratum
11    1.5-21   30-35    355      74      1         11       0.0625  1
20    <11      >35      931      87      2         20       0.1250  2
29    >21      <25      9        4       2         29       0.1250  2
42    1.5-21   25-29    78       19      3         42       0.1875  3
45    >21      <25      7        3       3         45       0.1875  3
46    >21      25-29    29       2       3         46       0.1875  3
49    <11      <25      20       2       4         49       0.2500  4
53    1-1.51   <25      31       7       4         53       0.2500  4
54    1-1.51   25-29    81       10      4         54       0.2500  4
61    >21      <25      3        0       4         61       0.2500  4
```

下面我们使用 description 参数，来看当将其值设为 TRUE 时，将给出何种信息。

```
> sub5=strata(Insurance,stratanames="District",size=c(1,2,3,4),description=TRUE)
            # 按街区 District 进行分层，且 1-4 街区中分别无放回抽取 1-4 个样本，
            # 并输出由 description 控制的各层基本信息
Stratum 1
Population total and number of selected units: 16 1
Stratum 2
Population total and number of selected units: 16 2
Stratum 3
Population total and number of selected units: 16 3
Stratum 4
Population total and number of selected units: 16 4
Number of strata  4
Total number of selected units 10
```

可以看到，共有多少层、每层中待抽取样本总数及实际抽取样本数都被列示出来。这是对分层抽样基本信息的一个汇总，当待分类层数或样本数较多时，以此来大致了解抽样过程十分方便。

```
> sub6=strata(Insurance,stratanames="District",size=c(1,2,3,4),method="systematic",
        pik=Insurance$Claims)
# 选择系统抽样方法 systematic，并以 Insurance 中 Claims 变量控制各层内的抽样概率
> sub6                                              # 显示抽样结果
      District  ID_unit  Prob        Stratum
7     1         7        0.06444605  1
20    2         20       0.19528620  2
24    2         24       0.65095398  2
36    3         36       0.36612022  3
40    3         40       1.00000000  3
44    3         44       0.55191257  3
52    4         52       0.48214286  4
56    4         56       1.00000000  4
```

| 58 | 4 | 58 | 0.09375000 | 4 |
| 60 | 4 | 60 | 0.84375000 | 4 |

如上，我们看到各层内样本的抽样概率不再相等。具体的，我们按照下面代码查看最终得到的整体数据集，将 Claims 与 Prob 取值进行比较。在各层内，很明显的是，样本中 Claims 变量取值越高，该样本被抽取的可能性越大。

```
> getdata(Insurance,sub6)                                    # 获取分层抽样所得数据集
```

	Group	Age	Holders	Claims	District	ID_unit	Prob	Stratum
7	1-1.5l	30-35	696	89	1	7	0.06444605	1
20	<1l	>35	931	87	2	20	0.19528620	2
24	1-1.5l	>35	2443	290	2	24	0.6509539	2
36	<1l	>35	648	67	3	36	0.36612022	3
40	1-1.5l	>35	1635	187	3	40	1.00000000	3
44	1.5-2l	>35	692	101	3	44	0.55191257	3
52	<1l	>35	316	36	4	52	0.48214286	4
56	1-1.5l	>35	724	102	4	56	1.00000000	4
58	1.5-2l	25-29	39	7	4	58	0.09375000	4
60	1.5-2l	>35	344	63	4	60	0.84375000	4

在某变量的各个水平下，数据集中其他变量的取值有明显差异时，分层抽样是一个非常合适的选择。这样可以保持数据总体与样本数据集的分布一致性，在后续的数据分析和挖掘过程中能够避免数据不平衡等问题。

2.3.3 整群抽样

我们使用 cluster()函数来实现整群抽样，其基本格式为：

```
cluster(data, clustername, size, method=c("srswor","srswr","poisson","systematic"),
        pik,description=FALSE)
```

该函数的参数中，除了 clustername、size 略有不同以外，其他参数都与 strata()完全相同。clustername，顾名思义，是指用来划分群的变量名称，而 size 不再为分层抽样中的一个向量，此处仅为一个正整数，表示需要抽取的群数。

```
> sub7=cluster(Insurance,clustername="District",size=2,method="srswor",
        description=TRUE)
# 按照 District 变量的不同取值划分群，并无放回地抽取其中两个群中的所有样本
Number of selected clusters: 2
Population total and number of selected units 64 32
```

由如上信息，共抽取 2 个整群，所含样本数为 32 个。

```
> sub7                                          # 显示整群抽样结果
    District    ID_unit    Prob
1   2           18         0.5
2   2           17         0.5
```

3	2	22	0.5
4	2	19	0.5
	......		
13	2	32	0.5
14	2	24	0.5
15	2	25	0.5
16	2	23	0.5
17	3	35	0.5
18	3	33	0.5
19	3	34	0.5
20	3	39	0.5
	......		
29	3	48	0.5
30	3	36	0.5
31	3	37	0.5
32	3	38	0.5

如上显示被抽中的为 District 取值为 2、3 的两个整群，且由于共有 4 个群，因此每个群被抽中的概率都为 0.5。所得具体数据集如下：

```
> getdata(Insurance,sub7)                        # 获取整群抽样所得数据集
```

	Group	Age	Holders	Claims	District	ID_unit	Prob
18	<1l	25-29	139	19	2	18	0.5
17	<1l	<25	85	22	2	17	0.5
22	1-1.5l	25-29	313	51	2	22	0.5
19	<1l	30-35	151	22	2	19	0.5
	......						
32	>2l	>35	322	53	2	32	0.5
24	1-1.5l	>35	2443	290	2	24	0.5
25	1.5-2l	<25	66	14	2	25	0.5
23	1-1.5l	30-35	419	49	2	23	0.5
35	<1l	30-35	89	10	3	35	0.5
33	<1l	<25	35	5	3	33	0.5
34	<1l	25-29	73	11	3	34	0.5
39	1-1.5l	30-35	240	37	3	39	0.5
	......						
48	>2l	>35	245	37	3	48	0.5
36	<1l	>35	648	67	3	36	0.5
37	1-1.5l	<25	53	10	3	37	0.5
38	1-1.5l	25-29	155	24	3	38	0.5

在考虑使用整群抽样时，一般要求各群对数据总体有较好的代表性，即群内各样本的差异要大，而群间的差异要小。因此，当群间差距较大时，整群抽样往往具有样本分布面不广、样本对总体的代表性相对较差等缺点。

2.4   训练集与测试集

在进行数据建模过程中，尤其是在面对有多种算法可供选择，且建模目的是为了预测某个或某些变量的类别或具体取值等的情况，如进行时间序列分析以预测未来某个时间点某统计指标的取值，又如建立决策树模型，来对一个表示是否执行某决策的目标变量取 TRUE 还是 FALSE 进行判断等，评价各算法所建立模型的预测效果就变得至关重要。

而为了对此进行合理评价，就需要分别从原始数据集中抽取出训练集（Training Dataset）与测试集（Testing Dataset），前者用于建立模型，后者用于评价模型。

具体的，假设 y 代表待预测的目标/输出变量，x 代表输入变量。则我们首先使用训练集中的 x 与 y 构建出一个统计模型，然后将测试集中的 x 代入该模型，即运用此模型来预测目标变量 y 的值，设为 y'。此时我们就有了测试集中已知的 y 值，以及模型估计出的 y' 值，将两者进行比较，如此一来，即可得到预测误差等评价模型效果好坏的统计结果。

且一般来说，如果我们用训练集所建立的模型来回头预测训练集中的目标变量值，假设得到 y''，那么该 y'' 与 y 的误差则可以用来评价模型的拟合程度，即自己对自己契合的程度；而上面所说的 y' 与 y 间的误差则评价了模型的推广程度，即与别人契合的程度。当我们说一个模型相对较好时，往往指的是该模型的拟合程度和推广程度综合最优。

而训练集与测试集即可通过上一节所介绍的各种抽样方法获得，一般我们控制两者的比例为 3:1 左右，这是为了在保证建立模型的训练集样本足够的前提下，尽量使测试集的评价结果可信。

下面以 Insurance 数据集为例，以无放回方式抽取 3/4 样本作为训练集，另 1/4 样本作为测试集。

```
> train_sub=sample(nrow(Insurance),3/4*nrow(Insurance))    # 随机无放回抽取 3/4 样本行序号
> train_data=Insurance[train_sub,]                         # 将相应 3/4 行序号对应样本构造出训练集
> test_data=Insurance[-train_sub,]                         # 将另外 1/4 行序号对应样本构造出测试集
> dim(train_data);dim(test_data)                           # 显示训练集与测试集的维度
[1] 48  5
[1] 16  5
```

经过如上过程，我们简单构造出了 3:1 的训练集与测试集，在具体情况下，可选取其他抽样方法或抽样比例来构造这两个集合。

2.5   本章汇总

as.numeric()	函数	将对象强制转换为数值型数据
class()	函数	显示对象类型

cluster()	函数	整群抽样
data()	命令	调用数据集
datasets	软件包	用于提供 women、uspop、Titanic 数据集
dim()	函数	获取数据集维度
factor()	函数	构造、转换成因子型数据
head()	函数	获取处理对象的前若干个元素
Insurance	数据集	MASS 软件包中的样本数据集
is.numeric()	函数	判断对象是否为数值型数据
length()	函数	输出处理对象（向量、因子等）的长度
levels()	函数	获取或修改处理对象的水平值
library()	命令	向 R 中加载软件包
MASS	软件包	提供 Insurance 数据集
names()	函数	获取数据集变量名
nchar()	函数	输出对象中所含字符个数
sample()	函数	简单随机抽样
sampling	软件包	提供 strata()、cluster()函数
strata()	函数	分层抽样
tail()	函数	获取处理对象的后若干个元素
Titanic	数据集	datasets 软件包中的样本数据集
uspop	数据集	datasets 软件包中的样本数据集
women	数据集	datasets 软件包中的样本数据集

第 3 章

用 R 获取数据

在与数据打交道的过程中，相信你一定接触过各式各样的扩展名，如.xls（.xlsx）、.txt、.csv 等。不同的扩展名即代表着不同的文件格式，来源不同的数据集往往存在于格式各异的文件中，这常给数据使用者带来额外的困难。

R 作为一个开放的系统，它与其他应用软件，尤其是数据处理软件，比如 Excel、SPSS、STATA 等有着密切的资源共享性，相互之间进行数据调用非常方便快捷。因此，除了读取自带数据外，R 还支持多种格式的数据使用，这不论在数据来源的丰富度，或是处理软件的自由选择、交替使用等方面，都给我们带来不小的益处。

通过 R 软件还可以连接到各种数据库，通过 R 中的程序代码实现对数据库中储存的海量数据进行更改、添加等操作。

进一步，除了读取、控制计算机中现存的数据集外，R 软件还可连接网络，读取网页中的数据，实现数据的实时更新、获取。

3.1 获取内置数据集

首先，我们撇开其他各种数据获取渠道来看，R 软件自身就已经给我们提供了丰富的数据资源，比如在上一章中我们就已经接触到的一些 R 的内置数据集。

3.1.1 datasets 数据集

在 R 中的内置数据集是分属于各软件包中的，其中比较特殊的是 datasets 软件包，它是专用于提供数据集的软件包，其中大约含有近百个数据集，涵盖医学、自然、社会、人体等各个领域的数据。

```
> data ( package = "datasets")                    # 获取 datasets 中所有数据集
```

运行如上程序代码可得到如图 3-1 所示的输出窗口，datasets 中所含数据集的名称及其内容概述都被列示出来。

图 3-1　datasets 中所有数据集的部分列表

在选择使用数据集时，可以在浏览各数据集的内容概述后，进而使用帮助函数 help(dataset) 或?dataset 来深入了解感兴趣的数据集。在帮助文档中可以得知该数据集的来源及每一变量的实际含义、数据的收集背景等信息。

来看图 3-1 中列示的第一个数据集 AirPassengers，其内容概述说明该数据集中含有 1949 年至 1960 年每月的航线乘客数，更具体的信息，我们运行如下程序：

```
> ?AirPassengers                    # 获取 AirPassengers 数据集的帮助文档
```

浏览器会自动获取该数据集的帮助文档网页，如图 3-2 所示，网址为 http://127.0.0.1:12812/library/datasets/html/AirPassengers.html。

从中我们看到该数据集的具体描述 Description、使用 Usage、格式 Format、来源 Source 以及示例 Examples 中的各项具体信息。

当我们选定要使用该数据集时，仅需使用 data()函数，即可调用得到目标数据集。

3.1.2　包的数据集

除了 datasets 软件包外，R 中许多其他软件包也自带有少量数据集，我们首先通过如下程序代码，来获得如图 3-3 所示的所有数据集的列表。

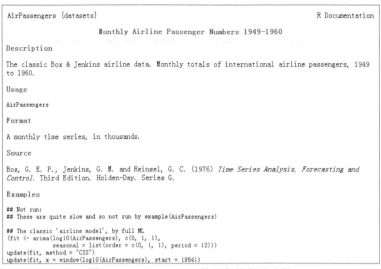

图 3-2　AirPassengers 数据集的帮助文档

```
> data(package = .packages(all.available = TRUE))          # 获取 R 中所有数据集列表
```

图 3-3　R 中所有数据集的部分列表

由图 3-3 我们看到，各个数据集按照其所属软件包被一一列示出来。

我们要知道，某一软件包中的数据集，往往正是由于适合诠释该软件包内相关函数的功能而收集并添置的，也就是说，某一软件包中的数据集在格式、内容，甚至取值等方面，在某种程度上是迎合于该软件包的功能需要的。

比如图 3-3 所示的 arules 软件包中的 Groceries 数据集，该数据集在第 6 章关联分析中将被深入使用，而我们之所以在讨论关联分析时使用该数据集作为示例，正是因为 arules 软件包的主要功能即是提供关联分析算法，该数据集则自然而然成为我们的首选练习数据。

以下以 Groceries 为例，说明数据集的获取过程：

```
> install.packages(arules)          # 下载并安装 arules 软件包
> library(arules)                    # 加载 arules 软件包
> data(Groceries)                    # 获取 Groceries 数据集
```

知道了 R 中内置数据集的编排规律后，这就给我们学习 R 软件中的各种统计方法带来了极大方便。比如当学习分类树模型时，专用于此的 rpart 软件包中所带数据集就是我们最便捷的选择。

因此，本书各算法章节所使用的演示数据，即来源于各算法函数所在软件包中的内置数据集。现将各章所使用的主要数据集及主要软件包列示于表 3-1，以方便读者查看。

表 3-1　各章节使用演示数据集及主要软件包

章节名称	主要使用软件包	演示数据集	数据集所示软件包
第 6 章　关联分析	Arules、arulesViz	Groceries	arules
第 7 章　聚类分析	Cluster、mclust、stats		Countries
第 8 章　判别分析	MASS、klaR、class、kknn	miete	kknn
第 9 章　决策树	Rpart、part、RWake	car.test.frame	mvpart
第 10 章　集成学习	adabag	car.test.frame	mvpart
第 11 章　随机森林	randomForest	iris	datasets
第 12 章　支持向量机	e1071		
第 13 章　神经网络	nnet		

3.2　获取其他格式的数据

这一节我们主要介绍如何用 R 读取由固定分隔符作为数据间隔的文件，如 CSV 和 TXT；如何读取 Excel 文件中的数据；如何从 SPSS、Minitab、STATA、SYSTAT 等统计软件中获取多种格式的数据。为了完成上述任务，我们将用到 utils、RODBC、gdata、foreign 及 Hmisc 加载包中的多种函数。

3.2.1　CSV 与 TXT 格式

下面我们使用到 utils 软件包中的 read.csv( )和 read.table( )函数，utils 包中含有大量 R 中最实用的函数，其中包括帮助函数 help( )以及安装软件包函数 installed.packages( )等。

1. 读取 CSV 格式

CSV 是逗号分隔型取值格式（Comma Separated Values）的简称，同时也是该格式文件的扩展名，它是一种纯文本格式，用来存储数据，且其中的数据统一由逗号分隔开。CSV 是最常用的数据共享格式之一。

下面我们以存在于路径 D:/R/DATA 下的数据 Insurance.csv 为例来说明，该数据即为上一章中所使用的 MASS 软件包中的 Insurance 数据集。

```
> setwd("D://R//DATA")                    # 设置默认路径为 D:/R/DATA
> write.csv(Insurance,"Insurance.csv")    # 将 Insurance 数据集以 csv 格式存入指定路径
> Insur_csv=read.csv("Insurance.csv")     # 使用 read.csv( ) 函数直接读取
> head(Insur_csv)                         # 查看部分读取到的数据
  X District Group   Age    Holders Claims
1 1 1        <1l     <25    197     38
2 2 1        <1l     25-29  264     35
3 3 1        <1l     30-35  246     20
4 4 1        <1l     >35    1680    156
5 5 1        1-1.5l  <25    284     63
6 6 1        1-1.5l  25-29  536     84
> Insur_csv1=read.table("Insurance.csv")  # 使用 read.table( ) 函数读取数据
> head(Insur_csv1)                         # 查看部分读取到的数据
  V1   V2
1 NA   ,"District","Group","Age","Holders","Claims"
2 1    ,"1","<1l","<25",197,38
3 2    ,"1","<1l","25-29",264,35
4 3    ,"1","<1l","30-35",246,20
5 4    ,"1","<1l",">35",1680,156
6 5    ,"1","1-1.5l","<25",284,63
> Insur_csv2=read.table("Insurance.csv",header=TRUE,sep=",");  #更改函数设置
> head(Insur_csv2)                         # 查看部分读取到的数据
  X District Group   Age    Holders Claims
1 1 1        <1l     <25    197     38
2 2 1        <1l     25-29  264     35
3 3 1        <1l     30-35  246     20
4 4 1        <1l     >35    1680    156
5 5 1        1-1.5l  <25    284     63
6 6 1        1-1.5l  25-29  536     84
```

注意：在每次开始用 R 进行工作前，可以考虑先行使用 setwd( )函数设定常用工作路径，以省去之后可能需要的多次指定文件获取、修改、保存路径的操作。

在以上过程中，我们看到使用专门读取 CSV 格式的函数 read.csv( )与一般的读取数据函数 read.table( )是不同的，这是由于两函数中控制参数的默认值不同。

在 read.table( )中，"文件本身是否含有变量名"参数（head）默认取 FALSE，即认为文件第一行开始就是数据而非变量名；且"数据间隔符"参数（sep）默认为空，由此得到了 Insur1 中所示的数据读取结果。而 read.csv( )中 head 值默认为 TRUE，sep 则默认为逗号，这一默认值充分体

现了该函数是读取 CSV 格式数据的专用函数。

2. 读取 TXT 格式

TXT 是最常见的文本格式，在储存数据时以制表符（即 tab）为分隔符，我们同样可以使用 read.csv( ) 及 read.table( ) 对该格式的数据进行读取。

```
> write.table(Insurance,"Insurance.txt")    # 将 Insurance 数据集以 txt 格式写入指定路径
> Insur_txt=read.table("Insurance.txt")     # 使用 read.table( ) 函数直接读取
> head(Insur_txt)                           # 查看部分读取到的数据
    District  Group   Age       Holders  Claims
1   1         <1l     <25       197      38
2   1         <1l     25-29     264      35
3   1         <1l     30-35     246      20
4   1         <1l     >35       1680     156
5   1         1-1.5l  <25       284      63
6   1         1-1.5l  25-29     536      84
> Insur_txt1=read.csv("Insurance.txt",header=TRUE,sep="");#使用 read.csv( ) 函数
> head(Insur_txt1);                         # 查看部分读取到的数据
    District  Group   Age       Holders  Claims
1   1         <1l     <25       197      38
2   1         <1l     25-29     264      35
3   1         <1l     30-35     246      20
4   1         <1l     >35       1680     156
5   1         1-1.5l  <25       284      63
6   1         1-1.5l  25-29     536      84
```

读取 TXT 格式与读取 CSV 格式的差别即体现在间隔符参数 sep 的取值上。在上面的例子中，使用 read.table( ) 时默认取空值，而在使用 read.csv( ) 时手动设置为空值，两种方式都可以正确读取数据。

当我们理解了 read.csv( ) 与 read.table( ) 函数差别的本质所在，在读取以其他固定分隔符来作为数据间隔的文件时，同理可得。

3.2.2　从 Excel 直接获取数据

其实从 Excel 中获取数据最好的方式是将其转换为 CSV 格式，再用读取 CSV 文件的方式获得。但在 Windows 系统中我们也可以选择使用 RODBC 软件包中的相关函数来实现。

```
> library(RODBC)                            # 加载 RODBC 软件包
> channel=odbcConnectExcel(file.choose())
  # 选择要读取的 Excel 文件 Insurance.xls，并保存连接
> channel                                   # 显示连接信息
RODBC Connection 9
Details:
```

```
       case=nochange
       DBQ=D:\R\DATA\Insurance.xls
       DefaultDir=D:\R\DATA
       Driver={Microsoft Excel Driver (*.xls)}
       DriverId=790
       MaxBufferSize=2048
       PageTimeout=5
     > sqlTables(channel)                          # 列示出从 ODBC 中连接到的表格
       TABLE_CAT              TABLE_SCHEM  TABLE_NAME  TABLE_TYPE    REMARKS
     1 D:\\R\\DATA\\Insurance  <NA>        Sheet1$     SYSTEM TABLE  <NA>
     2 D:\\R\\DATA\\Insurance  <NA>        Sheet2$     SYSTEM TABLE  <NA>
     3 D:\\R\\DATA\\Insurance  <NA>        Sheet3$     SYSTEM TABLE  <NA>
     > Insur=sqlFetch(channel,"Sheet1")            # 读取表格中的 sheet1，并储存于 Insur
     > odbcClose(channel)                          # 关闭连接
     > head(Insur)                                 # 读取 Insur 的前若干条数据
       District  Group    Age    Holders  Claims
     1 1         <1l      <25    197      38
     2 1         <1l      25-29  264      35
     3 1         <1l      30-35  246      20
     4 1         <1l      >35    1680     156
     5 1         1-1.5l   <25    284      63
     6 1         1-1.5l   25-29  536      84
```

如果不是 Windows 系统，而是 Mac OS 或 Linux，则可以选择使用 gdata 加载包中的 read.xls( ) 函数来读取 Excel 数据，我们以 gdata 包中自带样本数据 iris.xls 为例。

```
     > xlsfile =file.path(path.package('gdata'),'xls','iris.xls')    # 获取读取文件的路径
     > xlsfile                                                       # 显示路径
     [1] "C:/Users/hp/Documents/R/win-library/3.0/gdata/xls/iris.xls"
     > iris=read.xls(xlsfile)                                        # 读取文件 iris.xls
```

需要说明的是，如果为 Windows 系统，在使用 read.xls( )函数前需要事先安装 Perl 才可运行，因此不建议 Windows 用户选择该方法读取 Excel 文件。

3.2.3 从其他统计软件中获取数据

我们将使用 foreign 软件包中的相关函数，该软件包的主要功能即是读写 SPSS、SAS、Minitab、Stata、Systat 等统计软件中的数据，下面将对各软件数据的获取进行介绍。

1. 从 SPSS 中获取数据

首先来看一个 SPSS 中的样本数据 DRINK.sav（如图 3-4 所示），以下我们使用 foreign 加载包中的 read.spss( )函数来读取该数据，默认工作路径不变。

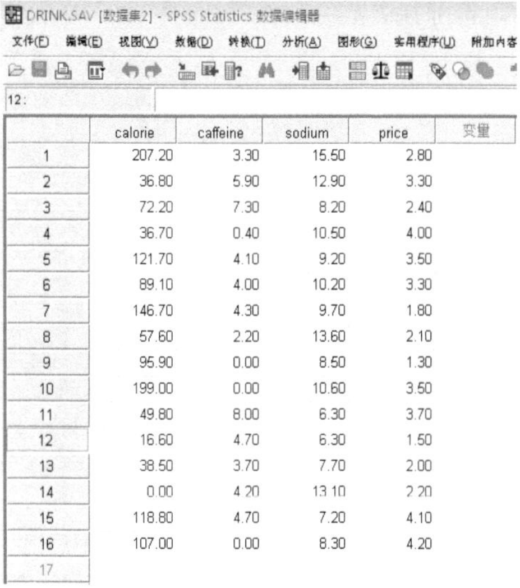

	calorie	caffeine	sodium	price	变量
1	207.20	3.30	15.50	2.80	
2	36.80	5.90	12.90	3.30	
3	72.20	7.30	8.20	2.40	
4	36.70	0.40	10.50	4.00	
5	121.70	4.10	9.20	3.50	
6	89.10	4.00	10.20	3.30	
7	146.70	4.30	9.70	1.80	
8	57.60	2.20	13.60	2.10	
9	95.90	0.00	8.50	1.30	
10	199.00	0.00	10.60	3.50	
11	49.80	8.00	6.30	3.70	
12	16.60	4.70	6.30	1.50	
13	38.50	3.70	7.70	2.00	
14	0.00	4.20	13.10	2.20	
15	118.80	4.70	7.20	4.10	
16	107.00	0.00	8.30	4.20	
17					

图 3-4 SPSS 窗口中的 DRINK 数据

```
> library(foreign)                                  # 加载 foreign 软件包
> DRINK_spss=read.spss(file="DRINK.sav")            # 用 read.spss()函数读取 DRINK 数据
> DRINK_spss                                        # 显示读取到的数据
 $CALORIE
 [1] 207.2 36.8 72.2 36.7 121.7 89.1 146.7 57.6 95.9 199.0 49.8 16.6 38.5 0.0 118.8 107.0
 $CAFFEINE
 [1] 3.3 5.9 7.3 0.4 4.1 4.0 4.3 2.2 0.0 0.0 8.0 4.7 3.7 4.2 4.7 0.0
 $SODIUM
 [1] 15.5 12.9 8.2 10.5 9.2 10.2 9.7 13.6 8.5 10.6 6.3 6.3 7.7 13.1 7.2 8.3
 $PRICE
 [1] 2.8 3.3 2.4 4.0 3.5 3.3 1.8 2.1 1.3 3.5 3.7 1.5 2.0 2.2 4.1 4.2
> DRINK_spss1=read.spss(file="DRINK.sav",to.data.frame=TRUE);#修改参数读 DRINK
> head(DRINK_spss1)                                 # 显示部分读取到的数据
   CALORIE  CAFFEINE  SODIUM  PRICE
1  207.2    3.3       15.5    2.8
2  36.8     5.9       12.9    3.3
3  72.2     7.3       8.2     2.4
4  36.7     0.4       10.5    4.0
5  121.7    4.1       9.2     3.5
6  89.1     4.0       10.2    3.3
```

使用 read.spss( )函数读取 SPSS 格式的数据十分便捷，且通过 to.data.frame 参数的设定可以得到易于在 R 中进行后续处理的数据格式；另外，我们也可以选择使用 Hmisc 软件包中的 spss.get( )函数来读取，该函数中参数 to.data.frame 的默认值为 TRUE，即可以不经过更改设置直接得到数据框格式。

```
> library(Hmisc)                                    # 加载 Hmisc 软件包
```

```
> DRINK_spss2 =spss.get("DRINK.sav")      # 用 spss.get() 函数读取 DRINK 数据
> head(DRINK_spss2 )                       # 显示部分读取到的数据
    CALORIE    CAFFEINE    SODIUM    PRICE
1   207.2      3.3         15.5      2.8
2   36.8       5.9         12.9      3.3
3   72.2       7.3         8.2       2.4
4   36.7       0.4         10.5      4.0
5   121.7      4.1         9.2       3.5
6   89.1       4.0         10.2      3.3
```

2. 从 SAS、Minitab、STATA、SYSTAT 中获取数据

由于从其他软件中获取数据的过程与 SPSS 相似，我们在此不再一一赘述，仅将软件名和相应函数的基本格式列示于表 3-2 中。

表 3-2   从 SAS、Minitab、STATA、SYSTAT 中获取数据

软件名	函数格式
SAS	read.ssd(libname, sectionnames,tmpXport=tempfile(), tmpProgLoc=tempfile(), sascmd="sas")
Minitab	read.mtp(file)
STATA	read.dta(file,convert.dates=TRUE, convert.factors=TRUE,missing.type=FALSE,convert.underscore = FALSE, warn.missing.labels = TRUE)
SYSTAT	read.systat(file, to.data.frame = TRUE)

3.3   获取数据库数据

本节我们主要通过开放式数据库连接（Open DataBase Connectivity，简称 ODBC）来实现 R 与各种数据库的连接。ODBC 是一种客户端-服务器系统，我们可以从 Windows 客户端连接 UNIX 服务器上运行的 DBMS，反之亦然。且可以支持多种数据源，如 Oracle、MySQL、DB2、SQL Server 等。

而 R 中的 RODBC 软件包就提供了访问 ODBC 数据源的接口，该软件包中的相关函数可以实现使用相同的 R 程序代码访问不同的数据库系统。

以下我们将其中进行数据存取的主要函数列示于表 3-3 中。

表 3-3   RODBC 存取数据的主要函数

函数名称	函数描述
odbcConnect(dsn, uid="", pwd="")	建立并打开连接
sqlFetch(channel, sqtable)	从数据库读取数据表，并返回一个数据框对象
sqlQuery(channel, query)	向数据库提交一个查询，并返回结果
sqlSave(channel, mydf, tablename = sqtable, append = FALSE)	将一个数据框写入或更新(append=True)到数据库

续表

函数名称	函数描述
sqlDrop(channel, sqtable)	从数据库删除一个表
sqlClear(channel, sqtable)	删除表中的内容
sqlTables(channel)	返回数据库中表的信息
sqlColumns(channel, sqtable)	返回数据库表 sqtable 列的信息
close(channel)	关闭连接

但在使用该软件包中的相关函数前，需要首先建立一个数据源的名称（Data Source Name，简称 DSN）。以下我们以链接 SQL Server 为例，简要说明 Windows 系统下的 ODBC 配置过程：

1. 选择"控制面板→管理工具→数据源（ODBC）"，得到如图 3-5 中的左上图所示的窗口；

2. 单击"添加"按钮，弹出图 3-5 中右上图所示的窗口，从中选择 SQL Server 选项，然后单击"完成"按钮；

3. 出现图 3-5 中的左下图所示的界面，这里我们把名称设的"SQLServer"，即数据源名称 DSN，服务器可选择 local，或者其他选项；

4. 单击"下一步"按钮后出现图 3-5 中的右下图所示的窗口，我们选择"使用用户输入……"选项，并设置登录 ID 及密码分别为"forR"和"123456"。

图 3-5　Windows 系统下的 ODBC 配置过程示意图

当登录 ID 和密码设置完成后，即可使用 RODBC 软件包来实现 R 与 SQL Server 的连接，运行代码如下：

```
> install.packages(RODBC)                                  # 下载并安装 RODBC 软件包
> library(RODBC)                                           # 加载 RODBC 软件包
> odbcDataSources()                                        # 查看可用数据源
> connect=odbcConnect("SQLServer ",uid="forR",pwd="123456") # 建立连接
```

在以上过程中，我们首先通过 odbcDataSources()函数查看可用的数据源，并发现了 SQL Server 的数据源名称为之前所设置的"SQLServer"。然后以 odbcConnect()建立 R 与数据库的连接。其中的第一个参数即为 odbcDataSources()函数所列出的 SQL server 数据源的名称，uid 为登录 ID，pwd 为密码。

至此如果不出任何错误的话，就代表连接建立成功，之后就可以按照表 3-3 中所列示的各函数对数据库进行查询、更改、删除，或将处理好的数据框以数据表的形式存入数据库等各项操作。

更具体的使用方法，可通过在 R 界面中输出如下程序代码，将弹出一篇名为 *ODBC Connectivity* 的 PDF 文档供参阅学习。

```
> RShowDoc("RODBC", package="RODBC")                      # 获取 RODBC 软件包学习文档
```

3.4　获取网页数据

本节我们使用 XML 软件包中的 readHTMLTable()函数来读取网页数据。

以下以获取和讯网中万科 A(000002)股票的相关金融数据为例，数据所在网址为 http://stockdata.stock.hexun.com/2008en/zxcwzb.aspx?stockid=000002&type=1&date=2013.06.30。

我们首先对该页面进行基本了解，其部分网页如图 3-6 所示。

如图 3-6 中左侧的虚线框中所示，我们知道该页面中同时含有该股票相应年份的年度数据（Annual）和中期数据（Interim），以下我们使用 readHTMLTable()函数来获取本页面中所含的全部数据。

首先安装并加载 XML 软件包：

```
> install.packages(XML)                                   # 安装并加载 XML 软件包
> library(XML)
```

以下我们开始读取该网址对应页面所含数据，程序代码如下：

```
> u1="http://stockdata.stock.hexun.com/2008en/zxcwzb.aspx?stockid=000002&type=
  1&date =2013.06.30"                                      # 将待读取页面网址存入变量 u1
> tables1 = readHTMLTable(u1)                              # 将数据读取结果存入变量 tables1
> names(tables1)                                           # 显示 tables1 各维度名称
[1] "NULL" "NULL" "NULL" "NULL"
```

图 3-6　待获取数据网页部分截图

如上我们知道所读取结果共有 4 个部分，因此，可以分别查看 tables1 中 4 个维度中所储存的信息，以下仅输出其中的第 2、3 维度的数据。

```
> tables1[[2]]                                          # 读取tables1第2维度中的内容
Period End Date              June 30 2013       March 31 2013
1    Operating  Income       41,390,345,567.72  13,999,905,876.13
2    Net Profit              4,556,304,906.89   1,613,904,228.33
3    Total Profit            7,133,412,305.51   2,394,885,503.42
4    Net Profit Excluding Extraordinary Items
                             4,536,753,831.66   1,615,472,700.40
5    Total Assets            432,241,960,220.85 417,894,248,034.75
6    Shareholders' Equity    66,644,627,234.02  65,578,003,059.72
7    Net Cash Flows From Operating Activities
                             -9,792,399,309.57  -2,383,260,770.37
8    Basic Earnings Per Share 0.41              0.15
9    The Rate Of Return On Equity 6.84          2.46
10   Net Cash Flows From Operating Activities Per Share
                             -0.89              -0.22
11   Net Assets Value Per Share 6.05            5.96
12   Net Assets Per Share After Adjusted
                             0.00               0.00
13   Foreign Financial Accounting Standard Net Profit
                             0.00               0.00
```

```
14   EPS Excluding Extraordinary Items
                                          0.41                        0.15
15   Report Start Time                    2013-01-01                  2013-01-01
16   Report End Time                      2013-06-30                  2013-03-31
```

　　如上输出结果即为该页面中的中期数据，含有 3 月和 6 月两个月的相关金融指标值，而如下的输出结果则为年度数据，含有 2009 年至 2012 年共计 4 年的数据。

```
> tables1[[3]]                                    # 读取 tables1 第 3 维度中的内容
  Period End Date                     December 31 2012         December 31 2011
1    Operating  Income                103,116,245,136.42       71,782,749,800.68
2    Net Profit                       12,551,182,392.23         9,624,875,268.23
3    Total Profit                     21,070,185,138.11        15,805,882,420.32
4    Net Profit Excluding Extraordinary Items
                                      12,511,303,092.59         9,566,931,546.48
5    Total Assets                    378,801,615,075.37       296,208,440,030.05
6    Shareholders' Equity             63,825,553,925.30        52,967,795,010.41
7    Net Cash Flows From Operating Activities
                                       3,725,958,472.52         3,389,424,571.92
8    Basic Earnings Per Share         1.14                     0.88
9    The Rate Of Return On Equity     19.66                    18.17
10   Net Cash Flows From Operating Activities Per Share
                                      0.34                     0.31
11   Net Assets Value Per Share       5.80                     4.82
12   Net Assets Per Share After Adjusted
                                      0.00                     0.00
13   Foreign Financial Accounting Standard Net Profit
                                      0.00                     0.00
14   EPS Excluding Extraordinary Items 1.14                    0.87
15   Report Start Time                2012-01-01               2011-01-01
16   Report End Time                  2012-12-31               2011-12-31
         December 31 2010            December 31 2009
1        50,713,851,442.63           48,881,013,143.49
2         7,283,127,039.15            5,329,737,727.00
3        11,940,752,579.02            8,617,427,808.09
4         6,984,394,617.27            5,232,336,866.70
5       215,637,551,741.83          137,608,554,829.39
6        44,232,676,791.11           37,375,888,061.14
7         2,237,255,451.45            9,253,351,319.55
8        0.66                        0.48
9        16.47                       14.26
10       0.20                        0.84
11       4.02                        3.40
12       0.00                        0.00
13       0.00                        0.00
14       0.64                        0.48
15       2010-01-01                  2009-01-01
16       2010-12-31                  2009-12-31
```

3.5 本章汇总

close( )	函数	关闭连接
file.path( )	函数	获取文件路径
foreign	软件包	提供 read.spss( )、read.mtp( )、read.dta( )和 read.systat( )函数
gdata	软件包	提供 read.xls( )函数
Hmisc	软件包	提供 spss.get( )函数
odbcClose( )	函数	关闭到 ODBC 数据库的连接
odbcConnect( )	函数	建立并打开 R 与其他数据源的连接
odbcConnectExcel( )	函数	获取 Excel 到 ODBC 数据库的连接
read.csv( )	函数	读取 CSV 格式的数据
read.dta( )	函数	读取 Stata( )函数
read.mtp( )	函数	读取 Minitab( )函数
read.spss( )	函数	读取 SPSS 数据
read.systat( )	函数	读取 Systat( )函数
read.table( )	函数	读取表格
read.xls( )	函数	读取 Excel 表格
readHTMLTable( )	函数	读取网上数据
RODBC	软件包	提供 odbcConnectExcel()和 odbcConnect()等函数
setwd( )	命令	设定工作路径
spss.get( )	函数	读取 SPSS 函数
sqlClear( )	函数	删除表中的内容
sqlColumns( )	函数	返回数据库表的列信息
sqlDrop( )	函数	从数据库中删除一个表
sqlFetch( )	函数	读取 ODBC 数据库中的表格
sqlFetch( )	函数	从数据库读取数据表，并返回一个数据框对象
sqlQuery( )	函数	向数据库提交一个查询，并返回结果
sqlSave( )	函数	将一个数据框写入或更新到数据库
sqlTables( )	函数	返回数据库中表的信息
utils	软件包	提供 read.csv( )和 read.table( )函数
XML	软件包	提供 readHTMLTable()函数
write.csv( )	函数	写 CSV 格式数据

第 4 章

探索性数据分析

探索性数据分析是一个让我们逐步认识、理解、把握手中的待处理数据集的过程。

就像淘金者若不进行地形勘测就只能盲目地四处挖掘，最后徒劳无功一样，若不进行数据探索，将无法知道对于该数据集我们应该进行何种预处理，又应使用何种挖掘算法，及相应算法参数的大致取值范围等。

一般来说，可以通过数字化统计指标，以及可视化图形两种方式相结合来展开数据的探索性分析。从中我们能够获知各变量的取值界限、是否有缺失值、分布是否有偏及偏差程度，以及各变量间的相关性等，这些信息对于选择合适的挖掘技术至关重要。比如有些技术在数据集有偏情况下，效果很差，这时就需要考虑先进行不平衡数据的预处理再使用该算法，或转而采用对有偏分布不敏感的其他算法。

4.1　数据集

本章我们将继续使用第 2 章中的示例数据集 Insurance 来展开探索性分析，将数字化与可视化探索方式结合进行，分为相应的两部分来进行介绍。

以下仅将获取 Insurance 数据及维度等最基本信息进行列示，并给出各变量的含义，帮助回忆该数据集。

```
> install.packages("MASS")            # 安装 MASS 软件包
> library(MASS)                       # 加载 MASS 软件包
> data(Insurance)                     # 获取 Insurance 数据集
> nrow(Insurance);ncol(Insurance)     # 显示 Insurance 数据集的行列数
[1] 64
```

```
[1] 5
> dim(Insurance)                          # 显示 Insurance 数据集维度，效果同上
[1] 64 5
> head(Insurance)                         # 输出 Insurance 数据集的前若干条
    District  Group    Age      Holders    Claims
1   1         <1l      <25      197        38
2   1         <1l      25-29    264        35
3   1         <1l      30-35    246        20
4   1         <1l      >35      1680       156
5   1         1-1.5l   <25      284        63
6   1         1-1.5l   25-29    536        84
```

Insurance 数据集：记录了某保险公司在 1973 年第三季度车险投保人的相关信息；

District：投保人家庭住址所在区域，取值为 1-4；

Group：所投保汽车的发动机排量，分为小于 1 升，1-1.5 升，1.5-2 升，大于 2 升四个等级；

Age：投保人年龄，取小于 25 岁，25-29 岁，30-35 岁，以及大于 35 岁四个组别；

Holders：投保人数量；

Claims：要求索赔的投保人数量。

4.2　数字化探索

本节主要通过相关函数，得到数据集的一些数字指标值，来对数据的整体结构、变量情况、分布指标、缺失值等方面进行探索。这些数字化的探索结果或许没有图形看起来直观，但由于其给出了各项统计指标的确切取值，这对于我们制作和观察图形、设定算法参数等都大有裨益。

4.2.1　变量概况

首先，我们可以通过 attributes() 函数给出数据集的属性列表（Attribute List），具体的，其中包括各变量名称（$names）、数据集格式（$class）以及行名（$row.names）三个部分，由此可以对数据集结构有一个整体把握。

```
> attributes(Insurance)                          # 获取 Insurance 数据集属性列表
$names
[1] "District" "Group"  "Age"   "Holders"   "Claims"
$class
[1] "data.frame"
$row.names
[1] 1 2 3 4 5 6 7 8 9 10 11 12 13 14 15 16 17 18 19 20 21 22 23 24 25 26 27 28 29
[30] 30 31 32 33 34 35 36 37 38 39 40 41 42 43 44 45 46 47 48 49 50 51 52 53 54 55
56 57 58
[59] 59 60 61 62 63 64
```

之后，可以再通过 str()函数来进一步查看数据集的内部结构（Internal Structure），其输出结果中给出了观测样本数、变量数、各变量的类型及取值情况。

如 Insurance 数据集由 64 个观测样本、5 个变量构成，且 District 变量为因子型变量，共有 4 种取值，分别为 1、2、3、4，Group 为有序的因子型变量，也有 4 个水平，排序情况为"<1l"<"1-1.5l"<…。

```
> str(Insurance)                              # 查看 Insurance 数据集内部结构
'data.frame' :   64 obs. of  5 variables:
$ District : Factor w/ 4 levels "1","2","3","4": 1 1 1 1 1 1 1 1 1 1 ...
$ Group    : Ord.factor w/ 4 levels "<1l"<"1-1.5l"<...: 1 1 1 1 2 2 2 2 3 3 ...
$ Age      : Ord.factor w/ 4 levels "<25"<"25-29"<...: 1 2 3 4 1 2 3 4 1 2 ...
$ Holders  : int 197 264 246 1680 284 536 696 3582 133 286 ...
$ Claims   : int 38 35 20 156 63 84 89 400 19 52 ...
```

更进一步的变量情况则可以由我们最常用的 summary()函数来得到，以下得到所考察的 Insurance 数据集各变量的一系列统计指标值。具体来看，前三个定性变量 District、Group、Age 与后两个定量变量 Holders、Claims 在 summary 的输出结果中具有不同的内容。

对于定性变量，summary 给出了各水平的取值频数，如 Age 变量中，取值为<25 的观测样本共有 16 个。由于这三个变量各水平的频率都是相等的，因此都被列出，而在一般情况下，仅列出频率较高水平的具体频数值，其他水平则综合在一起列于 Other 项。

对于定量变量，则依次给出了最小值（Min.）、一分位点（1st Qu.）、中位数（Median）、均值（Mean）、三分位点（3rd Qu.）及最大值（Max.）6 项指标的值。其中，中位数即为二分位点，与一、三分位点共同显示出数据的大致分布情况，且一般来说，我们可以通过均值和中位数这两个指标值的差异程度来判断数据的偏倚程度，当两者相差过大，往往说明数据具有明显的右偏或左偏情况，分布由两者差值的正负来决定。

如 Holders 变量的均值（364.98）高出中位数（136.00）很多，则表明该变量的数据很可能存在取值极大的异常值，以至于将均值拉高到中位数的两倍左右，且具有右偏趋势。

```
> summary(Insurance)                          # 查看 Insurance 数据集的变量概况
 District   Group        Age         Holders            Claims
 1:16      <1l    :16    <25   :16   Min.   :   3.00    Min.   :   0.00
 2:16      1-1.5l :16    25-29 :16   1st Qu.:  46.75    1st Qu.:   9.50
 3:16      1.5-2l :16    30-35 :16   Median :  136.00   Median :  22.00
 4:16      >2l    :16    >35   :16   Mean   :  364.98   Mean   :  49.23
                                     3rd Qu.:  327.50   3rd Qu.:  55.50
                                     Max.   : 3582.00   Max.   : 400.00
```

4.2.2   变量详情

若想获得更细节的变量情况，则可以考虑使用 Hmisc 软件包中的 describe()函数来获得。我们首先安装并加载 Hmisc 软件包，该软件包中含有大量数据处理、高水平绘图的函数，具体可参见

http://cran.r-project.org/web/packages/Hmisc/index.html。

```
> install.packages("Hmisc")                    # 安装 Hmisc 软件包
> library(Hmisc)                                # 加载 Hmisc 软件包
```

与 summary()一样，describe()对于不同类型变量给出不同内容的结果，且它具有自己的一套输出规则。比如：对于一个取值水平不超过 10 的数值型变量，会被默认为离散型变量，在这种情况下，函数会给出该变量的各分位点值；对于一个非二分变量，且其取值水平不超过 20，则会给出该变量的频数表；而当任一变量的取值水平超过 20，就会分别给出频率最低和最高的 5 个水平值。

下面我们分别查看两种类型变量的 describe 结果，先来看前 3 个定性变量的输出结果。函数首先给出了待描述变量的个数（3）及观察样本数（64），并将 3 个变量的描述情况以分割线隔开。其中对于每一变量，给出了样本总个数（n）、缺失样本数（missing）、水平个数（unique），并列出每一水平的取值、频数、频率。如 District 变量共有 64 条取值，无缺失值，且含有 4 个水平，分别为 1、2、3、4，各水平的频数都为 16，频率为 25%。

```
> describe(Insurance[ ,1:3])              # 查看 Insurance 数据集前 3 列变量的描述结果
  Insurance[, 1:3]
  3 Variables      64 Observations
--------------------------------------------------------------------------------
District
    n    missing   unique
   64      0         4
1 (16, 25%), 2 (16, 25%), 3 (16, 25%), 4 (16, 25%)
--------------------------------------------------------------------------------
Group
    n    missing   unique
   64      0         4
<1l (16, 25%), 1-1.5l (16, 25%), 1.5-2l (16, 25%), >2l (16, 25%)
--------------------------------------------------------------------------------
Age
    n    missing   unique
   64      0         4
<25 (16, 25%), 25-29 (16, 25%), 30-35 (16, 25%), >35 (16, 25%)
--------------------------------------------------------------------------------
```

下面我们来看 Insurance 数据集后 2 列变量的描述结果，与定性变量相同的是，给出了待描述变量的个数（2）及观察样本数（64），以及样本总个数（n）、缺失样本数（missing）、水平个数（unique）这几项指标的值。

不同之处在于列出了均值，以及从 0.05 到 0.95 一系列的分位数取值，相比于仅给出 0.25、0.50、0.75 三个分位点的 summary()函数，describe()则通过更紧密的分位数值呈现出更完整的数据分布情况。并且由于 Holders 和 Claims 两变量的取值水平都超过 20，输出结果中还给出了频率最

低和最高的 5 个水平值，在数据分布有偏情况下，这些水平值就很可能为异常值。

```
> describe(Insurance[ ,4:5])              # 查看 Insurance 数据集后 2 列变量的描述结果
 Insurance[, 4:5]
 2 Variables    64 Observations
--------------------------------------------------------------------------------
Holders
    n     missing   unique    Mean      .05
    64    0         63        365       16.30
    .10   .25       .50       .75       .90       .95
    24.00 46.75     136.00    327.50    868.90    1639.25
lowest :  3  7  9  16  18, highest: 1635 1640 1680 2443 3582
--------------------------------------------------------------------------------
Claims
    n     missing   unique    Mean      .05
    64    0         46        49.23     3.15
    .10   .25       .50       .75       .90       .95
    4.30  9.50      22.00     55.50     101.70    182.35
lowest :  0  2  3  4  5, highest: 156 187 233 290 400
--------------------------------------------------------------------------------
```

相比于 summary()和 describe()，另一个输出指标更丰富，涉及面更广的数据信息获取函数为 fBasics 软件包中的 basicStats()函数。

fBasics 是一个服务于金融工程领域的软件包，其中含有一些基础统计、参数估计、假设检验等相关函数，具体可参见 http://cran.r-project.org/web/packages/fBasics/index.html。而 basicStats()实际上是一个用于计算时间序列数据基础统计指标的函数，当然我们也不妨将其用于一般数据集。

首先安装并加载 fBasics 软件包。

```
> install.packages("fBasics")            # 安装 fBasics 软件包
> library(fBasics)                       # 加载 fBasics 软件包
```

我们仅以 Holders 变量为例来看，输出结果中的前 8 项指标，包括观测样本数（nobs）、缺失值、最小值/最大值等都是前面函数中也给出的指标，后几项则是 basicStats()函数特有的。具体的，有变量取值之和（Sum）、标准误差均值（SE Mean）、95%的置信水平下均值的置信下限/上限（LCL Mean/ UCL Mean）、方差（Variance）、标准误差（Stdev），以及两个分布指标——偏度和峰度。

对于 Holders 变量，我们从下面各指标值获知，数据集共涉及 23359（Sum）位，约 2.3 万投保人信息，且在具体的区域 District、发动机排量 Group、年龄段 Age 情况下，平均来说各有 365（Mean）位投保人，且我们对于该变量均值的真实值含于区间[209, 521]（[LCL Mean, UCL Mean]）中这一说法，有 95%的可信度（这里假设该数据集为一个随机样本）。对于偏度和峰度两个指标，将在下面的"分布指标"部分具体解说。

```
> basicStats(Insurance$Holders)          # 获取 Insurance 数据集 Holders 变量基本统计信息
```

```
        X..Insurance.Holders
nobs          6.400000e+01
NAs           0.000000e+00
Minimum       3.000000e+00
Maximum       3.582000e+03
1. Quartile   4.675000e+01
3. Quartile   3.275000e+02
Mean          3.649844e+02
Median        1.360000e+02
Sum           2.335900e+04
SE Mean       7.784632e+01
LCL Mean      2.094209e+02
UCL Mean      5.205478e+02
Variance      3.878432e+05
Stdev         6.227706e+02
Skewness      3.127833e+00
Kurtosis      1.099961e+01
```

我们来简单总结一下，以上我们依次介绍了 attributes()、str()、summary()、describe()及 basicStats()函数来获取数据集的基本信息，这些函数所给出的指标丰富程度各不相同，基本可以认为是依次递增的。

在实际对数据进行探索性分析时，应根据具体所需要的信息深入程度来选择使用，并非所获得的信息越多越好，够用即可。

4.2.3 分布指标

所谓"分布"，通俗来说即是指数据集中某变量各水平的取值情况。比如我们在上面 describe()函数的生成结果中所输出的 District 变量各取值水平的频数及频率，即是该变量分布情况的一种简单表示。

```
-------------------------------------------------------------------------------
District
     n    missing  unique
    64       0        4
1 (16, 25%), 2 (16, 25%), 3 (16, 25%), 4 (16, 25%)
-------------------------------------------------------------------------------
```

在统计学中，对于离散变量，主要有二项分布、泊松分布、几何分布等概率分布；而对于连续性变量，则有均匀分布、指数分布，以及最为熟知的正态分布等。每种分布都有其特殊的分布形态，我们一般倾向于用直方图、概率密度曲线等可视化方式来呈现数据的分布状况，这将在下一节详细介绍。

这部分我们主要来看前面提过的两个重要分布指标——偏度和峰度。

这两个指标值可以通过前面用过的 basicStats()函数来得到，也可选用 timeDate 软件包中的 skewness()、kurtosis()两个函数来分别计算得到，该软件包与 fBasics 一样，也是一个服务于金融工程领域的软件包。

```
> install.packages("timeDate")          # 安装 timeDate 软件包
> library(timeDate)                      # 加载 timeDate 软件包
```

首先，我们来看"偏度"。顾名思义，它是用于衡量数据的偏倚程度，换句话说，也就是数据的对称程度。这是一个以正态分布为基准的指标，即正态分布为完全对称分布，其偏度为 0；当该指标取值于[–1,1]区间，则说明数据分布的对称性较强，即不存在明显的左偏或右偏情况；当其绝对值大于 1，即超出该区间时，则认为数据存在显著偏倚。且为正值时表示该数据的总体取值大于均值，即有右偏的趋势。反之，负值表示左偏趋势。

```
> skewness(Insurance[,4:5])              # 计算 Insurance 数据集中后两列变量的偏度
  Holders   Claims
  3.127833 2.877292
```

由如上结果，我们看到 Holders 和 Claims 的偏度都大于 1，表明两者都呈右偏分布，即其密度分布曲线在右侧有较长尾部。

另一个指标为"峰度"，它往往与"偏度"共同使用，用于衡量数据分布形态的陡缓程度，也可以说是集中与分散程度，该指标也同样以正态分布为基准。当其值为 0 时，即说明其集散程度与正态分布相同，又称为标准峰度；当峰度大于 0 则表示该数据分布与正态分布相比较为陡峭，为尖顶峰度；同理，峰度小于 0 表示其分布与正态分布相比较为平坦，为平顶峰度。峰度的绝对值数值越大表示其分布形态的陡缓程度与正态分布的差异程度越大。

```
> kurtosis(Insurance[,4:5])              # 计算 Insurance 数据集中后两列变量的峰度
  Holders    Claims
  10.999610  9.377258
```

在输出结果中我们看到，Holders 和 Claims 的峰度都大于 0，为尖顶峰度，即相较于正态分布，两者的密度曲线都含有较为陡峭的峰部，这说明数据很可能存在异常值。

在对数据集展开算法处理前，探究数据的分布情况是十分必要的。因为很多建立于经典假设之上的传统算法，对于数据的分布假定非常苛刻，在数据偏倚显著的情况下往往无法得到正确的估计结果。在这种情况下，就有必要通过这一数据分布的探索过程，来决定是否需要替代使用一些非参数算法，如决策树等更为现代的不依赖于分布的算法。

4.2.4 稀疏性

数据的稀疏性是对高维数据而言，即数据集中的变量个数成百上千，而其中的大部分变量仅对小部分样本有取值，高维数据的稀疏性在社会调查、互联网、科学实验等领域频繁出现。

下面我们使用 Matrix 软件包来进行探究，Matrix 是 R 中最著名的稀疏矩阵包，其提供的函数主要用于处理高密度矩阵或稀疏矩阵。具体的，可以实现对 BLAS（Basic Linear Algebra Subroutines）、Lapack（dense matrix）、TAUCS（sparse matrix）和 UMFPACK（sparse matrix）的高效调用，其中所定义的类别繁多，错综复杂，具体参见 http://cran.r-project.org/web/packages/Matrix/index.html。

现在来尝试使用 Matrix 中的 sparseMatrix()函数来生成稀疏数据集，首先安装并加载 Matrix 软件包：

```
> install.packages("Matrix")                # 安装 Matrix 软件包
> library(Matrix)                           # 加载 Matrix 软件包
```

我们简单地生成一个 10×10 维的模拟数据集，其中共有 100 个元素，但只对其中的 10 个元素随机取值为 1，生成代码如下：

```
> i=sample(1:10,10,replace=TRUE)
              # 在 1 至 10 中有放回地随机选取 10 个数，作为数据集中非空元素的行号
> j=sample(1:10,10,replace=TRUE)
              # 在 1 至 10 中有放回地随机选取 10 个数，作为数据集中非空元素的列号
> (A=sparseMatrix(i, j, x = 1))
              # 对第 i 行 j 列的元素取值为 1，其他位置元素为空，生成稀疏矩阵 A
9 x 9 sparse Matrix of class "dgCMatrix"
 [1,] . . . . 1 . . . 1
 [2,] . . . . . . . . .
 [3,] . . . . . 1 . . .
 [4,] . . . . 1 . . . 1
 [5,] 1 . . . . . . . .
 [6,] . 1 . . . . . 1 .
 [7,] . . . . 1 . . . .
 [8,] . . . . . . . . .
 [9,] . . . . . . . 1 .
```

并且可以简单制图，如图 4-1 所示。通过将系数矩阵绘制成散点图，我们可以清晰地看出数据的稀疏程度及其分布，以更好地了解该数据集的特征，用于选择合适的数据分析算法进行进一步的信息挖掘。

```
> loca=which(A==1, arr.ind=TRUE)           # 取 loca 变量记录各非空元素位置
> plot(loca,pch = 22)                      # 对如上 loca 变量值绘制散点图
```

4.2.5 缺失值

数据集含有缺失值是很常见的，尤其对于一些需要一个个人工收集汇总起来的数据集，很难保证每一条样本的每一个变量都有取值。比如在以问卷方式收集信息时，受访者对于有些问题不愿作答或漏答，又或者访问员记录遗漏等情况。

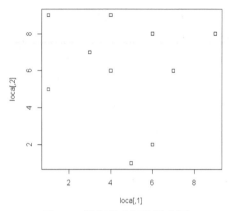

图 4-1   模拟稀疏矩阵散点图

对于数据集中的缺失值，我们可以使用 mice 软件包中的 md.pattern()函数来获取其中的缺失值分布状况。软件包 mice 专注于多重查补技术（Multiple Imputation），即对于缺失值等数据不足情况的处理技术，具体参见 http://cran.r-project.org/web/packages/mice/index.html。

```
> install.packages("mice")                    # 安装 mice 软件包
> library(mice)                               # 加载 mice 软件包
```

在前面 describe()的输出结果中，我们知道 Insurance 数据集中各变量都不含有缺失值，因此，我们首先在数据集中的 64×5 个取值中，随机选出 10 个,将其转变为缺失值 NA,再使用 md.pattern()函数来获取这 10 个缺失值的分布状况。

```
> for(i in 1:10)                              # 设定循环次数为 5
+ {  row=sample(1:64,1)
            # 在 1 至 64 中随机选出一个数，作为第 i 个缺失值所在行的序号，记为 row
+  col=sample(1:5,1)
            # 在 1 至 5 中随机选出一个数，作为第 i 个缺失值所在列的序号，记为 col
+  Insurance[row,col]=NA  }
                # 将 Insurance 数据集的第 row 行，第 col 列数据设为缺失值 NA
```

至此，含有 10 个缺失值的新数据集 Insurance 生成，下面来使用 md.pattern()函数。

```
> md.pattern(Insurance)                       # 显示新数据集 Insurance 中缺失值分布状况
   District Holders Age Group Claims
55        1       1   1     1      1      0
1         1       0   1     1      1      1
2         1       1   1     0      1      1
4         1       1   1     1      0      1
1         1       1   0     1      1      1
1         1       1   0     0      1      2
          0       1   2     3      4     10
```

如上的输出结果含有丰富的信息。我们首先来看中间大虚线矩形框中的数字，其中 1 表示该变量取值中无缺失值，0 表示有缺失；再结合左侧框中的一列数字来看，其中的数字 55 表示 5 个变量都无缺失值（中间框第一行为 5 个 1）的观测样本数为 55，相应的，55 下面的数字 1 表示仅 Holders 变量一项有缺失的样本数为 1，以此类推。并且再结合右侧框来看，其中的数字表示该行共有几个变量有缺失，如第 6 行的 2 表示本行共有两个变量有缺失值，且为 Age 和 Group；输出结果的最后一行统计出了各变量有缺失的样本个数，其和为总缺失值个数 10，并且各变量按缺失值个数升序排列列示。

当我们通过 md.pattern() 函数获知各缺失值分别缺失于哪些变量，缺失了多少，就可以根据具体需要，进而决定如何处理这些缺失值。因此，对于缺失值在数据集中分布状况的把握十分重要。而具体如何处理这些缺失值，将于下一章中展开讨论。

4.2.6 相关性

考察变量间的相关程度是对数据集进行初步认识的过程之一。

一般来说，可以使用我们所熟知的相关系数来衡量，这是一个取值介于 –1 至 1 之间的指标。其绝对值大小表示两变量间相关性的大小，越接近 1 相关性越大；其符号的正负显示这两个变量间是正向（正号+）还是负向（负号–）关系。

相关系数的计算在 R 中是比较简单的，只需使用 cor() 函数即可实现。以下我们以 Insurance 数据集中的 Holders 和 Claims 变量为例，来计算它们的相关系数。

```
> cor(Insurance$Holders,Insurance$Claims)
                              # 使用 cor() 函数计算 Holders 和 Claims 的相关系数
[1] 0.9857701
```

我们看到 Holders 和 Claims 的相关系数值约高达 0.986，可以认为这两个变量间具有相当高的相关性。

一般来说，当相关系数取值的绝对值高于 0.75 我们就认为相关性较高，而对于具体问题，则需根据其他变量间的相关性高低来判断所考察变量间的相关程度是高或低，这是一个相对而言的结论。

比如，若考察 10 个变量间的相关程度，各变量间两两相关系数都在 0.2 左右，仅有一对变量相关系数取值为 0.7，那么就可以认为这两个变量相对来说具有很高的相关性。

下面我们来看如何用图形方式展示变量间的相关性[①]，使用 rattle 软件包中的 weather 数据集来说明。

---

① 虽然此节主要用于讨论"数字化探索"，但考虑到"相关性"内容的连续性，这里涉及少量"可视化探索"内容。

首先安装并加载 rattle 软件包，并读取数据集。

```
> install.packages("rattle")                    # 安装 rattle 软件包
> library(rattle)                               # 加载 rattle 软件包
> data(weather)                                 # 获取 weather 数据集
```

我们仅以其中第 12 至 21 列这 10 个连续性变量为例进行操作，先简单看一看这些变量的名称及取值情况。

```
> head(weather[,12:21])
  WindSpeed9am  WindSpeed3pm  Humidity9am  Humidity3pm  Pressure9am  Pressure3pm
1 6             20            68           29           1019.7       1015.0
2 4             17            80           36           1012.4       1008.4
3 6             6             82           69           1009.5       1007.2
4 30            24            62           56           1005.5       1007.0
5 20            28            68           49           1018.3       1018.5
6 20            24            70           57           1023.8       1021.7
  Cloud9am      Cloud3pm      Temp9am      Temp3pm
1 7             7             14.4         23.6
2 5             3             17.5         25.7
3 8             7             15.4         20.2
4 2             7             13.5         14.1
5 7             7             11.1         15.4
6 7             5             10.9         14.8
```

在绘制相关图之前，我们首先计算得到 10 个变量间的相关系数矩阵，初步观察它们相关性的高低，并与相关图对同样信息的展示效果进行对比。

```
> var=c(12:21)                                  # 设置所选 12 至 21 列变量的列号向量 var
> cor_matrix=cor(weather[var],use="pairwise")   # 对 10 个变量两两计算相关系数
> cor_matrix                                     # 显示相关系数矩阵
             WindSpeed9am  WindSpeed3pm  Humidity9am  Humidity3pm  Pressure9am
WindSpeed9am  1.00000000    0.47296617   -0.2706229    0.14665712  -0.35633183
WindSpeed3pm  0.47296617    1.00000000   -0.2660925   -0.02636775  -0.35980011
Humidity9am  -0.27062286   -0.26609247    1.0000000    0.54671844   0.13572697
Humidity3pm   0.14665712   -0.02636775    0.5467184    1.00000000  -0.08794614
Pressure9am  -0.35633183   -0.35980011    0.1357270   -0.08794614   1.00000000
Pressure3pm  -0.24795238   -0.33732535    0.1344205   -0.01005189   0.96789496
Cloud9am      0.10184246   -0.02642642    0.3928416    0.55163264  -0.15755279
Cloud3pm     -0.02247149    0.00720724    0.2719381    0.51010790  -0.14100043
Temp9am       0.06407405   -0.01776636   -0.4365506   -0.25568147  -0.46041819
Temp3pm      -0.23518635   -0.18756965   -0.3551186   -0.58167615  -0.25367375
             Pressure3pm   Cloud9am      Cloud3pm     Temp9am      Temp3pm
WindSpeed9am -0.24795238    0.10184246   -0.02247149   0.06407405  -0.2351864
WindSpeed3pm -0.33732535   -0.02642642    0.00720724  -0.01776636  -0.1875697
Humidity9am   0.13442050    0.39284158    0.27193809  -0.43655057  -0.3551186
Humidity3pm  -0.01005189    0.55163264    0.51010790  -0.25568147  -0.5816761
```

Pressure9am	**0.96789496**	-0.15755279	-0.14100043	-0.46041819	-0.2536738
Pressure3pm	1.00000000	-0.12894408	-0.14383718	-0.49263629	-0.3454853
Cloud9am	-0.12894408	1.00000000	0.52521793	0.02104135	-0.2023440
Cloud3pm	-0.14383718	0.52521793	1.00000000	0.04094519	-0.1728142
Temp9am	-0.49263629	0.02104135	0.04094519	1.00000000	**0.8444058**
Temp3pm	-0.34548531	-0.20234405	-0.17281423	**0.84440581**	1.0000000

由如上结果，共有 100=10×10 个输出数据，我们一一观察，将其中高于 0.75 的相关系数值加粗标出，这是一个需要仔细挑选的过程，且当数据量更大的时候将很容易出现遗漏，而相关图则可以让我们直观地比较出各变量间的相关程度。

我们使用 Ellipse 软件包中的 plotcorr()函数来绘制相关图，程序代码如下，得到图 4-2。

```
> library(ellipse)                              # 加载 ellipse 软件包
> plotcorr(cor_matrix,col=rep(c("white","black"),5))  # 对如上相关系数矩阵绘制相关图
```

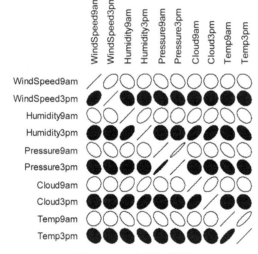

图 4-2　10 变量相关图

观察图 4-2，圆形的宽窄表示相关性的高低，两变量所对应的圆形越窄，表明其相关性越高，比如左上至右下的对角线上的 10 个圆形已窄成 10 条线段，要知道这 10 个位置对应的正是各变量与其自身的相关系数，取值为 1，为完全相关；而圆形倾斜的方向表示相关性的正负，向右倾斜表示正相关，同样以对角线上圆形为例，右倾斜正相关。

这样我们就可以从图形中直观地看到，第 6 行第 5 列，以及第 10 行第 9 列所对应的圆形最窄，且都为右倾斜，即说明 Pressure3pm 与 Pressure9pm 及 Temp3pm 与 Temp9pm 这两组变量间的相关性最高，且为正相关，这与观察上面的相关系数矩阵所得到的结论是一致的，但得来更不费工夫。

另外，你可能注意到，相关系数矩阵及图 4-2 都是对称的，也就是有一半的信息是重复的。因此，为了使图示结果更为简洁，可以通过 plotcorr()函数中的 type 参数来选择仅输出上半部分或下半部分相关图。

以下将 type 参数的值更改设置为 lower 仅输出左下部分图形，见图 4-3。

```
> plotcorr(cor_matrix,diag=T,type="lower",col=rep(c("white","black"),5))
                        # 更改 plotcorr()函数中 type 参数的值为 lower 仅输出左下部分图形
```

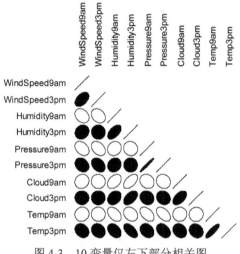

图 4-3　10 变量仅左下部分相关图

4.3　可视化探索

上一节中，我们主要通过一系列函数获取了数据集的各项数字化指标，下面开始我们的可视化数据探索进程，这将是一个更为有趣、更为直观、获益更多的过程。

以下按照可视化图形类别，将该部分划分成 6 个小节分别对直方图、累积分布图、箱形图，以及适用于离散变量的条形图、点阵图、饼图这 6 种图形类型予以介绍。这些图形有着各自的优势和缺陷，在实际运用过程中可以综合使用进行信息互补。

4.3.1　直方图

直方图是直观了解数据分布情况最常用的图形类型，它将连续型数据分为几个等间距的组，并以矩形的高低来显示相应组中所含数据的频数或频率大小，有时可同时显示出数据的密度曲线作为辅助。这是一种简单快速的探索数据分布的方式。

我们以 Insurance 数据集中的"索赔量"变量 Claims 为例来绘制直方图，观察该变量的分布情况。程序代码如下，绘图结果如图 4-4 所示。

```
> hist(Insurance$Claims, main="Histogram of Freq of Insurance$Claims")
```
               # 对 Claims 变量绘制直方图

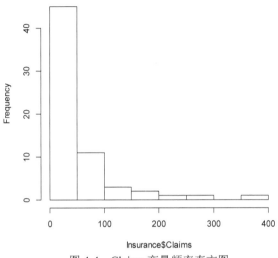

图 4-4　Claims 变量频率直方图

从 Claims 变量直方图中，可以清晰地看出观测样本值多集中于 0～50 组，即一般来说，要求索赔人数大多小于 50，且呈现明显下降趋势，即索赔量越高的样本量越少。

另外，我们还可以通过将 freq 参数更改设置为 FALSE，即"非频率"，来绘制出密度直方图。相对于频率直方图，它以各组的概率密度来确定矩形高度。特别之处在于，如此得到的各矩形面积之和为 1。并且，还可以画出相应的密度曲线，这样能够更精确地看到每一取值所对应概率的密度值，同样的，密度曲线与 x 轴所围成的面积也为 1。

我们以下对 Claims 变量作密度直方图，程序代码如下。其中除了 freq 参数外，还使用了 density 参数，该参数用来为各矩形添加阴影，取值越大阴影越深。绘制的图形如图 4-5 所示。

```
> hist( Insurance$Claims, freq=FALSE, density=20,          # 设定 freq 和 density 参数
+      main="Histogram of Density of Insurance$Claims")
> lines(density(Insurance$Claims))                          # 在直方图中添加概率密度曲线
```

breaks 是绘制直方图中另一个重要参数。一般来说，hist()函数可自动对连续变量给出分组，如上面图形中，Claims 变量取值在 0～400 之间，被默认分为 0～50，50～100，……，300～350，350～400 共 8 个组，而这也可以由使用者通过设定 breaks 值来自行分组。

下面我们将 breaks 值设为 20 来绘图，且其中还用到 labels、col、border 三个参数，分别用于标注各矩形高度（频率）、更改矩形的填充和轮廓颜色，如图 4-6 所示。

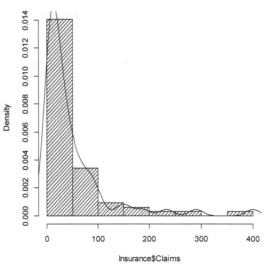

图 4-5   Claims 变量密度直方图

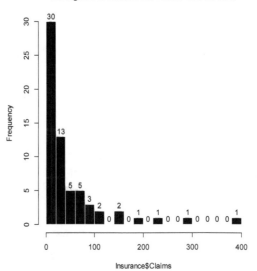

图 4-6   Claims 变量 20 组频率直方图

在绘图的同时，还使用了 str()函数来获取该直方图的相应输出值。

```
> str ( hist ( Insurance$Claims, breaks=20, labels = TRUE,
                                    # 绘制 20 组直方图，并标注出各组频率值
+        col="black", border="white",         # 设置直方图中矩形颜色
+        main="Histogram of Insurance$Claims with 20 bars" ) )
```

```
List of 6
$ breaks  : num [1:21] 0 20 40 60 80 100 120 140 160 180 ...
$ counts  : int [1:20] 30 13 5 5 3 2 0 2 0 1 ...
$ density : num [1:20] 0.02344 0.01016 0.00391 0.00391 0.00234 ...
$ mids    : num [1:20] 10 30 50 70 90 110 130 150 170 190 ...
$ xname   : chr "Insurance$Claims"
$ equidist: logi TRUE
- attr(*, "class")= chr "histogram"
```

以上 6 项输出结果，分别列示出各组边界值（breaks）、频数（counts）、概率密度（density）、中间值（mids）、绘图对象名（xname），以及是否为等距分组（equidist）。在绘制直方图时，可以将如上结果一并输出，来辅助理解图示信息。

4.3.2　累积分布图

累积分布图是观察数据分布情况的另一个较常用图形类型。该图形中每个点(x,y)的含义为：共有 y（百分数）的数据小于或等于该 x 值，因此，可想而知，数据中 x 最大值所对应的 y 值为 1，即 100%。

直观来说，可以认为累积分布图各点斜率为上一小节中提到的概率密度曲线相应点的值，即某一点在累积分布图中的斜率越大，其概率密度越大。因此，可以将密度曲线与累积分布图相结合来考察数据分布。

下面我们使用 Himsc 软件包中的 Ecdf()函数来绘制累积分布图，并继续以 Claims 变量为例，程序代码如下，结果如图 4-7 所示。

```
> Ecdf ( Insurance$Claims, xlab="Claims", main="Cumulative Distribution of Claims" )
                                    # 绘制 Claims 变量的累积分布图
```

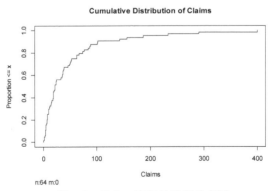

图 4-7　Claims 变量的累积分布图

与图 4-5 中的密度曲线相对比，仔细观察可以发现，累积分布图中 0～100 部分的曲线斜率较大，且 0～50 部分尤其陡峭，正对应于密度曲线 0～100 的高取值。这正是两曲线间相互关系的体现。

以下我们来绘制各年龄段 Age 中要求索赔人数 Claims 的累积分布图。

首先使用 with()、rbind()及 data.frame()函数来构造待绘制的数据集。其中，with()用于形成 Insurance 数据集的环境，这样在使用该数据集中的各变量时，就不需在每次都采用 Insurance\$Claims 方式指定数据集，简化了代码编写；rbind()函数可将各部分数据按行连接起来；data.frame()则用于构造新的数据集。

```
> data_plot = with ( Insurance,                    # 形成 Insurance 数据集的环境
+     rbind ( data.frame ( var1=Claims[Age=="<25"], var2="<25" ),
              # 构造以年龄段为<25 的 Claims 值为变量 1，"<25" 为变量 2 的新数据集
+         data.frame ( var1=Claims[Age=="25-29"], var2="25-29" ),
+         data.frame ( var1=Claims[Age=="30-35"], var2="30-35" ),
+         data.frame ( var1=Claims[Age==">35"], var2=">35" )
+        ) )                          # 将 4 个新数据集按行连接为新数据集 data_plot
> data_plot                                          # 显示 data_plot 数据集内容
    var1    var2
1   38      <25
2   63      <25
......
17  35      25-29
18  84      25-29
......
33  20      30-35
34  89      30-35
......
49  156     >35
50  400     >35
......
```

用于绘制累积分布图的数据集完成后，我们开始绘图。

其中用到 lty、group、label.curves 及 add 这 4 个参数。lty 用于设定曲线的类型，比如 1 为实线，2、3、4 等为不同类型虚线；group 用于设置分组变量，如这里我们将 Age 作为分组变量；label.curves 用于标出按分组变量划分的各曲线组名，比如 Age 变量的四个组别：<25、25-29、30-35 和>35；add 参数表示是否在上一输出图形中添加图像。

如下为绘图程序代码，我们首先一次绘出按 Age 分组的 4 条 Claims 的累积分布图，并以虚线表示，再利用 add 参数以实线绘出 Claims 总体分布图，输出结果见图 4-8。

```
> Ecdf ( data_plot$var1, lty=2, group=data_plot$var2, label.curves=1:4,
+     xlab="Claims", main="Cumulative Distribution of Claims by Age" )
> Ecdf ( Insurance$Claims, add=TRUE )
```

观察图 4-8，我们发现 4 条 Claims 分组曲线与 Claims 总体曲线的基本趋势大致相同，都在 0～

100 区间较为陡峭，之后基本平缓；且前三组<25、25-29、30-35 曲线都止于 100 左右，而最后一组>35 则一直延续到 400 左右，这在一定程度上说明了年龄较大投保人（>35 岁）的要求索赔量较高，具体成因我们将于下一部分"箱形图"中结合 Holders 变量进行深入解释说明。

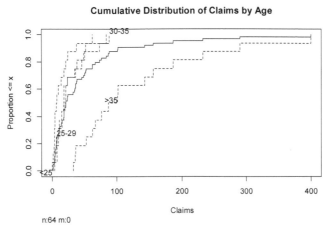

图 4-8　Claims 变量及各 Age 组的累积分布图

4.3.3　箱形图

箱形图是能够深入展现数据分布情况的图形类型，它不仅能够给出重要分位点的位置，且会将异常点剥离出来，当进一步标注出如均值等重要指标的位置和数值后，数据的整体结构就能够被清晰地勾勒在图形中。

下面我们继续以 Insurance 数据集中的 Claims 变量为例来绘制箱形图。

```
> Claims_bp = boxplot(Insurance$Claims, main="Distribution of Claims")
            # 对 Claims 变量绘制箱形图，图形名称为"Distribution of Claims"
> Claims_bp$stats                              # 获取箱形图的 5 个界限值
     [,1]
[1,]    0
[2,]    9
[3,]   22
[4,]   58
[5,]  102
attr(,"class")
"integer"
```

正是 Claims_bp$stats 中输出的 5 个值决定了箱形图的形状。

其中，中间的三个值，即第 2、3、4 个值 9、22、58 分别为 Claims 的一、二、三分位点，这三个点确定了箱形图中"箱子"的大小，而"箱子"中黑线的位置即为二分位点，且一、三分位数之差 58-9=49，被称为四分位差；第 1 及第 5 个值分别确定了"箱子"下侧和上侧延展线的位置，这两个值分别取自距离中位数 1.5 倍四分位差之内的最小值/最大值；超出这一上下侧延展线的点作为异常值被单独标出。

各重要标记点确定后，箱形图即可绘得，如图 4-9 所示。从图中我们可以看出该数据呈现右偏趋势，这与图 4-1 呈现的结果类似，且具体的，又显示出 6 个极大异常值点。

另外，我们可通过标记出均值的位置，并注明各重要标记点的具体取值来进一步完善箱形图，使得仅通过图形即可同时获得数据分布的数字化和可视化信息。

```
> points(x=1, y=mean(Insurance$Claims), pch=8)            # 用星号标记出均值的位置
> Claims_points = as.matrix ( Insurance$Claims[which(Insurance$Claims>102)], 6, 1)
                                          # 获取超出上侧延展线的 6 个异常值的取值
> Claims_text = rbind ( Claims_bp$stats, mean(Insurance$Claims), Claims_points)
          # 将待标注 12 个点的取值汇总于 Claims_text，包括箱形图的 5 个主要点、均值、6 个异常值
> for ( i in 1:length(Claims_text) )
+ text ( x=1.1, y=Claims_text[i, ], labels=Claims_text[i, ] )
                                     # 将 12 个点的取值标注于箱形图的相应位置
```

通过如上代码，我们可以绘制得到标有 12 个重要点的取值情况的箱形图，如图 4-10 所示。从图中能够清晰地看到 Claims 变量的均值为 49.23，高于中位数 22，证明了之前由均值与中位数差值可判断异常值及偏倚程度的论断，且图中所呈现分布情况与之前的偏度指标所得结论也是一致的。

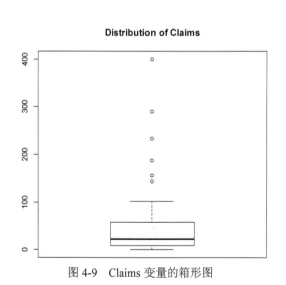

图 4-9 Claims 变量的箱形图

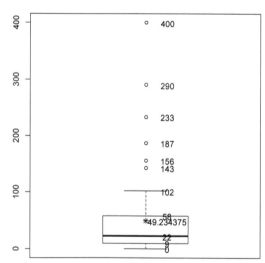

图 4-10 完善后 Claims 变量的箱形图

下面同讨论累积分布图时一样，我们利用箱形图探究在各年龄段 Age 中要求索赔人数 Claims 的分布情况。

　　我们将继续使用上一小节中得到的绘图数据集 data_plot 来绘制分组箱形图。并且，在绘图过程中，使用 horizontal 参数来输出横向的箱形图。该参数可以在所需绘制箱形个数较多时使用，这样能够不受纸张宽度限制，无限制地增加图形的长度，使得在一张图中可容纳较多的箱形。

```
> boxplot ( var1~var2, data=data_plot, horizontal=TRUE,
                          # 以 data_ plot 数据集中的 var1 对 var2 绘图，且横向输出图形
+        main="Distribution of Claims by Age", xlab="Claims", ylab="Age" )
                                    # 设置图形的名称，以及横纵轴变量名
```

　　如图 4-11 所示，我们得到 4 个年龄段中要求索赔投保人数的分布情况。从图中可以看出，在各年龄段中，Claims 的分布都有一定程度的右偏趋势。且能够明显发现小于 35 岁的三个年龄段所对应箱形的整体都在>35 岁年龄组箱形的左侧，如图中虚线所示，即前三组的 Claims 量完全低于大于 35 岁的年龄组。那么，我们是否可以由此认为，年龄较大（>35）的投保人往往更易于发生事故，而使得要求索赔量整体高于年龄较小（<35）的投保人呢？

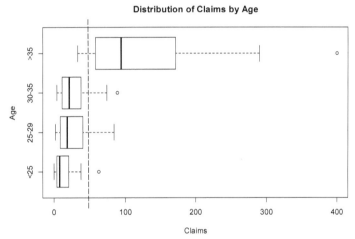

图 4-11　以 Age 划分的 Claims 变量箱形图

　　下面我们在图形中加入投保人数 Holders 变量，通过进一步对比观察来回答这一问题。

　　并且这次不再采用先构造出可直接使用的数据集，再绘图的方式生成多个箱形图，我们利用原始数据集 Insurance，设定 add 参数来将箱形一个一个地加入图形中。其中，由于箱子是依次加入的，需要考虑各箱子的相对位置关系，这将用到设定箱子大小的 boxwex 参数和所在位置的 at 参数。

```
> with ( Insurance,                           # 形成 Insurance 数据集的环境
+    {
+      boxplot(Holders ~ Age, boxwex=0.25, at=1:4+0.2,
                                    # 绘制第一个箱子：>35 年龄段下的 Holders 分布
+            subset = Age == ">35")
+      boxplot(Holders ~ Age, add = TRUE, boxwex=0.25, at=1:4+0.2,
```

```
+        subset = Age == "30-35")
```
                                    # 加入第二个箱子：30-35 年龄段下的 Holders 分布
```
+    boxplot(Holders ~ Age, add = TRUE, boxwex=0.25, at=1:4+0.2,
+        subset = Age == "25-29")
```
                                    # 加入第三个箱子：25-29 年龄段下的 Holders 分布
```
+    boxplot(Holders ~ Age, add = TRUE, boxwex=0.25, at=1:4+0.2,
+        subset = Age == "<25")
```
                                    # 加入第四个箱子：<25 年龄段下的 Holders 分布
```
+  } )
> boxplot ( var1~var2, data=data_plot, add = TRUE, boxwex=0.25, at=1:4 - 0.2,
+        col="lightgrey", main="Distribution of Claims&Holders by Age",
+        xlab="Age", ylab="Claims&Holders" )
```
加入以 Age 划分的 Claims 变量箱形图，即加入另外四个箱子：各年龄段下的 Claims 分布
                    # 将 Claims 的四个箱子填充为浅灰色，并设定图形及坐标轴名称
```
> legend ( x="topleft", c("Claims", "Holders"), fill = c("lightgrey", "white"))
```
                            # 为 Holders 和 Claims 各自的四个箱子加上图例

绘制得到以 Age 划分的 Claims 和 Holders 变量箱形图，如图 4-12 所示。

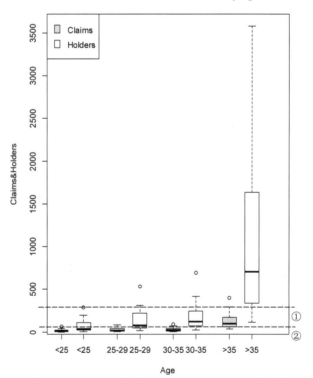

图 4-12   以 Age 划分的 Claims&Holders 变量箱形图

　　下面我们仔细观察图 4-12，来解决根据图 4-11 所提出的"是否由于年龄较大（>35）的投保人往往更易于发生事故，而使得要求索赔量整体高于年龄较小（<35）的投保人呢？"这一问题。

　　图 4-12 中的虚线 2 即为图 4-11 中的虚线所在位置，将前三个年龄组的 Claims 箱形与<35 组隔开，即年龄较大的投保人要求索赔量整体高于年龄较小的投保人。但同时我们可以看到虚线 2 也可将前三个年龄组的 Holders 箱形与<35 组隔开，这就说明了，年龄较大的投保人总量也是整体高于年龄较小投保人的。

　　如此来看，很可能就是由于年龄大的投保人总量很多，才导致该年龄组的索赔量整体高于<35 岁的投保人索赔量；换句话说，就是由于绝大部分有车族都是 35 岁以上的人士，因此，索赔量自然也是 35 岁以上的投保人较高。

　　并且，我们来看各年龄组中 Claims 与 Holders 的分布差异，可以明显看出>35 岁组的两箱形差距最大。这就说明了 35 岁以上投保人总量 Holders 中要求索赔 Claims 的比例最低，由此可以认为相对于较为年轻的驾驶者（<35 岁），年长一些的驾驶者（>35）往往更不易发生事故，索赔率更低。这就得到与我们之前仅根据图 4-11 所猜测的"年龄较大（>35）的投保人往往更易于发生事故"完全相反的结论。

　　另外，Hmisc 软件包中还提供了 bpplot() 函数可用来绘制比例箱形图，这种箱形图以箱子的宽窄程度来表示所有观测值中低于/高于相应位置的值的比例。比如在中位数以下部分的箱子，其宽度越窄，表示低于该值的观测值越少；中位数以上部分类似。

　　以下我们首先以 list 形式生成用于绘图的数据集 data_bp，其中 list 共分为 4 个部分，分别为 4 个年龄段下的 Claims 值，然后再对该数据绘制出比例箱形图，如图 4-13 所示。

```
> data_bp = list ( data_ plot $var1[which(data_ plot $var2=="<25")],
+                  data_ plot $var1[which(data_ plot $var2=="25-29")],
+                  data_ plot $var1[which(data_ plot $var2=="30-35")],
+                  data_ plot $var1[which(data_ plot $var2==">35")]   )
                                    # 以 list 形式生成用于绘图的数据集 data_bp
> data_bp                           # 显示数据集 data_bp 的 4 部分内容
[[1]]
 [1]  38  63  19   4  22  25  14   4   5  10   8   3   2   7   5   0
[[2]]
 [1]  35  84  52  18  19  51  46  15  11  24  19   2   5  10   7   6
[[3]]
 [1]  20  89  74  19  22  49  39  12  10  37  24   8   4  22  16   8
[[4]]
 [1] 156 400 233  77  87 290 143  53  67 187 101  37  36 102  63  33
> bpplot ( data_bp, name=c("<25","25-29","30-35",">35"), xlab="Age",  ylab="Claims")
                                    # 绘制以 Age 划分的 Claims 变量比例箱形图
```

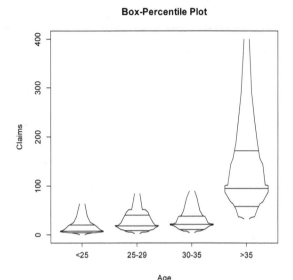

图 4-13　以 Age 划分的 Claims 变量比例箱形图

4.3.4　条形图

条形图与柱状图类似，不同之处在于，柱状图适用于连续型数据，通过人为分组而形成若干矩形来构成图形；而条形图则是用于离散型变量，该变量的每一水平自然成为一个条形来显示该水平的取值情况。因此，条形图是与柱状图的构成方式相似的用于显示离散型变量分布情况的图形类型。

以下我们来探究 Insurance 数据集中离散变量 Age 的分布情况，并以 Claims 作为各年龄组的取值频率。

由于原始数据集 Insurance 中并没有 Age 变量各水平下的 Claims 取值情况，因此我们首先需要计算得到四个年龄组下的 Claims 值，并储存在 Claims_Age 向量中，然后再将该向量放入 barplot 函数中绘图。该过程的程序代码如下，其中用到的一个新参数 names.arg，它以命名形式，标注出条形图中各矩形所对应的离散值水平。

```
> Claims_Age = with ( Insurance,
+            c( sum(Claims[which(Age=="<25")]), # 计算<25 年龄组的 Claims 之和
+              sum(Claims[which(Age=="25-29")]),
+              sum(Claims[which(Age=="30-35")]),
+              sum(Claims[which(Age==">35")]) ) )
              # 分别计算各年龄组的 Claims 之和后，以 c()函数生成向量 Claims_Age
> Claims_Age                                    # 查看 Claims_Age 的值
[1]  229  404  453 2065
```

```
> barplot(Claims_Age, names.arg=c("<25","25-29","30-35",">35"), density=rep(20,4),
+        main="Distribution of Age by Claims", xlab="Age", ylab="Claims")
              # 绘制条形图，并设置四个矩阵的名称依次为"<25","25-29","30-35",">35"
```

图 4-14 所示为以上代码绘制得到的条形图，其给出的信息直观简单，即各年龄组所对应索赔量依次为 300、400、450、2000 左右，随年龄增长基本呈递增趋势，且>35 岁组的索赔量远高于其他三组。

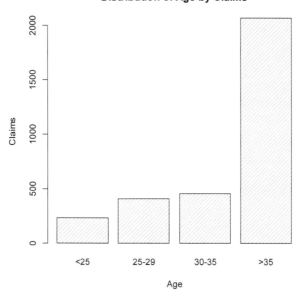

图 4-14 以 Claims 表示的 Age 变量条形图

与讨论箱形图时一样，我们进而将 Holders 变量加入考虑，使得各年龄组下的 Claims 和 Holders 值同时存在于一张图中，便于进行比较分析。

这里有两种条形图可供选择，一种为分组条形图，另一种为堆叠条形图。具体的，前者将同一组别下的 Claims 和 Holders 值并行摆放在一起，而后者则将其堆叠于一个矩形中表示。而用何种条形图呈现是由 beside 参数来控制的，当它取默认值 FALSE 时表示绘制堆叠条形图，当更改设置为 TRUE 时，则绘制分组条形图。

下面我们就来分别生成这两种图形，和图 4-14 的绘制过程一样，首先计算得到向量 Holders_Age 来储存四个年龄组下的 Holders 值，并将 Claims_Age 与 Holders_Age 合并为 data_bar 这个 2×4 的矩阵用于绘图。

```
> Holders_Age = with( Insurance,
+            c( sum(Holders[which(Age=="<25")]),)
+               sum(Holders[which(Age=="25-29")]),
```

```
+                        sum(Holders[which(Age=="30-35")]),
+                        sum(Holders[which(Age==">35")]) ) )
                  # 分别计算各年龄组的 Holders 之和后，以 c() 函数生成向量 Holders_Age
> Holders_Age                              # 查看 Holders_Age 的值
[1] 1138 2336 3007 16878
> data_bar = rbind(Claims_Age, Holders_Age)
                                  # 将 Claims_Age 与 Holders_Age 合并为 data_bar
> data_bar                          # 查看 data_bar
             [,1]      [,2]      [,3]      [,4]
Claims_Age   229       404       453       2065
Holders_Age  1138      2336      3007      16878
```

数据准备就绪后，我们首先将 beside 设置为 TRUE，绘制出分组条形图，如图 4-15 所示。作图程序代码如下：

```
> barplot(data_bar, names.arg=c("<25","25-29","30-35",">35"), beside=TRUE,
+         main="Age Distribution by Claims and Holders",
+         xlab="Age", ylab="Claims&Holders", col=c("black","darkgrey"))
> legend(x="topleft", rownames(data_bar), fill = c("black","darkgrey"))
```

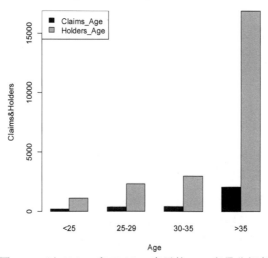

图 4-15　以 Claims 和 Holders 表示的 Age 变量分组条形图

观察图 4-15，其大致结构与图 4-12 所示的以 Age 划分的 Claims&Holders 变量箱形图基本相同，只是具体形状不同，一个为箱形、一个为条形，但该条形图所含信息基本包含于图 4-12 中，这里不再重复讲解。但正是由于条形图更为简洁，使得 Claims 和 Holders 值在每组中的大小差异更为直观。

现在我们取 beside 的默认值 FALSE 来绘制堆叠条形图，如图 4-16 所示。作图程序代码如下：

```
> barplot ( data_bar, names.arg=c("<25","25-29","30-35",">35"),
+       main="Age Distribution by Claims and Holders",
+       xlab="Age", ylab="Claims&Holders", col=c("black","darkgrey"))
> legend(x="topleft", rownames(data_bar), fill = c("black","darkgrey"))
```

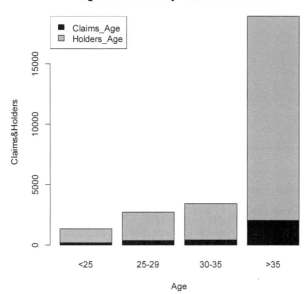

图 4-16　以 Claims 和 Holders 表示的 Age 变量堆叠条形图

在图 4-16 中，将 Claims 与 Holders 的值堆在同一矩形中呈现，所含信息量同图 4-15，但这种方式更易比较并观察出各组中两者的相对比例。在实际运用中，根据具体情况和自身偏好选取合适图形绘制即可。

4.3.5　点阵图

点阵图与条形图本质上是一样的，也是用于呈现离散型变量各取值水平的分布情况，不同之处在于用点和背景网格线的形式代替条形来表示。

以下我们利用绘制条形图时所生成的储存了四个年龄组下 Claims 和 Holders 值的矩阵 data_bar 来直接生成点阵图，程序代码如下，结果见图 4-17，图形信息不再重复解释。

```
> dotchart ( data_bar, xlab="Claims&Holders", pch=1:2,
+       main="Age Distribution by Claims and Holders")        # 绘制点阵图
> legend ( x=14000, y=15, "<25", bty="n" )                    # 为第一年龄组添加图例
> legend ( x=14000, y=11, "25-29", bty="n" )                  # 为第二年龄组添加图例
> legend ( x=14000, y=7, "30-35", bty="n" )                   # 为第三年龄组添加图例
```

```
> legend ( x=14000, y=3, ">35", bty="n" )                    # 为第四年龄组添加图例
```

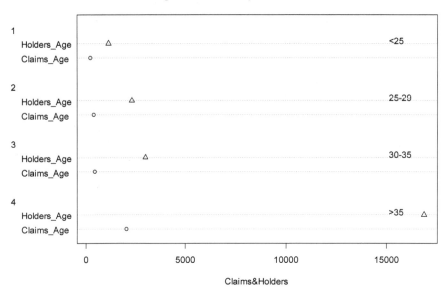

图 4-17   以 Claims 和 Holders 表示的 Age 变量点阵图

4.3.6   饼图

饼图是考察单个变量分布情况的有效图形，其绘制和解读过程都十分简单，以下我们以 Age 变量为例，绘制其 Claims 的取值情况，绘图代码如下：

```
> pie ( Claims_Age, labels=c("<25","25-29","30-35",">35"),
+       main="Pie Chart of Age by Claims",
        col=c("white","lightgray","darkgrey","black"))
                                          # 绘制 Age 变量 Claims 取值的饼图
```

绘图结果如图 4-18 所示，各年龄段所对应的四个部分的相对面积大小显示了其 Claims 取值的相对高低。

另外我们也可计算出各部分所占的比例值，标注于相应位置，来结合数值更清晰地获得分析信息。以下代码就可以实现百分比饼图的计算及绘制过程，所得结果见图 4-19。

```
> percent = round(Claims_Age/sum(Claims_Age)*100)          # 计算各组的比例
> label = paste( paste(c("<25","25-29","30-35",">35"),":"),  percent, "%", sep="")
                                          # 设置图形各部分图例的文本内容
> pie ( Claims_Age, labels = label,
+       main="Pie Chart of Age by Claims", col=c("white","lightgray","darkgrey","black"))
                                          # 绘制 Age 变量 Claims 取值的百分比饼图
```

Pie Chart of Age by Claims

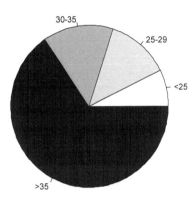

图 4-18 Claims 变量饼图

Pie Chart of Age by Claims

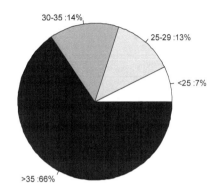

图 4-19 Claims 变量百分比饼图

绘制饼图也可以考虑使用 plotrix 软件包中的 pie3D()函数来得到 3D 立体饼图，可作为选择之一满足使用者的偏好。

plotrix 是 R 中专注于绘图的软件包之一，其中含有大量作图函数，具体可参见 http://cran.r-project.org/web/packages/plotrix/index.html 中的相应内容进一步了解。

首先安装并加载 plotrix 软件包。

```
> install.packages("plotrix")                          # 安装 plotrix 软件包
> library(plotrix)                                      # 加载 plotrix 软件包
```

绘图过程代码如下，其中使用了 labelcex 参数，用于控制 3D 饼图各部分间的缝隙大小，如图 4-20 所示。

3D Pie Chart of Age by Claims

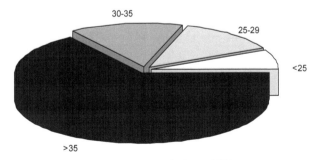

图 4-20 Claims 变量 3D 饼图

```
> pie3D(Claims_Age,labels=c("<25","25-29","30-35",">35"), explode=0.05,
+       main="3D Pie Chart of Age by Claims", labelcex=0.8,
```

```
+        col=c("white","lightgray","darkgrey","black"))
                                                              # 绘制 3D 饼图
```

4.5　本章汇总

attributes()	函数	获取对象的属性列表
basicStats()	函数	获取对象的基本统计信息
barplot()	函数	绘制条形图
cor()	函数	计算相关系数
ellipse	软件包	提供 plotcorr()函数
boxplot()	函数	绘制箱形图
bpplot()	函数	绘制比例箱形图
data.frame()	函数	构造数据集
describe()	函数	获取对象的描述统计信息
dotchart()	函数	绘制点阵图
Ecdf ()	函数	绘制累积分布图
fBasics	软件包	提供 basicStats()函数
hist()	函数	绘制直方图
Hmisc	软件包	提供 describe()、Ecdf ()、bpplot()函数
Insurance	数据集	由 MASS 软件包提供
kurtosis()	函数	计算对象的峰度
legend()	函数	添加图例
lines()	函数	添加曲线
MASS	软件包	提供 Insurance 数据集、hist()函数
md.pattern()	函数	获取对象的缺失值分布状况
mice	软件包	提供 md.pattern()函数
Matrix	软件包	提供 sparseMatrix()函数
ncol()	函数	获取数据的列数
nrow()	函数	获取对象的行数
pie()	函数	绘制饼图
pie3D()	函数	绘制 3D 饼图
plotcorr()	函数	绘制相关图
plotrix	软件包	提供 pie3D()函数
rbind()	函数	将对象按行连接

skewness()	函数	计算对象的偏度
sparseMatrix()	函数	生成稀疏矩阵
str()	函数	获取对象的内部结构
summary()	函数	获取对象的概要信息
timeDate	软件包	提供 skewness()、kurtosis()函数
with()	函数	为对象提供统一环境

第 5 章

数据预处理

我们来设想一个情境，假设你是苹果公司销售部门总管，你需要带领部门人员整理分析近几年来的销售数据。当你着手进行这项工作，仔细地审查公司的数据库和数据仓库，识别并选择应当包含在分析中的属性时，你可能会发现，根本无法进行分析。比如，你想要分析亚太地区 iPhone 5S 的销售情况，但北京地区的销售记录存在一个星期的空白、天津地区某天的销售记录为负、某段时间上海地区的销量远小于新疆地区。这些信息明显与实际情况不符，因此，为了得到准确的分析报告，你必须对这些不符合常理的情况进行处理。

在商务与日常实践中，需要使用数据挖掘技术分析的数据通常是不完整（缺少属性值或某些感兴趣的属性，或仅包含聚集数据）、含噪声（包含错误或存在偏离期望的离群值）、并且不一致的（例如，用于商品分类的部门编码存在差异），这样的数据必须经过预处理，剔除其中噪声、恢复数据完整性和一致性后才能使用数据挖掘技术进行分析。

要知道，若想依照设想来获取有效、准确、可信的数据，从而对其展开挖掘探究并非易事，数据的前期准备相比于后续的分析过程是一项更耗时耗力，需要耐心和技巧的工作。

5.1 数据集加载

在商业分析中，一些变量能够对结果产生直接的、巨大的影响，对于这些变量就需要进行十分严格的控制以保证数据质量；而另一些变量可能仅仅提供一些背景信息或者没有那么重要，对于这样的数据，就不必对数据质量要求十分严格。而分析人员往往并不亲自参加调查，这个项目的数据也可能来自于另一个项目，如何能够分辨变量的重要程度，一件必须要做的事情就是了解数据集背后的内容。

我们需要知道数据收集的目的、方法和途径，这些信息都能够增强对于数据集的理解。花时间去理解数据背后的含义是十分必要的，它的必要性体现在建模之前的构思、对模型含义的理解，以及当模型出现特殊形式或异常时，我们需要重新探索数据结构，以便接下来修正数据集并重新构造更优模型。

本章我们将使用 mice 软件包中的示例数据集来进行数据预处理演示，由于 mice 软件包以软件包 lattice、MASS 及 nnet 为基础建立，因此在加载 mice 软件包前要先安装、加载这三个软件包。

```
> install.packages("lattice")              # 安装 lattice 软件包
> install.packages("MASS")                 # 安装 MASS 软件包
> install.packages("nnet")                 # 安装 nnet 软件包
> library(lattice)                         # 加载 lattice 软件包
> library(MASS)                            # 加载 MASS 软件包
> library(nnet)                            # 加载 nnet 软件包
```

对于 5.2 节数据清理部分，我们选择使用 nhanes2 数据集进行演示，该数据集是一个含有缺失值的小规模数据集，我们先来对其做一个简单了解。

```
> install.packages("mice")                 # 安装 mice 软件包
> library(mice)                            # 加载 mice 软件包
> data(nhanes2)                            # 获取 nhanes2 数据集
> nrow(nhanes2);ncol(nhanes2)             # 显示 nhanes2 数据集的行列数
[1] 25
[1] 4
> summary(nhanes2)                         # 获取 nhanes2 数据集的概括信息
age        bmi              hyp          chl
 20-39:12   Min.   :20.40   no    :13    Min.    :113.0
 40-59: 7   1st Qu.:22.65   yes   : 4    1st Qu. :185.0
 60-99: 6   Median :26.75   NA's  : 8    edian   :187.0
            Mean   :26.56                Mean    :191.4
            3rd Qu.:28.93                3rd Qu. :212.0
            Max.   :35.30                Max.    :284.0
            NA's   :9                    NA's    :10
```

从中我们可以看出，age 和 hyp 是定性变量，分别分为 3 类和 2 类，bmi 和 chl 是定量变量；age 没有缺失值，bmi 有 9 个缺失值，hyp 有 8 个缺失值，chl 有 10 个缺失值。

需要补充说明的是，数据中存在缺失值的情况主要有两种：其一，当数据输入时其中某个观测值缺失，数据表的相应位置显示为 NA，如上变量中出现 NA 值就是这种情况；其二，当数据表经由其他数据表计算得来时，存在计算错误或计算值不符合要求时，也会显示为 NA。

结合数据背景信息中显示的内容，我们可以对数据集 nhanes2 做一个初步了解。

age：年龄段，取值为 1、2、3，分别代表 20-39、40-59、60-99 这三个年龄段；

bmi：身体质量指数，单位为 kg/m^2；

hyp：是否患高血压，1 代表"否"，2 代表"是"；

chl：血清胆固醇总量，单位为 mg/dL。

为了对我们将要使用的数据集有直观的把握，现将 nhanes 2 数据集的前 6 条数据展示如下。

```
> head(nhanes2)                        # 输出 nhanes2 数据集的前若干条
    age  bmi   hyp  chl
1   1    NA    NA   NA
2   2    22.7  1    187
3   1    NA    1    187
4   3    NA    NA   NA
5   1    20.4  1    113
6   3    NA    NA   184
```

5.2 数据清理

除了个别小规模案例，通常数据收集过程不可能保证十分完美。无论多么小心地收集数据，误差不可能完全消除，进行分析之前总要考察一下数据质量。即使对于已经在提高数据质量方面花费了很大努力的数据库，数据中不和谐的部分仍然会存在。经常考察数据质量十分重要，并且要在这方面实时留心。

数据中出现问题的原因多种多样，最经常发生的就是人为输入的错误，比如，小数点输入错误，会把￥150.00 变成￥150000；计算和测量过程中也会存在固有误差；除此之外，外界的一些因素也会导致产生误差。

数据清理是目前数据挖掘研究中一项重要的任务。我们通常在建立模型之前完成数据清理，但对于数据结构的探索和模型的描述及预测会促使我们不断检查数据质量，特别当模型出现预料之外的异常情况时，回过头去检查数据质量十分重要。

一些简单的步骤可以用来对数据质量进行复审。

对于探索性数据，我们通常使用统计图表来探索数据规律。

例如，为了获得收入超过 10 万元的经理的收入情况相关信息，我们对 pay 中 66 个数据进行探索性数据分析，并且分别用直方图、点图、箱形图和 Q-Q 图表示。

```
> pay=c(11,19,14,22,14,28,13,81,12,43,11,16,31,16,23,42,22,26,17,22,13,27,180,16,
  43,82,14,11,51,76,28,66,29,14,14,65,37,16,37,35,39,27,14,17,13,38,28,40,85,32,
  25,26,16,12,54,40,18,27,16,14,33,29,77,50,19,34)# 年薪超过 10 万元的经理收入（单位为 10 万）
> par(mfrow=c(2,2))                      # 将绘图窗口划成 2*2，可同时显示 4 幅图
> hist(pay)                              # 绘制直方图
> dotchart(pay)                          # 绘制点图
```

```
> boxplot(pay,horizontal=T)                #绘制箱形图
> qqnorm(pay);qqline(pay)                  #绘制 Q-Q 图
```

绘图结果如图 5-1 所示，从这 4 张图中均可发现，第 23 个观测值 180 远离其他变量，可以认为数据 pay 中存在异常值，即第 23 个观测值，需要对异常值进行清理。

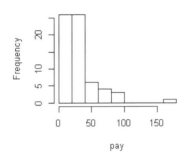
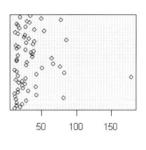

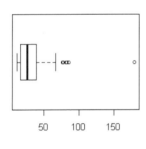
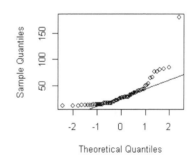

图 5-1　pay 中 66 个数据的分布图
（依次为直方图、点图、箱式图和 Q-Q 图）

在探索过程中，出现任何异常的情况都应该进行解释和处理。例如，对于分类变量，我们应该关注那些频率特别低的类别，这些可能是错误分类或原本应该属于相邻类别的数据，此时就应该回归数据来分析该样本取值是否出现勘误。

例如，在整合来自不同政府机构和公共资源的金融和商务数据时，数据清理的一个主要任务是对姓名和住址的整理，这点在把多个不同资源的数据整合成一个数据集时显得尤为重要。通过一个人的姓名可能会查到很多不同的记录，甚至可能出现 20 到 30 条，进而通过街道地址才能够进行判断。很多机构都在努力进行数据清理，同时也有很多方法被开发出来以解决数据问题。

5.2.1　缺失值处理

缺失值是数据中经常出现的问题，也是任何数据集中都可能出现的问题，无回答、录入错误等调查中常会出现的现象都会导致缺失数据。缺失值通常会用一些特殊符号进行标记，比如 9999、1990 年 1 月 1 日，或者是 "*"、"？"、"#"、"$" 等符号。

缺失数据会影响分析工作的进行，进而影响统计工作的效率，还会导致分析的偏差。数据使用者、分析者往往缺乏缺失值处理方面的知识，仅仅对数据进行简单删除或插补会影响数据规模和数据结构，进而影响分析结果。

在数据预处理中，首先要做的通常是判断是否存在缺失值。在 R 语言中缺失值通常以 NA 表示，可以使用函数 is.na 判断缺失值。

```
> sum(is.na(nhanes2))                    #计算 nhanes2 中缺失值的数量
[1] 27
```

另一个常用到的函数是 complete.cases，用来判断某一观测样本是否完整。

```
> sum(complete.cases(nhanes2))           #计算 nhanes2 中完整样本的数量
[1] 13
```

两个函数结果分别表示 "数据中共有 27 个缺失值" 以及 "数据框中共有 13 条完整观测值"，即有 12 条观测值中存在缺失值。

在存在缺失数据的情况下，需要进一步对数据缺失状况进行观测，判断缺失数据是否随机。我们可以利用 mice 包中的 md.pattern 函数完成这一任务。

```
> md.pattern(nhanes2)                    # 观测 nhanes2 中缺失值的情况
      age   hyp   bmi   chl
13     1     1     1     1    0
 1     1     1     0     1    1
 3     1     1     1     0    1
 1     1     0     0     1    2
 7     1     0     0     0    3
       0     8     9    10   27
```

其中 1 表示没有缺失数据，0 表示存在缺失数据。第一行第一列的 13 表示有 13 个样本是完整的，即不存在缺失数据。第一列最后一个 7 表示有 7 个样本少了 hyp、bmi、chl 三个变量，最后一行表示各个变量缺失的样本数合计。

对于缺失数据最简单粗暴的方式，即是直接删除含有缺失值的样本，这样做有时也是最为简单有效的方法，但前提是缺失数据的比例较少，且缺失数据是随机出现的，这样删除缺失数据后对分析结果影响不大。

另外，也可采取用变量均值或中位数来代替缺失值的方式，其优点在于不会减少样本信息，处理简单；其缺点在于当缺失数据不是随机出现时会产成偏误。

而多重插补法（Multivariate Imputation）通过变量间的关系对缺失数据进行预测，利用蒙特卡洛方法生成多个完整的数据集，再对这些数据集分别进行分析，最后对分析结果进行汇总处理。

在 R 语言中，可以通过调用 mice 包中的 mice 函数实现，函数的基本形式是：

```
mice(data, m = 5,...)
```

其中，data 代表一个有缺失值的数据框或矩阵，缺失值用 NA 表示；m 表示插补重数，即生成 m 个完整数据集，默认值为 m=5。

举个例子，若要构建以 chl 为因变量，age、hyp、bmi 为自变量的线性回归模型，因为 nhanes 2 数据中存在缺失值，不能直接用来构建模型，因此可以利用 mice()函数，通过如下方式构建模型：

```
> imp=mice(nhanes2,m=4)          # 生成 4 组完整的数据库并赋给 imp
> fit=with(imp,lm(chl~age+hyp+bmi))   # 生成线性回归模型
> pooled=pool(fit)               # 对建立的 4 个模型进行汇总
> summary(pooled)                # 展示 pooled 的内容
```

生成多个完整数据集储存于 imp 中，再对 imp 进行线性回归，最后用 pool 函数对回归结果进行汇总。

```
              Est         se          t            df          Pr(>|t|)      lo 95
(Intercept)  -2.810786   70.559221   -0.03983584  5.806503    0.96955821    -176.8672775
age2         43.791589   26.500764   1.65246513   5.128217    0.15788511    -23.8216782
age3         78.743815   30.233726   2.60450247   5.283178    0.04552407    2.2619365
hyp2         -13.339990  27.687074   -0.48181291  4.627705    0.65185343    -86.2690193
bmi          6.327635    2.586265    2.44663041   4.932228    0.05885762    -0.3481417
              hi 95       nmis        fmi          lambda
(Intercept)  171.24571   NA          0.5830684    0.4605586
age2         111.40486   NA          0.6259366    0.5038576
age3         155.22569   NA          0.6157695    0.4934649
hyp2         59.58904    NA          0.6604248    0.5397450
bmi          13.00341    9           0.6391340    0.5174711
```

汇总结果的前面部分和普通回归结果相似，nmis 表示了变量中的缺失数据个数，fmi 表示 fraction of missing information，即由缺失数据贡献的变异。

在对是否存在缺失值进行判断后，我们将对缺失值的处理方法进行讲解。

1．删除法

在不影响数据结构的情况下，删除法是最简单的将缺失数据集转变成完整数据集的方法。根据数据处理的不同角度，可以将删除法分为以下 4 种。

（1）删除观测样本。

（2）删除变量：当某个变量缺失值较多且对研究目标影响不大时，可以将整个变量整体删除。

（3）使用完整原始数据分析：当数据存在较多缺失而其原始数据完整时，可以使用原始数据替代现有数据进行分析。

（4）改变权重：当删除缺失数据会改变数据结构时，通过对完整数据按照不同的权重进行加权，可以降低删除缺失数据带来的偏差。

2．插补法

删除数据虽然简单易行，但会带来信息浪费、改变数据结构等问题，因此在条件允许的情况下，找到缺失值的替代值来进行插补，尽可能还原真实数据是更好的方法。

下面介绍均值插补、回归插补、二阶插补、热平台、冷平台、抽样填补等单一变量插补，多变量插补是单变量插补的推广，请读者自行尝试。

在插补方法中，最简单的是从总体中随机抽取某个样本代替缺失样本。

R 程序如下：

```
> sub=which(is.na(nhanes2[,4])==TRUE)          # 返回 nhanes2 数据集中第 4 列为 NA 的行
> dataTR=nhanes2[-sub,]                         # 将第 4 列不为 NA 的数存入数据集 dataTR 中
> dataTE=nhanes2[sub,]                          # 将第 4 列为 NA 的数存入数据集 dataTE 中
> dataTE[,4]=sample(dataTR[,4],length(dataTE[,4]),replace=T) # 在非缺失值中简单抽样
> dataTE
     age    bmi    hyp    chl
1    20-39  NA     <NA>   206
4    60-99  NA     <NA>   204
10   40-59  NA     <NA>   206
11   20-39  NA     <NA>   113
12   40-59  NA     <NA>   229
15   20-39  29.6   no     199
16   20-39  NA     <NA>   218
20   60-99  25.5   yes    187
21   20-39  NA     <NA>   199
24   60-99  24.9   no     238
```

均值法是通过计算缺失值所在变量所有非缺失观测值的均值，使用均值来代替缺失值的插补方法。

类似的，可以使用中位数、四分位数等进行插补，下面仅以均值法为例来对 nhanes2 数据集的第 4 列进行实现。

```
> sub=which(is.na(nhanes2[,4])==TRUE)          # 返回 nhanes2 数据集中第 4 列为 NA 的行
```

```
> dataTR=nhanes2[-sub,]                # 将第四列不为 NA 的数存入数据集 dataTR 中
> dataTE=nhanes2[sub,]                 # 将第四列为 NA 的数存入数据集 dataTE 中
> dataTE[,4]=mean(dataTR[,4])          # 用非缺失值的均值代替缺失值
> dataTE
    age      bmi      hyp      chl
1   20-39    NA       <NA>     191.4
4   60-99    NA       <NA>     191.4
10  40-59    NA       <NA>     191.4
11  20-39    NA       <NA>     191.4
12  40-59    NA       <NA>     191.4
15  20-39    29.6     no       191.4
16  20-39    NA       <NA>     191.4
20  60-99    25.5     yes      191.4
21  20-39    NA       <NA>     191.4
24  60-99    24.9     no       191.4
```

由于随机插补和均值插补中没有利用到相关变量信息，因此会存在一定偏差，而回归模型是将需要插补变量作为因变量，其他相关变量作为自变量，通过建立回归模型预测出因变量的值对缺失变量进行插补。

```
> sub=which(is.na(nhanes2[,4])==TRUE)  # 返回 nhanes2 数据集中第 4 列为 NA 的行
> dataTR=nhanes2[-sub,]                # 将第 4 列不为 NA 的数存入数据集 dataTR 中
> dataTE=nhanes2[sub,]                 # 将第 4 列为 NA 的数存入数据集 dataTE 中
> dataTE                               # dataTE 数据
    Age      bmi      hyp      chl
1   20-39    NA       <NA>     NA
4   60-99    NA       <NA>     NA
10  40-59    NA       <NA>     NA
11  20-39    NA       <NA>     NA
12  40-59    NA       <NA>     NA
15  20-39    29.6     no       NA
16  20-39    NA       <NA>     NA
20  60-99    25.5     yes      NA
21  20-39    NA       <NA>     NA
24  60-99    24.9     no       NA
> lm=lm(chl~age,data=dataTR)
                         # 利用 dataTR 中 age 为自变量，chl 为因变量构建线性回归模型 lm
> nhanes2[sub,4]=round(predict(lm,dataTE))
                         # 利用 dataTE 中数据按照模型 lm 对 nhanes2 中 chl 中的缺失数据进行预测
> head(nhanes2)          # 缺失值处理后的 nhanes2 的前若干条
    age      bmi      hyp      chl
1   20-39    NA       <NA>     169
2   40-59    22.7     no       187
3   20-39    NA       no       187
4   60-99    NA       <NA>     225
```

```
5    20-39    20.4    no      113
6    60-99    NA      <NA>    184
```

热平台插补是指在非缺失数据集中找到一个与缺失值所在样本相似的样本（匹配样本），利用其中的观测值对缺失值进行插补。

```
> accept=nhanes2[which(apply(is.na(nhanes2),1,sum)!=0),]        # 存在缺失值的样本
> donate=nhanes2[which(apply(is.na(nhanes2),1,sum)==0),]        # 无缺失值的样本
> accept[1,]
     age    bmi     hyp     chl
1    20-39  NA      <NA>    NA
> donate[1,]
     age    bmi     hyp     chl
2    40-59  22.7    no      187
```

上述程序按照样本中是否含有缺失值将 nhanes2 分成存在缺失值和无缺失值两个数据表，分别命名为 accept 和 donate。对于 accept 中的每个样本，热平台插补就是在 donate 中找到与该样本相似的样本，用相似样本的对应值代替该样本的缺失值。如，对于 accept 中的第 2 个样本，插补方法如下：

```
> accept[2,]
     age    bmi     hyp     chl
3    20-39  NA      no      187
> sa=donate[which(donate[,1]==accept[2,1]&donate[,3]==accept[2,3]&donate[,4]==
  accept[2,4]),]                          # 寻找与 accept 中第 2 个样本相似的样本
> sa
     age    bmi     hyp     chl
8    20-39  30.1    no      187
> accept[2,2]=sa[1,2]                     # 用找到的样本的对应值替代缺失值
> accept[2,]
     age    bmi     hyp     chl
3    20-39  30.1    no      187
```

在实际操作中，尤其当变量数量很多时，通常很难找到与需要插补样本完全相同的样本，此时可以按照某些变量将数据分层，在层中对缺失值使用均值插补，即采取冷平台插补方法。

```
> level1=nhanes2[which(nhanes2[,3]=="yes"),]       # 按照变量 hyp 分层
> level1
     age    bmi     hyp     chl
14   40-59  28.7    yes     204
17   60-99  27.2    yes     284
18   40-59  26.3    yes     199
20   60-99  25.5    yes     NA
> level1[4,4]=mean(level1[1:3,4])                  # 用层内均值代替第 4 个样本的缺失值
> level1
     age    bmi     hyp     chl
14   40-59  28.7    yes     204
```

17	60-99	27.2	yes	284
18	40-59	26.3	yes	199
20	60-99	25.5	yes	229

5.2.2　噪声数据处理

噪声是一个测量变量中的随机错误或偏差，包括错误值或偏离期望的孤立点值。在 R 中可以通过调用 outliers 软件包中的 outlier 函数寻找噪声数据，该函数通过寻找数据集中与其他观测值及均值差距最大的点作为异常值，函数的主要形式为：

```
outlier(x, opposite = FALSE, logical = FALSE)
```

其中，x 表示一个数据，通常是一个向量，如果 x 输入的是一个数据框或矩阵，则 outlier 函数将逐列计算；opposite 可输入 TRUE 或者 FALSE，如果值为 TRUE，给出相反值（如果最大值与均值差异最大，则给出最小值）；logical 可输入 TRUE 或者 FALSE，如果值为 TRUE，给向量赋予逻辑值，可能出现噪声的位置用 TRUE 表示。

```
> library(outliers)
> set.seed(1); s1=.Random.seed          # 设置随机数种子，保证每次出现的随机数相同
> y=rnorm(100)                          # 生成 100 个标准正态随机数
> outlier(y)                            # 找出其中离群最远的值
[1] -2.2147
> outlier(y,opposite=TRUE)              # 找出最远离群值相反的值
[1] 2.401618
> dotchart(y)                           # 对 y 绘制点图，如图 5-2 所示
```

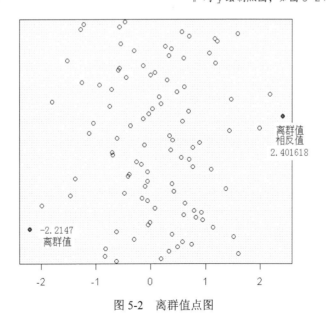

图 5-2　离群值点图

```
> dim(y) <- c(20,5)                    # 将 y 中的数据重新划分成 20 行 5 列的矩阵
> outlier(y)                           # 求矩阵中每列的离群最远值
[1] -2.214700 -1.989352  1.980400  2.401618 -1.523567
> outlier(y,opposite=TRUE)             # 求矩阵中每列的离群最远值的相反值
[1]  1.595281  1.358680 -1.129363 -1.804959  1.586833
> set.seed(1); s1=.Random.seed         # 设置随机数种子，保证每次出现的随机数相同
> y=rnorm(10)                          # 生成 10 个标准正态随机数
> outlier(y,logical=TRUE)              # 返回相应逻辑值，离群最远值用 TRUE 标记
 [1] FALSE FALSE FALSE TRUE FALSE FALSE FALSE FALSE FALSE FALSE
> plot(y)                              # 绘制散点图，如图 5-3 所示
```

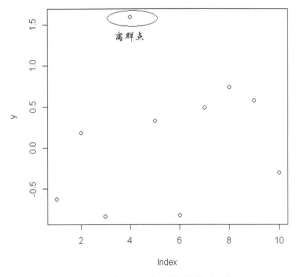

图 5-3　标记出离群值的散点图

离群点检测还可以通过聚类方法进行检测，聚类将类似的取值组织成“群”或“簇”，落在“簇”集合之外的值被视为离群点。聚类方法将在第 7 章进行详细阐述。

在进行噪声检查后，操作实际中常用分箱、回归、计算机检查和人工检查结合等方法“光滑”数据，去掉数据中的噪声。

分箱方法是通过对数据进行排序，利用数据“近邻”来光滑有序数据值的一种局部光滑方法。在分箱方法中，可以使用箱均值、箱中位数或箱边界等进行光滑。箱均值光滑、箱中位数光滑分别为对于每个“箱”，使用其均值或中位数来代替箱中的值；而箱边界光滑则是指将给定箱中的最大值和最小值被视为箱边界，箱中每一个值都被替换为最近边界。一般而言，宽度越大，光滑效果越明显。箱可以是等宽的，即每个箱的区间范围是常量。

下面以等宽箱均值光滑方法为例来介绍。

```
> set.seed(1); s1=.Random.seed        # 设置随机数种子，保证每次出现的随机数相同
> x=rnorm(12)                         # 生成 12 个标准正态随机数
> x=sort(x)                           # 将数据从小到大排序
> dim(x)=c(3,4)                       # 将数据形式转换成 3 行 4 列矩阵，每行代表一个箱
> x[1,]=apply(x,1,mean)[1]            # 用第一行的均值代替第一行中的数据
> x[2,]=apply(x,1,mean)[2]            # 用第二行的均值代替第二行中的数据
> x[3,]=apply(x,1,mean)[3]            # 用第三行的均值代替第三行中的数据
> x                                   # 等宽分箱均值光滑结果
      [,1]             [,2]            [,3]             [,4]
[1,] -0.003212265    -0.003212265    -0.003212265    -0.003212265
[2,]  0.340596290     0.340596290     0.340596290     0.340596290
[3,]  0.46852902      0.468529029     0.468529029     0.468529029
```

回归是指通过一个函数拟合来对数据进行光滑处理。线性回归涉及找出拟合两个变量的"最佳"直线，使得一个属性可以用来预测另一个；多元线性回归是线性回归的扩充，其中涉及的属性多于两个，并且数据拟合到一个多维曲面。

5.2.3　数据不一致的处理

作为一位数据分析人员，应当警惕编码使用的不一致问题和数据表示的不一致问题（如日期"2004/12/25"和"25/12/2004"）。字段过载是另一种错误源，通常由如下原因导致：开发者将新属性的定义挤压到已经定义的属性的未使用（位）部分（例如，使用一个属性未使用的位，该属性取值已经使用了 32 位中的 31 位）。

编码不一致和数据表示不一致的问题通常需要人工检测，当发现一定规律时可以通过编程进行替换和修改。若存在不一致的数据是无意义数据，可以使用缺失值处理方法进行相应处理。

当对数据进行批量操作时，可以通过对函数返回值进行约束，根据是否提示错误判断、是否存在数据不一致问题，如 vapply 函数。

vapply 函数的作用是对一个列表或向量进行指定的函数操作，其常用格式如下：

```
vapply(X, FUN, FUN.VALUE, ..., USE.NAMES = TRUE)
```

其中 X 是作为输入变量的列表或向量，FUN 是指定函数，FUN.VALUE 是函数要求的返回值，当 USE.NAMES 赋值为 TRUE 且 X 是字符型时，若返回值没有变量名则用 X 作为变量名。

与 vapply 类似的函数还有 lapply 和 sapply，sapply 是 lapply 的友好版本，但可预测性不好。如果是大规模的数据处理，后续的类型判断工作会很麻烦而且很费时。vapply 增加的 FUN.VALUE 参数可以直接对返回值类型进行检查，这样的好处是不仅运算速度快，而且程序运算更安全（因为结果可控）。

下面代码中的 rt.value 变量设置返回值的长度和类型，如果 FUN 函数获得的结果和 rt.value

设置的不一致（长度和类型）都会出错：

```
> x <- list(a = 1:10, beta = exp(-3:3), logic = c(TRUE,FALSE,FALSE,TRUE))# 生成列表
> x
$a
 [1]  1  2  3  4  5  6  7  8  9 10
$beta
[1]  0.04978707  0.13533528  0.36787944  1.00000000  2.71828183  7.38905610
[7] 20.08553692
$logic
[1]  TRUE FALSE FALSE  TRUE
> probs <- c(1:3/4)
> rt.value <- c(0,0,0)                         # 设置返回值为 3 个数字
> vapply(x, quantile,FUN.VALUE=rt.value,probs=probs)
       a    beta      logic
25% 3.25 0.2516074    0.0
50% 5.50 1.0000000    0.5
75% 7.75 5.0536690    1.0
```

若将 probs <- c(1:3/4) 改成 probs <- c(1:4/4)，会导致返回值与要求格式不一致，进而提示错误。

```
> probs<- c(1:4/4)                         #设置四个分为点
> vapply(x, quantile,FUN.VALUE=rt.value,probs=probs)
Error in vapply(x, quantile, FUN.VALUE = rt.value, probs = probs) :
  values must be length 3,
but FUN(X[[1]]) result is length 4
```

结果显示错误，要求返回值的长度必须为 3，但 FUN(X[[1]])返回的结果长度却是 4，两者不一致导致错误。将要求值长度改为 4，则

```
>rt.value<- c(0,0,0,0)                         # 设置返回值为 4 个数字
>vapply(x, quantile,FUN.VALUE=rt.value,probs=probs)
        a    beta       logic
25%   3.25 0.2516074     0.0
50%   5.50 1.0000000     0.5
75%   7.75 5.0536690     1.0
100% 10.00 20.0855369    1.0
>rt.value<- c(0,0,0,"")                         # 设置返回值为 3 个数字和 1 个字符串
>vapply(x, quantile,FUN.VALUE=rt.value,probs=probs)
Error in vapply(x, quantile, FUN.VALUE = rt.value, probs = probs) :
values must be type 'character',
but FUN(X[[1]]) result is type 'double'
```

由于要求返回值的种类必须是'character'，但 FUN(X[[1]])结果的种类却是'double'，导致产生错误提示。

因此可以根据 vapply 函数的这一功能，使用 FUN.VALUE 参数对数据进行批量检测。

5.3 数据集成

数据集成是指将多个数据源中的数据合并，并存放到一个一致的数据存储（如数据仓库）中。这些数据源可能包括多个数据库、数据立方体或一般文件。

在数据集成时，首先要考虑如何对多个数据集进行匹配，数据分析者或计算机需要识别出能够连接两个数据库的实体信息。例如，要判断一个数据库中的 ID 与另一个数据库中的 No.是否是相同属性，需要对这两个属性的名字、含义、数据类型和取值范围以及处理空白、零或 NULL 值的空值规则进行比较，这样可以减少模式集成的错误。

在集成期间，当一个数据库的属性与另一个数据库的属性匹配时，必须特别注意数据的结构。这旨在确保源系统中的函数依赖和参照约束与目标系统中的匹配。

例如，在一个系统中，discount 可能用于订单，而在另一个系统中，它用于订单内的商品。如果在集成之前未发现，则目标系统中的商品可能被不正确地打折。

冗余是数据集成的另一个重要问题。两个数据集有两个命名不同但实际数据相同的属性，那么其中一个属性就是冗余的。另外，一个属性若可以通过另一个属性的一定变换得出，那么其中一个属性就可能是冗余的。

可以用相关分析对数据集冗余进行检测。给定两个属性，这种分析可以根据可用的数据，度量一个属性能在多大程度上包含另一个。对于定性数据，可以使用卡方检验，对于定量数据，我们使用相关系数和协方差，它们都能评估一个属性的值如何随另一个变化。

```
> x=cbind(sample(c(1:50),10),sample(c(1:50),10))
                                    # 生成由两列不相关的定性数据组成的矩阵 x
> chisq.test(x)                     # 对矩阵 x 进行卡方检验，检查两列是否相关
  Pearson's Chi-squared test
  data: x
  X-squared =74.4563,df= 9, p-value = 2.023e-12
```

上述定性数据卡方检验结果显示，p-value<0.05，即在 0.05 显著性水平下拒绝相关的原假设，即变量不相关。

对于定量数据的相关系数，若两个属性的相关系数为 0，表示两个属性独立，并且它们之间不存在相关性，如果该结果小于 0，则两个属性存在负相关，大于 0 则表示存在正相关。相关系数绝对值越大，相关性越强。因此，若两个属性之间存在较大的相关系数，则其中一个可以被视作冗余而删除。

协方差为正，表示两个属性趋向于一起改变，即一个属性的某个观测值如果大于期望，则另一个属性的对应观测值很可能大于其期望。协方差为负，则表示两个属性趋向于相反方向改变。

相关系数和协方差的 R 实现如下：

```
> x=cbind(rnorm(10),rnorm(10))        # 生成由 2 列标准正态随机数组成的矩阵 x
> cor(x)                              # 求两列数据的相关系数
          [,1]       [,2]
[1,] 1.0000000 0.2058453
[2,] 0.2058453 1.0000000
> cov(x)                              # 求两列数据的协方差
          [,1]       [,2]
[1,] 1.0958683 0.2199514
[2,] 0.2199514 1.0418691
```

由上述结果可以看出，两列数据的相关系数为 0.2058453，可以认为相关系数较小，两列之间的相关性不足以将两列数据视为冗余数据，无须删除。从协方差结果可以看出，两列协方差为正，两列趋于一同改变。

除了检测属性间的冗余外，还应该检测观测值是否存在重复。

```
> x=cbind(sample(c(1:10),10,replace=T),rnorm(10),rnorm(10))
     #随机生成数据集，其中第一列为样本编号，若样本编号相同则认为存在重复
> head(x)                             # 去掉重复值前的数据集前若干个观测值
       [,1]     [,2]          [,3]
[1,]    5    -0.1134210   -1.3028591
[2,]    2    -0.3292809   -0.2786583
[3,]    3     0.3734610   -0.1847539
[4,]   10     1.0298881   -0.0817775
[5,]   10     2.7057750    1.6122418
[6,]    5    -1.0349459   -0.4619398
> y=unique(x[,1])                     # 将样本编号去掉重复
> sub=rep(0,length(y))                # 生成列向量备用
> for(i in 1:length(y))               # 循环，根据样本编号筛选数据集，去掉重复观测值
+ sub[i]=which(x[,1]==y[i])[1]
> x=x[sub,]
> head(x)                             # 去掉重复值后的数据集前若干个观测值
       [,1]     [,2]          [,3]
[1,]    5    -0.1134210   -1.3028591
[2,]    2    -0.3292809   -0.2786583
[3,]    3     0.3734610   -0.1847539
[4,]   10     1.0298881   -0.0817775
[5,]    1     1.0777713    0.4964331
```

数据集还涉及数据值冲突的检测与处理。例如，对于现实世界的同一实体，来自不同数据源的属性值可能不同。这可能是因为表示、尺度或编码不同。

例如，重量属性可能在一个系统中以公制单位存放，而在另一个系统中以英制单位存放。对

于连锁旅馆，不同城市的房价不仅可能涉及不同的货币，而且可能涉及不同的服务（如免费早餐）和税收。

再比如，不同学校交换信息时，每个学校可能都有自己的课程计划和评分方案。一所大学可能采取学季制，开设 3 门数据库系统课程，用 A+～F 评分；而另一所大学可能采用学期制，开设两门数据库课程，用 1～10 评分。很难在这两所大学之间制定精确的课程成绩变换规则，这使得信息交换非常困难。

对于数据值冲突的检测与处理可以参照 5.2.3 节中数据不一致的处理方法。

5.4 数据变换

在数据变换中，数据被变换成适应于数据挖掘需求的形式，数据变换策略主要包括以下几种。

1．光滑：去掉数据中的噪声，可以通过分箱、回归和聚类等技术实现，具体内容及 R 实现参见 5.2.2 节。

2．属性构造：由给定的属性构造出新属性并添加到数据集中。例如，通过"销售额"和"成本"构造出"利润"，只需要对相应属性数据进行简单变换即可。

3．聚集：对数据进行汇总。如，可以通过日销售数据，计算月和年的销售数据。

4．规范化：把数据单按比例缩放，实质落入一个特定的小区间，如–1.0~1.0 或 0.0~1.0。标准化是比较常用的一种规范化方法，其 R 实现如下：

```
> set.seed(1); s1=.Random.seed      # 设置随机数种子，保证每次出现的随机数相同
> a=rnorm(5)                        # 生成一列随机数
> b=scale(a)                        # 对该列随机数标准化
> b
           [,1]
[1,]      0.3126208
[2,]      0.7162939
[3,]     -0.8242656
[4,]      1.6028730
[5,]     -0.3749342
attr(,"scaled:center")
[1] 0.2909254
attr(,"scaled:scale")
[1] 1.289492
```

上述 b 中矩阵为标准化后的数据，attr(,"scaled:center")是原数据的均值，attr(,"scaled:scale")是原数据的标准差。

5．离散化：数值属性（例如，年龄）的原始值用区间标签（例如，0～10、11～20 等）或概

念标签（例如，youth、adult、senior）替换。可以实现将定量数据向定性数据转化，将连续型数据离散化。

离散化多根据数据情况和分析需求的不同采用不同的划分方式，假设 a 是一组 Logistic 回归的预测值，是取值在 0～1 之间的连续性数据，需要将 a 转换成取值为 0 或 1 的离散型数据。

```
> a=c(0.7063422,0.7533599,0.6675749,0.6100253,0.9341495,0.6069284,0.3462011)
> n=length(a)
> la=rep(0,n)
> la[which(a>0.5)]=1
[1] 1 1 1 1 1 1 0
```

6. 由标称数据产生概念分层：属性，如 street，可以泛化到较高的概念层，如 city 或 country。许多标称属性的概念分层都蕴含在数据库的模式中，可以在模式定义级自动定义。

数据泛化可以理解为数据合并，以城市为例，1 表示沈阳、2 表示大连、3 表示盘锦、4 表示抚顺、5 表示广州、6 表示深圳、7 表示珠海、8 表示佛山，可以通过数据合并，将 1、2、3、4 合并为辽宁省，5、6、7、8 合并为广东省。

```
> city=c(6,7,6,2,2,6,2,1,5,7,2,1,1,6,1,3,8,8,1,1)
> province=rep(0,20)
> province[which(city>4)]=1
> province
 [1] 1 1 1 0 0 1 0 0 1 1 0 0 0 1 0 0 1 1 0 0        #0表示辽宁省，1表示广东省
```

5.5　数据归约

数据归约主要是为了压缩数据量，原数据可以用来得到数据集的归约表示，它接近于保持原数据的完整性，但数据量比原数据小得多，与非归约数据相比，在归约的数据上进行挖掘，所需的时间和内存资源更少，挖掘将更有效，并产生相同或几乎相同的分析结果。常用维归约、数值归约等方法实现。

维归约指通过减少属性的方式压缩数据量，通过移除不相关的属性，可以提高模型效率。维归约的方法很多，其中：AIC 准则可以通过选择最优模型来选择属性；LASSO 通过一定约束条件选择变量；分类树、随机森林通过对分类效果的影响大小筛选属性；小波变换、主成分分析通过把原数据变换或投影到较小的空间来降低维数。

AIC 准则是赤池信息准则的简称，通常用来评价模型的复杂度和拟合效果，其计算公式为：

```
AIC=-2ln(L)+2k
```

其中 L 为似然函数，代表模型的精确度，k 为参数的数量，意味着模型的准确性。当 L 越大时，模型拟合效果越精确，当 k 越小时，模型越简洁，因此 AIC 兼顾了模型的精确度和简洁性，

适合用来对模型进行选择。

使用 AIC 准则进行模型变量选择时，AIC 最小的模型即为最优。

下面我们以 LASSO 为例对其维归约进行阐述。

在 R 中可以使用 glmnet 程序包中的 glmnet()函数实现对不同分布数据进行 LASSO 变量选择，
其中：

```
> x=matrix(rnorm(100*20),100,20)      # 生成自变量，为 20 列正态随机数
> y=rnorm(100)                         # 生成一列正态随机数作为因变量
> fit1=glmnet(x,y)                     # 广义线性回归，自变量未分组的，默认为 LASSO
> b=coef(fit1,s=0.01)                  # s 代表 λ 值，随着 λ 减小，约束放宽，筛选的变量越多
> b                                    # b 代表变量系数，有值的被选入模型
21 x 1 sparse Matrix of class "dgCMatrix"
                     1
(Intercept)  0.01637335
V1           0.08325099
V2          -0.02009427
V3          -0.05482563
V4           .
V5           0.11101047
V6          -0.12924568
V7          -0.04121713
V8           .
V9           0.18190221
V10          0.07657682
V11          0.04978051
V12         -0.01395913
V13         -0.01609426
V14         -0.03785605
V15          0.17685794
V16          .
V17         -0.22528254
V18          .
V19          0.07914728
V20          0.07596220
> predict(fit1,newx=x[1:10,],s=c(0.01,0.005))  # λ 分别为 0.01 和 0.005 情况下的预测值
             1           2
 [1,]  0.02427191  0.03239116
 [2,] -0.20064653 -0.21305735
 [3,]  0.22854808  0.24957546
 [4,]  0.68076151  0.69852322
 [5,]  0.13732179  0.12244061
 [6,]  0.36537375  0.36419868
 [7,]  0.83014862  0.84884258
```

```
[8,]   0.29779430   0.30042436
[9,]  -0.08998970  -0.07296359
[10,]  0.17817755   0.15510863
```

对于 LASSO 方法，随着 λ 的减小，约束放松，进入模型的变量增多，当模型拟合值与惩罚函数之和最小时对应的 λ 选择的变量即为最能代表数据集的变量。

数值归约是指用较小的数据表示形式替换原数据。如参数方法中使用模型估计数据，就可以只存放模型参数代替存放实际数据，如回归模型和对数线性模型都可以用来进行参数化数据归约。对于非参数方法，可以使用直方图、聚类、抽样和数据立方体聚集当方法。

有许多其他方法来组织数据归约方法。花费在数据归约上的计算时间不应超过或"抵消"在归约后的数据上挖掘所节省的时间。

5.6　本章汇总

chisq.test()	函数	定性变量相关性检验
complete.cases()	函数	判断是否存在完整观测样本
glmnet	软件包	提供函数 glmnet()
glmnet()	函数	广义线性回归，可以进行 LASSO 模型选择
is.na()	函数	判断是否存在缺失值
lm()	函数	构建线性回归模型
md.pattern()	函数	观测数据集中缺失值分布情况
mice()	函数	对缺失数据进行多重插补
mice	软件包	提供函数 md.pattern()、mice()及 nhanes2 数据集
nhanes2	数据集	由 mice 软件包提供
Outlier()	函数	寻找样本中离群最远的值
outliers	软件包	提供函数 outlier()
predict()	函数	预测
round()	函数	四舍五入求整
scale()	函数	对数据进行标准化处理
vapply()	函数	对列表或向量进行指定函数操作，可用来检测数据是否不一致

中篇

基本算法及应用

第 **6** 章

关联分析

谈及"关联分析",人们津津乐道十几年的经典段子——"啤酒与尿布"的故事就很难不被再次论及,这里我们再一起简单重温一次。

那是 20 世纪 90 年代的时候,一位沃尔玛的超市管理员在分析销售数据时发现了一个"奇异"的现象:啤酒与尿布这两件看起来毫无关系的商品,在某些情况下会经常出现在同一个购物篮中,经调查发现,这种现象多出现在年轻父亲身上。其背后的原因在于,在美国有婴儿的家庭中,一般是母亲在家中照看婴儿,父亲被派去超市购买尿布。而年轻的父亲在购买尿布的同时,往往会顺便为自己购买爱喝的啤酒,因此出现了"啤酒"配"尿布"的奇异现象。此后,沃尔玛便开始在卖场尝试将其摆放在相同的区域,以此带来了可观的营业额增收。这即是"啤酒与尿布"故事的由来。

这一故事中的"啤酒"与"尿布"的关系即为所谓的"关联性",而"关联性"的发掘和利用即是本章所要讨论的"关联分析"。

6.1 概述

关联分析是数据挖掘的核心技术之一,其关联规则模型及数据挖掘算法是由 IBM 公司 Almaden 研究中心的 R.Agrawal 在 1993 年首先提出的,目的是从大量数据中发现项集之间的有趣关联或相互关系,其中最经典的 Apriori 算法在关联规则分析领域具有很大的影响力。

该技术广泛应用于各个领域,如我们所熟知的亚马逊、淘宝商城等,在浏览商品时都会显示"购买此商品的顾客也同时购买"等提示语,这正是我们在日常生活中接触最多的关联分析应用实例。

下面我们引入几个基本概念来对关联分析进行简要阐述,为下一节的软件运用作理论基础。

1. 项集（Itemset）

这是一个集合的概念，在一篮子商品中一件消费品即为一项（Item），则若干项的集合称为项集，如{啤酒，尿布}即构成一个二元项集。

2. 关联规则（Association Rule）

一般记为 X→Y 的形式，称关联规则左侧的项集 X 为先决条件，右侧项集 Y 为相应的关联结果，用于表示出数据内隐含的关联性。如：关联规则尿布→啤酒成立则表示购买了尿布的消费者往往也会购买啤酒这一商品，即这两个购买行为之间具有一定关联性。

至于关联性的强度如何，则由关联分析中的三个核心概念——支持度、置信度和提升度来控制和评价。

下面我们以一组具体的数据来对这"三度"进行说明。

假设有 10000 个消费者购买了商品，其中购买尿布的有 1000 个，购买啤酒的有 2000 个，购买面包的有 500 个，且同时购买尿布与啤酒的有 800 个，同时购买尿布与面包的有 100 个。

3. 支持度（Support）

支持度是指在所有项集中{X，Y}出现的可能性，即项集中同时含有 X 和 Y 的概率：

$$Support(X \rightarrow Y) = P(X,Y)$$

该指标作为建立强关联规则的第一个门槛，衡量了所考察关联规则在"量"上的多少。其意义在于通过最小阈值（minsup, Minimum Support）的设定，来剔除那些"出镜率"较低的无意义规则，而相应地保留下出现较为频繁的项集所隐含的规则。上述过程用公式表示，即是筛选出满足：

$$Support(Z) \geq minsup$$

的项集 Z，被称为频繁项集（Frequent Itemset）。

在上述的具体数据中，当我们设定最小阈值为 5%，由于{尿布，啤酒}的支持度为 800/10000=8%，而{尿布，面包}的支持度为 100/10000=1%，则{尿布，啤酒}由于满足了基本的数量要求，成为频繁项集，且规则尿布→啤酒、啤酒→尿布同时被保留，而{尿布，面包}所对应的两条规则都被排除。

4. 置信度（Confidence）

置信度表示在关联规则的先决条件 X 发生的条件下，关联结果 Y 发生的概率，即含有 X 的项集中，同时含有 Y 的可能性：

$$Confidence(X \rightarrow Y) = P(Y \mid X) = P(X,Y) / P(X)$$

这是生成强关联规则的第二个门槛，衡量了所考察关联规则在"质"上的可靠性。相似的，我们需要对置信度设定最小阈值（mincon, Minimum Confidence）来实现进一步筛选，从而最终生成满足需要的强关联规则。因此，继筛选出频繁项集后，需从中进而选取满足：

$$Confidence(X \rightarrow Y) \geq mincon$$

的规则，至此完成所需关联规则的生成。

具体的，当设定置信度的最小阈值为 70%时，尿布 → 啤酒的置信度为 800/1000=80%，而规则啤酒 → 尿布的置信度则为 800/2000=40%，被剔除。至此，我们根据需要筛选出了一条强关联规则——尿布 → 啤酒。

5．提升度（lift）

提升度表示在含有 X 的条件下同时含有 Y 的可能性与没有这个条件下项集中含有 Y 的可能性之比，即在 Y 自身出现可能性 P(Y)的基础上，X 的出现对于 Y 的"出镜率"P(Y|X)的提升程度：

$$Lift(X \rightarrow Y) = P(Y \mid X) / P(Y) = Confidence(X \rightarrow Y) / P(Y)$$

该指标与置信度同样用于衡量规则的可靠性，可以看作是置信度的一种互补指标。

举例来说，我们考虑 1000 个消费者，发现有 500 人购买了茶叶，其中有 450 人同时购买了咖啡，另 50 人没有，由于规则茶叶 → 咖啡的置信度高达 450/500=90%，由此我们可能会认为喜欢喝茶的人往往喜欢喝咖啡。但当我们来看另外没有购买茶叶的 500 人，其中同样有 450 人也买了咖啡，且同样是很高的置信度 90%，由此，我们看到不喝茶的人也爱喝咖啡。这样来看，其实是否购买咖啡，与有没有购买茶叶并没有关联，两者是相互独立的，其提升度为 90%/(450+450)/1000=1。

由此可见，提升度正是弥补了置信度的这一缺陷，当 lift 值为 1 时表示 X 与 Y 相互独立，X 对 Y 出现的可能性没有提升作用，而其值越大（>1）则表明 X 对 Y 的提升程度越大，也即表明关联性越强。

通过以上概念，我们可总结出关联分析的基本算法步骤。

（1）选出满足支持度最小阈值的所有项集，即频繁项集。

一般来说，由于所研究的数据集往往是海量的，我们想要考察的规则不可能占有其中的绝大部分。就像如果想要考察买了啤酒的消费者还会购买哪些商品时，当我们把阈值设为 50%，就基本已经剔除了所有含有"啤酒"的项，因为不可能去超市的消费者一半都买了啤酒。因此，该阈值一般设定为 5%~10%就足够了。

（2）从频繁项集中找出满足最小置信度的所有规则。

而置信度的阈值往往设定得较高，如 70%～90%，因为这是我们剔除无意义的项集，获取强关联规则的重要步骤。当然，这也是依情况而定的，如果想要获取大量关联规则，该阈值则可以设为较低的值。

6.2　R 中的实现

6.2.1　相关软件包

本章将介绍 R 中两个专用于关联分析的软件包——arules 和 arulesViz。其中，arules 用于关联规则的数字化生成，提供 Apriori 和 Eclat 这两种快速挖掘频繁项集和关联规则算法的实现函数；而 arulesViz 软件包作为 arules 的扩展包，提供了几种实用而新颖的关联规则可视化技术，使得关联分析从算法运行到结果呈现一体化。

并且，R 给我们提供了丰富的网上学习资源，包括软件包的使用说明文档、函数源代码、操作示例文档等，具体可分别参见 http://cran.r-project.org/web/packages/arules/index.html 与 http://cran.r-project.org/web/packages/arulesViz/index.html，其中含有相关链接。本章将分别使用 arules 包的 1.0-14 版本以及 arulesViz 包的 0.1-6 版本来实现操作。

下载安装相应软件包，并加载后即可使用。

```
> install.packages("arules")          # 下载安装 arules 软件包
> library(arules)                      # 加载 arules 软件包
```

6.2.2　核心函数

Apriori 是最经典的关联分析挖掘算法，原理清晰且实现方便，可以说是学习关联分析的入门算法，但效率较低；而 Eclat 算法则在运行效率方面有所提升。除此之外，还有 FP-Growth 等高效优化算法，对于各算法的数理原理，可参考更多书籍进行深入学习。

1. apriori 函数

在 R 中实现 Apriori 算法，其核心函数为 apriori()，来源于前面介绍数据集时提到的 arules 软件包。函数的基本格式为：

```
apriori(data, parameter = NULL, appearance = NULL, control = NULL)
```

当放置相应的数据集，并设置各个参数值（如：支持度和置信度的阈值）后，运行该函数即可生成满足需求的频繁项集或关联规则等结果。

下面我们来具体说明其中 parameter、appearance 以及 control 的用途，三者分别包含若干可由人为设置的参数。

parameter 参数可以对支持度（support）、置信度（confidence）、每个项集所含项数的最大值/最小值（maxlen/minlen），以及输出结果（target）等重要参数进行设置。如果没有对其进行设值，函数将对各参数取默认值：support=0.1，confidence=0.8，maxlen=10，minlen=1，target="rules"/"frequent itemsets"（输出关联规则/频繁项集）。

而参数 appearance 可以对先决条件 X（lhs）和关联结果 Y（rhs）中具体包含哪些项进行限制，如：设置 lhs=beer，将仅输出 lhs 中含有"啤酒"这一项的关联规则，在默认情况下，所有项都将无限制出现。

control 参数则用来控制函数性能，如可以设定对项集进行升序（sort=1）还是降序（sort=−1）排序，是否向使用者报告进程（verbose=TURE/FALSE）等。

2．eclat 函数

Eclat 算法的核心函数即为 eclat()，其格式为：

```
eclat(data, parameter=NULL, control=NULL)
```

与 apriori()相比，我们看到参数 parameter 和 control 被保留，而不含有 appearance 参数。其中 parameter 与 control 的作用与 apriori()中基本相同，但需要注意的是，parameter 中的输出结果（target）一项不可设置为 rules，即通过 eclat()函数无法生成关联规则，并且 maxlen 的默认值为 5。

6.2.3　数据集

我们选择使用 arules 软件包中的 Groceries 数据集进行算法演示，该数据集是某一食品杂货店一个月的真实交易数据，我们先来对其进行一个简单了解。

```
> library ( arules )                    # 加载程序包 arules
> data ( "Groceries" )                  # 获取数据集 Groceries
> summary ( Groceries )                 # 获取 Groceries 数据集的概括信息
transactions as itemMatrix in sparse format with
 9835 rows (elements/itemsets/transactions) and
 169 columns (items) and a density of 0.02609146
most frequent items:
whole milk   other vegetables   rolls/buns   soda   yogurt   (Other)
2513         1903               1809         1715   1372     34055
```

获取数据后，我们来看 Groceries 的基本信息，它共包含 9835 条交易（transactions）以及 169 个项（items），也就是我们通常所说的商品；并且全脂牛奶（whole milk）是最受欢迎的商品，之后依次为蔬菜（other vegetables）、面包卷（rolls/buns）等。更多信息可具体参看 summary(Groceries) 的其他输出结果。

为了对我们将要使用的数据集有直观的把握，现将 Groceries 数据集的前 10 条交易信息展示如下。

```
> inspect ( Groceries[1:10] )              # 观测 Groceries 数据集中前 10 行数据 items
1  { citrus fruit, semi-finished bread, margarine, ready soups }
2  { tropical fruit, yogurt, coffee }
3  { whole milk }
4  { pip fruit, yogurt, cream cheese, meat spreads }
5  { other vegetables, whole milk, condensed milk, long life bakery product }
6  { whole milk, butter, yogurt, rice, abrasive cleaner }
7  { rolls/buns }
8  { other vegetables, UHT-milk, rolls/buns, bottled beer, liquor (appetizer) }
9  { pot plants }
10 { whole milk, cereals }
```

其中每一条数据即代表一位消费者购物篮中的商品类别，如：第一位消费者购买了柑橘（citrus fruit）、半成品面包（semi-finished bread）、黄油（margarine）以及即食汤（ready soups）四种食物。

我们做关联分析的目标，就是发掘消费者对于这些商品的购买行为之间是否有关联性，以及关联性有多强，并将获取的信息付诸于实际运用。

6.3　应用案例

下面我们开始步入正题——运用 R 软件挖掘 Groceries 数据中各商品的购买行为中所隐含的关联性。让我们在学习运用 apriori()和 eclat()函数的同时，看看能否从数据中发现一些有趣的结论。

6.3.1　数据初探

首先，我们尝试对 apriori()函数以最少的限制，来观察它可以反馈给我们哪些信息，再以此决定下一步操作。这里将支持度的最小阈值（minsup）设置为 0.001，置信度最小阈值（mincon）设为 0.5，其他参数不进行设定取默认值，并将所得关联规则名记为 rules0。

```
> rules0 = apriori( Groceries, parameter = list ( support=0.001, confidence=0.5 ) )
                                                        # 生成关联规则 rules0
parameter specification:
confidence   minval    smax     arem      aval     originalSupport
0.5          0.1       1        none      FALSE    TRUE
support      minlen    maxlen   target    ext
0.001        1         10       rules     FALSE
algorithmic control:
filter       tree      heap     memopt    load     sort    verbose
0.1          TRUE      TRUE     FALSE     TRUE     2       TRUE
apriori - find association rules with the apriori algorithm
```

```
version 4.21 (2004.05.09)      (c) 1996-2004   Christian Borgelt
set item appearances ...[0 item(s)] done [0.00s].
set transactions ...[169 item(s), 9835 transaction(s)] done [0.06s].
sorting and recoding items ... [157 item(s)] done [0.00s].
creating transaction tree ... done [0.01s].
checking subsets of size 1 2 3 4 5 6 done [0.04s].
writing ... [5668 rule(s)] done [0.00s].
creating S4 object  ... done [0.01s].
```

以上输出结果中包括指明支持度、置信度最小值的参数详解（parameter specification）部分，记录算法执行过程中相关参数的算法控制（algorithmic control）部分，以及 apriori 算法的基本信息和执行细节，如：apriori 函数的版本、各步骤的程序运行时间等。

```
> rules0                                  # 显示 rules0 中生成关联规则条数
set of 5668 rules
> inspect ( rules0 [ 1:10 ] )             # 观测 rules0 中前 10 条规则
   lhs                  rhs                support      confidence  lift
1  {honey}           => {whole milk}       0.001118454  0.7333333   2.870009
2  {tidbits}         => {rolls/buns}       0.001220132  0.5217391   2.836542
3  {cocoa drinks}    => {whole milk}       0.001321810  0.5909091   2.312611
4  {pudding powder}  => {whole milk}       0.001321810  0.5652174   2.212062
5  {cooking chocolate} => {whole milk}     0.001321810  0.5200000   2.035097
6  {cereals}         => {whole milk}       0.003660397  0.6428571   2.515917
7  {jam}             => {whole milk}       0.002948653  0.5471698   2.141431
8  {specialty cheese} => {other vegetables} 0.004270463  0.5000000   2.584078
9  {rice}            => {other vegetables} 0.003965430  0.5200000   2.687441
10 {rice}            => {whole milk}       0.004677173  0.6133333   2.400371
```

我们可以看到 rules0 中共包含 5668 条关联规则，可以想象，若将如此大量的关联规则全部输出是没有意义的。并且，仔细观察每条规则，我们发现关联规则的先后顺序与可以表明其关联性强度的三个参数值（support、confidence、lift）的取值大小并没有明显关系。

面对杂乱无章的大量信息，我们无法快速获取如关联性最强的规则等重要信息。因此，可以考虑选择生成其中关联性较强的若干条规则。

6.3.2　对生成规则进行强度控制

最常用的方法即是通过提高支持度和/或置信度的值来实现这一目的，这往往是一个不断调整的过程。而最终关联规则的规模大小，或者说强度高低，是根据使用者的需要决定的。但需要知道，如果阈值设定较高，容易丢失有用信息，若设定较低，则生成的规则数量将会很大。

一般来说，我们可以选择先不对参数进行设置，直接使用 apriori()函数的默认值（支持度为0.1，置信度为 0.8）来生成规则，再进一步调整。或者如上一节所示，先将阈值设定得很低，再逐步提高阈值，直至达到设想的规则规模或强度。

下面我们来尝试筛选出其中前 5 条左右的强关联规则，在上面的过程中，我们知道当支持度与置信度分别为 0.001 和 0.5 时，可以得到 5668 条规则，我们就以此作为如下一系列参数调整过程的基础。

1. 通过支持度、置信度共同控制

首先，我们可以考虑将支持度与置信度两个指标共同提高来实现，如下当仅将支持度提高 0.004 至 0.005 时，规则数降为 120 条，进而调整置信度参数至 0.64 后，仅余下 4 条规则。另外，在两参数共同调整过程中，如果更注重关联项集在总体中所占的比例，则可以适当地多提高支持度的值；若是更注重规则本身的可靠性，则可多提高一些置信度值。

```
> rules1 =apriori(Groceries,parameter=list(support=0.005,confidence=0.5))
                                 # 将支持度调整为 0.005，记为 rules1
> rules1                         # 显示 rules1 中生成关联规则条数
set of 120 rules
> rules2=apriori(Groceries,parameter=list(support=0.005,confidence=0.60))
                                 # 将置信度调整为 0.60，记为 rules2
> rules2                         # 显示 rules2 中生成关联规则条数
set of 22 rules
> rules3=apriori(Groceries,parameter=list(support=0.005,confidence=0.64))
                                 # 将置信度调整为 0.64，记为 rules3
> rules3                         # 显示 rules3 中生成关联规则条数
set of 4 rules
>inspect(rules3)
    lhs                          rhs            support      confidence lift
1 {butter,whipped/sour cream}    => {whole milk} 0.006710727  0.6600000  2.583008
2 {pip fruit,whipped/sour cream} => {whole milk} 0.005998983  0.6483516  2.537421
3 {pip fruit,rootvegetables,othervegetables}
                                 =>{whole milk}  0.005490595  0.6750000  2.641713
4 {tropical fruit, root vegetables, yogurt}
                                 => {whole milk} 0.005693950  0.7000000  2.739554
```

2. 主要通过支持度控制

另外，也可以采取对其中一个指标给予固定阈值，再按照其他指标来选择前 5 强的关联规则。比如当我们想要按照支持度来选择，则可以运行如下程序：

```
> rules.sorted_sup = sort ( rules0, by="support" )
                     #给定置信度阈值为 0.5，按支持度排序，记为 rules.sorted_sup
> inspect ( rules.sorted_sup [1:5] )       # 输出 rules.sorted_sup 的前 5 条强关联规则
    lhs                                    rhs            support    confidence lift
1 {other vegetables, yogurt}              => {whole milk} 0.02226741 0.5128806 2.007235
2 {tropical fruit, yogurt}                => {whole milk} 0.01514997 0.5173611 2.024770
3 {other vegetables, whipped/sour cream}  => {whole milk} 0.01464159 0.5070423 1.984385
4 {root vegetables, yogurt}               => {whole milk} 0.01453991 0.5629921 2.203354
```

```
5 {pip fruit, other vegetables}        => {whole milk} 0.01352313  0.5175097 2.025351
```

如上输出结果，5 条强关联规则按照支持度从高至低的顺序排列出来。这种控制规则强度的方式可以找出支持度最高的若干条规则。当我们对某一指标要求苛刻时，可以优先考虑该方式，且易于控制输出规则的条数。

3. 主要通过置信度控制

以下类似的，我们按照置信度来选出前 5 条强关联规则，由输出结果得到了 5 条置信度高达 100%的关联规则，比如第一条规则：购买了米和糖的消费者，都购买了全脂牛奶。这就是一条相当有用的关联规则，正如这些食品在超市中往往摆放得很近。

```
> rules.sorted_con = sort ( rules0, by="confidence" )
                    #给定支持度阈值为 0.001，按置信度排序，记为 rules.sorted_con
> inspect ( rules.sorted_con [1:5] )           # 输出 rules.sorted_con 的前 5 条强关联规则
  lhs                                          rhs support      confidence lift
1 {rice, sugar}                             => {whole milk} 0.001220132 13.913649
2 {canned fish, hygiene articles}           => {whole milk} 0.001118454 13.913649
3 {root vegetables, butter, rice}           => {whole milk} 0.001016777 13.913649
4 {root vegetables, whipped/sour cream, flour} => {whole milk} 0.001728521 13.913649
5 {butter, soft cheese, domestic eggs}      => {whole milk} 0.001016777 13.913649
```

4. 主要通过提升度控制

我们按 lift 值进行升序排序并输出前 5 条。

```
> rules.sorted_lift = sort ( rules0, by="lift" )
       #给定支持度阈值为 0.001，置信度阈值为 0.5，按提升度排序，记为 rules.sorted_lift
> inspect ( rules.sorted_lift [1:5] )        # 输出 rules.sorted_lift 前 5 条强关联规则
  lhs                              rhs                  support      confidence lift
1 {Instant food products,soda}  => {hamburger meat} 0.001220132 0.6315789 18.99565
2 {soda, popcorn}               => {salty snack}    0.001220132 0.6315789 16.69779
3 {flour, baking powder}        => {sugar}          0.001016777 0.5555556 16.40807
4 {ham, processed cheese}       => {white bread}    0.001931876 0.6333333 15.04549
5 {whole milk,Instant food products} => {hamburger meat} 0.001525165 0.5000000 15.03823
```

由上一节的理论知识，我们知道提升度可以说是筛选关联规则最可靠的指标，且得到的结论往往也是有趣，且有用的。由以上输出结果，我们能够清晰地看到强度最高的关联规则为{即食食品，苏打水} → {汉堡肉}，其后为{苏打水，爆米花} → {垃圾食品}。这是一个符合直观猜想的有趣结果，我们甚至可以想象出，形成如此强关联性的购物行为的消费者是一批辛苦工作一周后去超市大采购，打算周末在家好好放松，吃薯片、泡方便面、喝饮料、看电影的上班族。

6.3.3 一个实际应用

下面我们结合实际讨论一个例子，相信你在逛超市时一定发现过两种商品捆绑销售的情况，这可能是因为商家想要促销其中的某种商品。比如我们现在想要促销一种比较冷门的商品——芥末（mustard），可以通过将函数 apriori()中的关联结果（rhs）参数设置为"mustard"，来搜索出 rhs 中仅包含 mustard 的关联规则，从而有效地找到 mustard 的强关联商品，来作为捆绑商品。

如下输出结果显示蛋黄酱（mayonnaise）是芥末（mustard）的强关联商品，因此我们可以考虑将它们捆绑起来摆放在货架上，并制定一个合适的共同购买价格，从而对两种商品同时产生促销效果。另外，我们还用到了参数 maxlen，这里将其设为 2，控制 lhs 中仅包含一种食品，这是因为在实际的情形中，我们一般仅将两种商品进行捆绑，而不是一堆商品。

```
> rules4 = apriori ( Groceries, parameter = list ( maxlen=2, supp=0.001, conf=0.1),
  appearance = list ( rhs = "mustard" , default = "lhs" ) )
                                           # 仅生成关联结果中含"芥末"的关联规则
> inspect ( rules4 )                       # 观测 rules4
  lhs                rhs        support     confidence lift
1 {mayonnaise}    => {mustard}  0.001423488 0.1555556  12.96516
```

6.3.4　改变输出结果形式

我们知道，apriori()和 eclat()函数都可以根据需要输出频繁项集（frequent itemsets）等其他形式结果。比如当我们想知道某超市这个月销量最高的商品，或者捆绑销售策略在哪些商品簇中作用最显著等，选择输出给定条件下的频繁项集即可。

如下即是将目标参数（target）设为"frequent itemsets"后的结果。

```
> itemsets_apr = apriori( Groceries, parameter = list (supp=0.001,target = "frequent
  itemsets"),control=list(sort=-1))    # 将 apriori()中目标参数取值设为"频繁项集"
> itemsets_apr                             # 显示所生成频繁项集的个数
set of 13492itemsets
> inspect(itemsets_apr[1:5])               # 观测前 5 个频繁项集
  items               support
1 {whole milk}        0.2555160
2 {other vegetables}  0.1934926
3 {rolls/buns}        0.1839349
4 {soda}              0.1743772
5 {yogurt}            0.1395018
```

如上结果，我们看到以 sort 参数对项集频率进行降序排序后，销量前 5 的商品分别为全脂牛奶、蔬菜、面包卷、苏打以及酸奶。

以下我们使用 eclat()函数来获取最适合进行捆绑销售，或者说相近摆放的 5 对商品。比如，下面的输出结果中的全脂牛奶和蜂蜜，以及全脂牛奶与苏打作为共同出现最为频繁的两种商品，则可以考虑采取相邻摆放等营销策略。

```
> itemsets_ecl = eclat( Groceries, parameter = list ( minlen=1, maxlen=3,supp=0.001,
  target = "frequent itemsets"),control=list(sort=-1))
```

```
                                    # 按出现的频繁程度排序，输出项数为 2 的项集
> itemsets_ecl                      # 显示所生成频繁项集个数
set of 9969 itemsets
> inspect(itemsets_ecl[1:5])        # 观测前 5 个频繁项集
  items                      support
1 {whole milk, honey}        0.001118454
2 {whole milk, soap}         0.001118454
3 {tidbits,rolls/buns}       0.001220132
4 {tidbits,soda}             0.001016777
5 {whole milk,cocoa drinks}  0.001321810
```

另外，你可能注意到，在 itemsets 的生成代码中，我们并没有对 confidence 值进行设置，这里并非选择了取默认值，而是因为频繁项集的产生仅与支持度阈值有关。读者可尝试改动参数 confidence 的值，输出结果将不受影响。

6.3.5 关联规则的可视化

以下我们尝试用图形的方式更直观地显示出关联分析结果，这里需要用到 R 的扩展软件包 arulesViz[①]，我们将介绍几个简单应用。

```
> library ( arulesViz )               # 加载程序包 arulesViz
> rules5 = apriori( Groceries, parameter = list ( support=0.002, confidence=0.5 ) )
                                      # 生成关联规则 rules5
> rules5                              # 显示 rules5 生成关联规则条数
set of 1098 rules
> plot ( rules5 )                     # 对 rules5 作散点图
```

程序运行得到图 6-1 所示的散点图，图中每个点对应于相应的支持度和置信度值，分别由图形的横纵轴显示，且其中关联规则点的颜色深浅由 lift 值的高低决定。另外也可以通过更改参数设置，来变换横纵轴及颜色条所对应的变量，如：

```
> plot(rules5, measure=c("support", "lift"), shading="confidence")。
```

从图 6-1 中我们可以看出大量规则的参数取值分布情况，如提升度较高的关联规则的支持度往往较低，支持度与置信度具有明显反相关性等。但不足之处在于，并不能具体得知这些规则对应的是哪些商品，及它们的关联强度如何等信息。而这一缺陷可通过互动参数（interactive）的设置来弥补。

```
> plot(rules5,interactive=TRUE)       # 绘制互动散点图
```

---

① arulesViz 软件包专注于实现关联规则可视化技术，内容十分丰富，有兴趣深入学习者请参阅：http://127.0.0.1: 26145/library/arulesViz/doc/arulesViz.pdf。

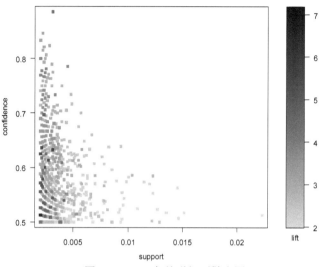

图 6-1　1098 条关联规则散点图

运行如上代码得到如图 6-2 所示的互动散点图，在图形下端有 5 个按钮。我们可以在图上通过两次单击圈定感兴趣的若干个点，如图 6-3 所示。有十字形标示的阴影区域中有两个关联规则点被选定，然后单击"inspect"按钮就可以获取选定点的详细信息，如下所示。

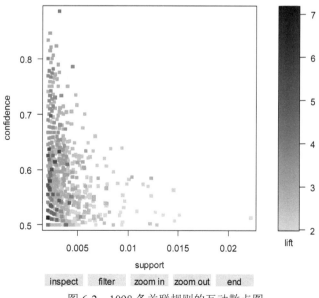

图 6-2　1098 条关联规则的互动散点图

```
Interactive mode.
Select a region with two clicks!
Number of rules selected: 2
   Lhs                          rhs            support      confidence lift
1 {butter, yogurt}            => {whole milk}  0.009354347  0.6388889  2.500387
2 {root vegetables, butter}   => {whole milk}  0.008235892  0.6377953  2.496107
```

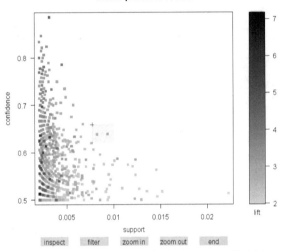

图 6-3　选定区域的 1098 条关联规则互动散点图

当单击"filter"过滤按钮后，再单击图形右侧 lift 颜色条中的某处，即可将小于单击处 lift 值的关联规则点都过滤掉，如图 6-4 所示即为过滤掉 lift 值小于 4.5 的点后的互动散点图。

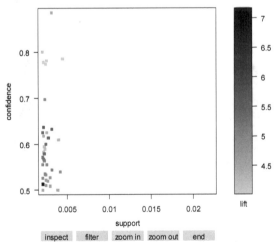

图 6-4　按 lift 值过滤后的 1098 条关联规则互动散点图

另外我们还可以将 shading 参数设置为 "order" 来绘制出一种特殊的散点图——Two-key 图，如图 6-5 所示。横纵轴依然为支持度和置信度，而关联规则点的颜色深浅则表示其所代表的关联规则中含有商品的多少，商品种类越多，点的颜色越深。

```
> plot(rules5,shading="order", control=list(main = "Two-key plot"))# 绘制 Two-key 图
```

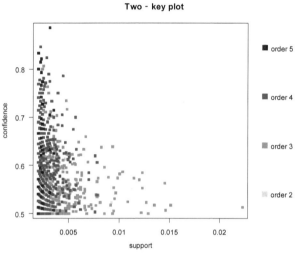

图 6-5　1098 条关联规则 Two-key 散点图

下面我们将图形类型更改为 "grouped" 来生成图 6-6。从图中按照 lift 参数来看，关联性最强（圆点颜色最深）的两种商品为黄油（butter）与生/酸奶油（whipped/sour cream）；而以 support 参数来看则是热带水果（tropical fruit）与全脂牛奶（whole milk）关联性最强（圆点尺寸最大）。

```
> plot ( rules5 , method = "grouped" )                    # 对 rules5 作分组图
```

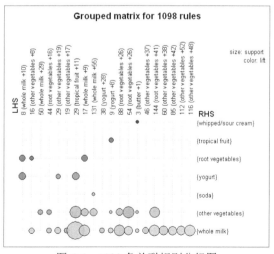

图 6-6　1098 条关联规则分组图

关于 method 参数，还可以更改设置为"matrix"、"matrix3D"、"paracoord"等来生成其他图形类型，读者可自行尝试。

```
> plot(rules5[1:50], method="matrix", measure="lift")
> plot(rules5[1:50], method="matrix3D", measure="lift")
> plot(rules5[1:50], method="paracoord")
```

6.4　本章汇总

arules	软件包	用于关联分析，并提供 Groceries 数据集
arulesViz	软件包	用于关联规则可视化
Groceries	数据集	arules 软件包中的样本数据集
apriori()	函数	执行 apriori 算法
eclat()	函数	执行 eclat 算法
inspect()	函数	展示关联分析中的交易数据集等
sort()	函数	对处理对象进行排序
plot()	函数	绘图

第7章

聚类分析

聚类分析是一种原理简单、应用广泛的数据挖掘技术。顾名思义，聚类分析即是把若干事物按照某种标准归为几个类别，其中较为相近的聚为一类，不那么相近的聚于不同类。

聚类分析在客户分类、文本分类、基因识别、空间数据处理、卫星图片分析、医疗图像自动检测等领域有着广泛的应用；而聚类分析本身的研究也是一个蓬勃发展的领域，数据挖掘、统计学、机器学习、空间数据库技术、生物学和市场学也推动了聚类分析研究的进展。聚类分析已成为数据挖掘研究中的一个热点。

7.1 概述

聚类算法种类繁多，且其中绝大多数可以用 R 实现，可以在 R 的主页上 http://cran.r-project.org/web/views/Cluster.html 看到实现了的具体算法，本章将选取普及性最广、最实用、最具有代表性的 5 种聚类算法进行介绍，其中包括：

- K-均值聚类（K-Means）
- K-中心点聚类（K-Medoids）
- 密度聚类（Densit-based Spatial Clustering of Application with Noise，DBSCAN）
- 系谱聚类（Hierarchical Clustering，HC）
- 期望最大化聚类（Expectation Maximization，EM）

需要说明的是，这些算法本身无所谓优劣，而最终运用于数据的效果却存在好坏差异，这在很大程度上取决于数据使用者对于算法的选择是否得当。本节我们将对这 5 种算法的基本原理和各自的特点进行简要介绍，并以图示方式辅助理解，来指导算法选择。

7.1.1　K-均值聚类

K-均值算法是最早出现的聚类分析算法之一，它是一种快速聚类方法，但对于异常值或极值敏感，稳定性差，因此较适合处理分布集中的大样本数据集。

它的思路是以随机选取的 k（预设类别数）个样本作为起始中心点，将其余样本归入相似度最高中心点所在的簇（cluster），再确立当前簇中样本坐标的均值为新的中心点，依次循环迭代下去，直至所有样本所属类别不再变动。算法的计算过程非常直观，图 7-1 所示为以将 10 个点聚为 3 类为例展示算法步骤。

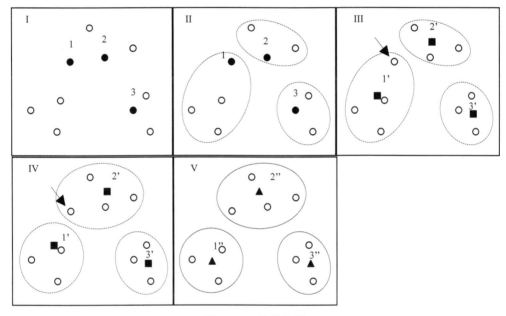

图 7-1　K-均值聚类

7.1.2　K-中心点聚类

K-中心点算法与 K-均值算法在原理上十分相近，它是针对于 K-均值算法易受极值影响这一缺点的改进算法。在原理上的差异在于选择各类别中心点时不取样本均值点，而在类别内选取到其余样本距离之和最小的样本为中心。

图 7-2 表示出该算法的基本运行步骤。

7.1.3　系谱聚类

系谱聚类的名称来自于，其聚类的过程可以通过类似于系谱图的形式呈现出来，在下一节将使用 R 软件进行展示。相对于 K-均值算法与 K-中心点算法，系谱算法的突出特点在于，不需事先设定类别数 k，这是因为它每次迭代过程仅将距离最近的两个样本/簇聚为一类，其运作过程将

自然得到 $k=1$ 至 $k=n$（n 为待分类样本总数）个类别的聚类结果。

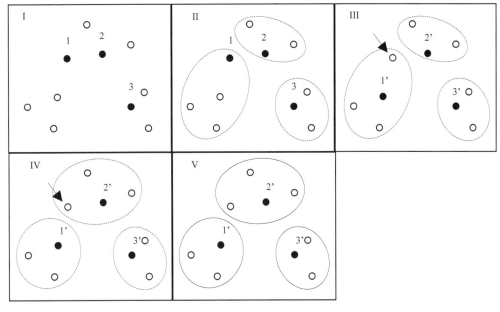

图 7-2　K-中心点聚类

具体算法步骤见图 7-3。

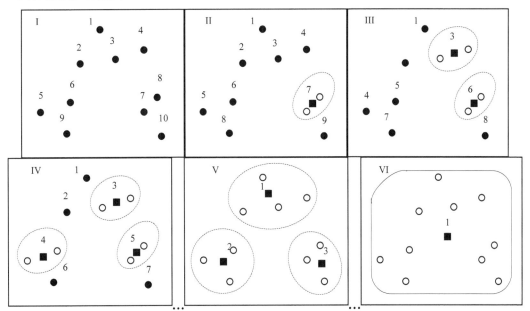

图 7-3　系谱聚类

7.1.4　密度聚类

DBSCAN 算法是基于密度的聚类方法（Density-based Methods）中最常用的代表算法之一，另外还有 OPTICS 算法、DENCLUE 算法等，读者可自行学习。

基于密度的聚类算法相对于如上所说的 K-均值、K-中心点，以及系谱聚类这些基于距离的聚类算法，其优势在于弥补了它们只能发现"类圆形"聚类簇的缺陷，该类算法由于是基于"密度"来聚类的，可以在具有噪声的空间数据库中发现任意形状的簇。

我们以 DBSCAN 算法来详细说明，该方法将"簇"看作是数据空间中被低密度区域分割开的"稠密区域"，即密度相连样本点的最大集合。为了理解其思想，我们参照图 7-4 来说明算法步骤，首先明确其输入值为待聚类数据集、半径 E（即为例图中各圆形的半径大小）与密度阈值 MinPts（例图中取 3）。具体步骤如下：

1. 从数据集中选择一个未处理的样本点，如我们第一次选择图 I 中的点 1；

2. 以点 1 为圆心，作半径为 E 的圆，由于圆内圈入点的个数为 3，满足密度阈值 MinPts，因此称点 1 为核心对象[1]（用黑色实心圆点表示），且将圈内的 4 个点形成一个簇，其中点 1 直接密度可达[2]周围的 3 个灰色实心圆点；

3. 同理考察其他样本点，重复步骤 2 若干次，得到图 III，其中点 1 直接密度可达核心对象 3，且点 2 密度可达[3]点 3；

4. 当该过程进行到图 IV，我们发现点 4 的 E 邻域内仅有 2 个点，小于阈值 MinPts，因此，点 4 为边缘点（非核心对象），暂标记为⊗，然后继续考察其他点；

5. 当所有对象都被考察，该过程结束，得到图 VIII。我们看到椭圆形内有若干核心对象和边缘点，这些点都是密度相连[4]的。

6. 最后一步即为将各点归类，见图 IX：点集●相互密度可达，属于类别 1；点集▲相互密度可达，属于新的一类，记类别 2；点集○与类别 1 样本点密度相连，属于类别 3；点集△与类别 2 样本点密度相连，属于类别 4；点⊗即非核心对象，也不与其他样本点密度相连，为噪声点。

---

[1] 如果对象的 E 邻域至少包含最小数目 MinPts 的对象，则称该对象为核心对象。
[2] 对于样本集合 D，如果样本点 q 在 p 的 E 领域内，且 p 为核心对象，则 p 直接密度可达 q。
[3] 对于样本集合 D，存在一串样本点 p1, p2, …, pn，其中 p_{i+1} 直接密度可达 p_i，且 p=p1，q=qn，则称 q 密度可达 p。
[4] 对于样本集合 D 中任意一点 o，存在 o 同时密度可达 p 和 q，则 q 与 p 密度相连。

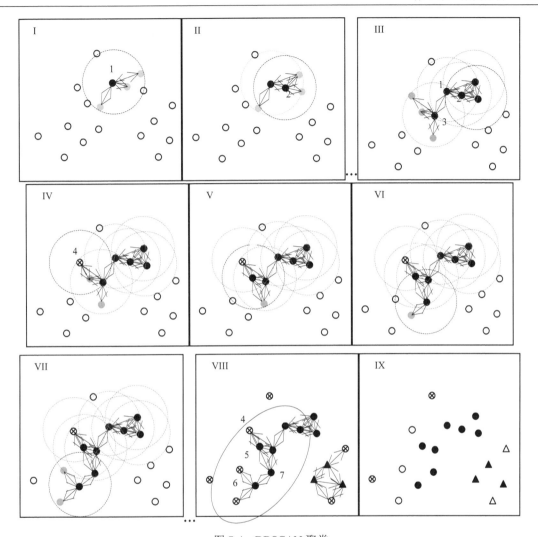

图 7-4 DBSCAN 聚类

DBSCAN 算法的不足之处在于，它对于用户定义参数半径 E 及密度阈值 MinPts 很敏感，参数取值细微的不同可能会导致差别很大的结果，而且参数的选取无规律可循，只能不断尝试靠经验确定。

7.1.5 期望最大化聚类

期望最大化算法（以下简称 EM 算法）的思路十分巧妙，在使用该算法进行聚类时，它将数据集看作一个含有隐性变量的概率模型，并以实现模型最优化，即获取与数据本身性质最契合的聚类方式为目的，通过"反复估计"模型参数找出最优解，同时给出相应的最优类别数 k。而"反复估计"的过程即是 EM 算法的精华所在，这一过程由 E-step（Expectation）和 M-step（Maximization）

这两个步骤交替进行来实现。

该算法相比于前面介绍的几种聚类算法要更为抽象，以下我们继续以图示的方式来直观解说。图 7-5 中，图 II 是对图 I 中的 10 个样本点随机聚类的初始结果，可以明显看到聚类效果很差；随后进行第一、二次迭代，聚类结果分别如图 III、图 IV 所示，每一次都比前一次更契合数据，至图 V 完成第三次迭代，聚类结束。

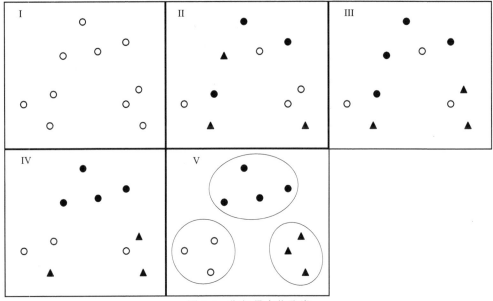

图 7-5   期望最大化聚类

7.2   R 中的实现

7.2.1   相关软件包

本节我们将主要使用 4 个软件包——stats、cluster、fpc 以及 mclust。

- stats 主要包含一些基本的统计函数，如用于统计计算和随机数生成等。
- cluster 专用于聚类分析，含有很多聚类相关的函数及数据集。
- fpc 含有若干聚类算法函数，如固定点聚类、线性回归聚类、DBSCAN 聚类等。
- mclust 则主要用来处理基于高斯混合模型，通过 EM 算法实现的聚类、分类以及密度估计等问题。

由于涉及函数较多，为避免混乱，现将实现各算法时主要使用的函数及其相应软件包列示如表 7-1，供学习过程中参考。

表 7-1 本节主要使用的软件包及函数

聚类算法	软件包	主要函数
K-均值（K-Means）	stats	kmeans()
K-中心点（K-Medoids）	cluster	pam()
系谱聚类（HC）	stats	hclust()、cutree()、rect.hclust()
密度聚类（DBSCAN）	fpc	dbscan()
期望最大化聚类（EM）	mclust	Mclust()、clustBIC()、mclust2Dplot()、densityMclust()

7.2.2 核心函数

下面我们依次对 4 种算法的核心函数进行介绍。

1. kmeans 函数

K-均值算法在 R 语言中实现的核心函数为 kmeans()，来源于 stats 软件包。该函数的基本格式为：

```
kmeans(x, centers, iter.max=10, nstart=1, algorithm=c("Hartigan-Wong", "Lloyd",
"For-gy", "MacQueen"))
```

其中 x 为进行聚类分析的数据集；centers 为预设类别数 k；iter.max 为迭代的最大值，且默认值为 10；nstart 为选择随机起始中心点的次数，默认取 1；而参数 algorithm 则提供了 4 种算法选择，默认为 Hartigan-Wong 算法。

2. pam 函数

K-中心点算法用 R 实现的核心函数为 cluster 软件包中的 pam()，该函数的基本格式为：

```
pam(x, k, diss = inherits(x, "dist"), metric = "euclidean",medoids = NULL, stand =
FALSE, cluster.only = FALSE,do.swap = TRUE,keep.diss = !diss && !cluster.only &&
n<100,keep.data = !diss && !cluster.only,pamonce = FALSE, trace.lev = 0)
```

其中，x[⑤]与 k 分别表示待处理数据及类别数；metric 参数用于选择样本点间距离测算的方式，可供选择的有 "euclidean" 与 "manhattan"；medoids 默认取 NULL，即由软件选择初始中心点样本，也可认为设定一个 k 维向量来指定初始点；stand 用于选择对数据进行聚类前是否需要进行标准化；cluster.only 用于选择是否仅获取各样本所归属的类别（Cluster vector）这一项聚类结果，若选择 TRUE，则聚类过程效率更高；keep.data 选择是否在聚类结果中保留数据集。

3. dbscan 函数

dbscan()函数用于实现 DBSCAN 聚类算法，其函数格式如下：

```
dbscan(data, eps, MinPts = 5, scale = FALSE, method = c("hybrid", "raw","dist"), seeds
= TRUE, showplot = FALSE, countmode = NULL)
```

---

⑤ pam()中的参数 x 与 kmeans()中不完全相同，x 也可为相异度矩阵，以下仅将 x 表述为数据集。

其中，data 为待聚类数据集或距离矩阵；eps 为考察每一样本点是否满足密度要求时，所划定考察邻域的半径；MinPts 为密度阈值，当考察点 eps 邻域内的样本点数大于等于 MinPts 时，该点才被认为是核心对象，否则为边缘点；scale 用于选择是否在聚类前先对数据集进行标准化；method 参数用于选择如何看待 data，具体的，"hybrid" 表示 data 为距离矩阵，"raw" 表示 data 为原始数据集，且不计算其距离矩阵，"dist" 也将 data 视为原始数据集，但计算局部聚类矩阵；showplot 用于选择是否输出聚类结果示意图，取值为 0、1、2，分别表示不绘图、每次迭代都绘图、仅对子迭代过程绘图。

4. hclust、cutree 及 rect.hclust 函数

这三个函数都来源于 stats 软件包，在系谱聚类过程中发挥着各自不同的作用。

核心函数为 hclust()，用来实现系谱聚类算法，其基本格式十分简单，仅含有三个参数：

```
hclust(d, method = "complete", members = NULL)
```

其中，d 为待处理数据集样本间的距离矩阵，可用 dist()函数计算得到；method 参数用于选择聚类的具体算法，可供选择的有 ward、single 及 complete 等 7 种，默认选择 complete 方法；参数 members 用于指出每个待聚类样本点/簇是由几个单样本构成，如共有 5 个待聚类样本点/簇，当我们设置 members=rep(2,5)则表明每个样本点/簇中分别是有 2 个单样本聚类的结果，该参数默认值为 NULL，表示每个样本点本身即为单样本。

而 cutree()函数则可以对 hclust()函数的聚类结果进行剪枝，即选择输出指定类别数的系谱聚类结果。其格式为：

```
cutree(tree, k = NULL, h = NULL)
```

其中，tree 为 hclust()的聚类结果，参数 k 与 h 用于控制选择输出的结果，将在后面的运用中具体解释说明。

函数 rect.hclust()可以在 plot()形成的系谱图中将指定类别中的样本分支用方框表示出来，十分有助于直观分析聚类结果。其基本格式为：

```
rect.hclust(tree, k = NULL, which = NULL, x = NULL, h = NULL,border = 2, cluster = NULL)
```

5. Mclust、mclustBIC、mclust2Dplot 及 densityMclust 函数

这 4 个函数都来源于 mclust 软件包，其中 Mclust()函数为进行 EM 聚类的核心函数，基本格式为：

```
Mclust (data, G=NULL, modelNames=NULL, prior=NULL, control=emControl(),
initialization=NULL, warn=FALSE, ...)
```

其中，data 用于放置待处理数据集；G 为预设类别数，默认值为 1 至 9，即由软件根据 BIC 的值在 1 至 9 中选择最优值；modelNames 用于设定模型类别，该参数和 G 一样也可由函数自动

选取最优值。

　　mclustBIC()函数的参数设置与 Mclust 基本一致,用于获取数据集所对应的参数化高斯混合模型的 BIC 值,而 BIC 值的作用即是评价模型的优劣,BIC 值越高模型越优。mclust2Dplot()可根据 EM 算法所生成参数对二维数据制图。而 densityMclust()函数利用 Mclust()的聚类结果对数据集中的每个样本点进行密度估计。

7.2.3　数据集

　　为了用平面图清晰地展示 4 种算法的聚类效果,我们选用一个 2 维数据集——Countries[6]来进行算法演示,该数据集含有 68[7]个国家和地区的出生率(%)与死亡率(%),以下我们对数据进行简单探索和预处理。

```
> countries =read.table("countries.txt")      # 读取数据集,并命名为 countries
> dim(countries)                                # 获取数据维度
[1] 683
> head(countries)                               # 显示数据集 countries 的前若干条数据
          V1            V2        V3
1         ALGERIA       36.4      14.6
2         CONGO         37.3      8.0
3         EGYPT         42.1      15.3
4         GHANA         55.8      25.6
5         IVORY-COAST   56.1      33.1
6         MALAGASY      41.8      15.8
```

为了在后面聚类分析的输出结果中方便查看,以下我们对数据集的行列名进行设置。

```
> names(countries)=c("country","birth","death")   # 依次设置变量名 V1、V2、V3
> var=countries$country                            # 取变量 country 的值赋予 var
> var=as.character(var)                            # 将 var 转换为字符型
> head(var)                                        # 显示 var 前若干个取值
[1] "ALGERIA" "CONGO" "EGYPT" "GHANA" "IVORY-COAST" "MALAGASY"
> for(i in 1:68) row.names(countries)[i]=var[i]
                                  # 将数据集 countries 的行名命名为相应国家名
> head(countries)                 # 显示处理后数据集 countries 的前若干条数据
          country     birth     death
ALGERIA   ALGERIA     36.4      14.6
CONGO     CONGO       37.3      8.0
EGYPT     EGYPT       42.1      15.3
GHANA     GHANA       55.8      25.6
```

---

⑥ 数据链接:http://www.uni-koeln.de/themen/statistik/data/cluster/birth.dat。

⑦ 原数据集含有 70 个国家数据,由于数据有误,剔除其中两条"FRANCE"样本。

```
IVORY-COAST   IVORY-COAST   56.1        33.1
MALAGASY      MALAGASY      41.8        15.8
```

以下我们以图形方式展示数据，并且选择标出"中国大陆 CHINA"、"台湾 TAIWAN"、"香港 HONG-KONG"、"印度 INDIA"、"美国 UNITED-STATES"、"日本 JAPAN"以及出生率和/或死亡率最高的国家或地区对应的样本点。

```
> plot(countries$birth,countries$death)    # 画出所有 68 个国家和地区的样本点
> C = which(countries$country=="CHINA")    # 获取"中国"在数据集中的位置
  ......                                    # 获取其余 5 个国家和地区在数据集中的位置，程序代码略
> M = which.max(countries$birth)           # 获取出生率最高的国家在数据集中的位置
> points(countries[c(C,T,H,I,U,J,M),-1],pch=16)
  ......                                    # 以实心圆点标出如上国家和地区的样本点
> legend(countries$birth[C],countries$death[C],"CHINA",bty="n",xjust=0.5,cex=0.8)
  ......                                    # 标出"中国"样本点的图例"CHINA"
  ......                                    # 标出其余 5 个国家和地区样本点的图例，程序代码略
> legend(countries$birth[M],countries$death[M],countries$country[M],bty="n",xjust
  =1,cex=0.8)                               # 标出出生率最高国家样本点的图例
```

从图 7-6 中我们能大概看出，美国、印度、日本可聚为一类，中国大陆、台湾、香港为一类，象牙海岸/非洲（IVORY-COAST）等为一类；并且大陆与港台的出生率相近，死亡率却要高约 5 个百分比。

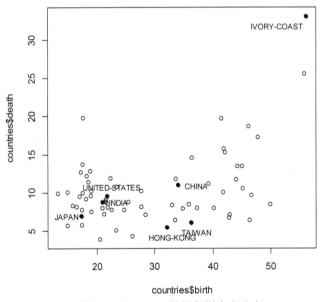

图 7-6 Countries 数据集样本点分布

需要说明的是，随着数据维度及样本量的增大，仅通过数据探索步骤很难获得如我们在 2 维

数据 Countries 中直观看到的类别信息,此时通过软件进行聚类分析的作用和意义将更为显著。且 Countries 中为百分比数据,无须进行数据标准化步骤,但当数据集中各变量量纲差别较大时,一般在聚类前需标准化。

7.3 应用案例

下面我们开始运用 R 软件,通过 5 种聚类算法分别对 Countries 数据集展开聚类分析。

7.3.1 K-均值聚类

以下我们首先尝试将样本点聚为较少类别(取 center=3),其他参数取默认值来对 Countries 进行聚类。

```
> fit_km1=kmeans(countries[,-1],center=3)    # 用 kmeans 算法对 countries 数据集进行聚类
> print(fit_km1)                             # 输出聚类结果
K-means clustering with 3 clusters of sizes 15, 36, 17
Cluster means:
   birth       death
1 33.99333   8.860000
2 19.54722   9.172222
3 45.85294  14.305882
Clustering vector:
ALGERIA  CONGO  EGYPT  GHANA  IVORY-COAST  MALAGASY  MOROCCO
1        1      2      2      2            2         2
TUNISIA  CAMBODIA  CEYLON  CHINA  TAIWAN  HONG-KONG  INDIA
2        2         1       1      1       1          3
......
NORWAY  POLAND  PORTUGAL  ROMANIA  SPAIN  SWEDEN
3       3       3         3        3      3
SWITZERLAND  U.S.S.R.  YUGOSLAVIA  AUSTRALIA  NEW-ZEALAND
3            3         3           3          3
Within cluster sum of squares by cluster:
[1]  290.5053  640.1819  1126.4718
 (between_SS / total_SS = 81.0 %)
Available components:
[1] "cluster"    "centers"    "totss"      "withinss"   "tot.withinss"
[6] "betweenss"  "size"       "iter"       "ifault"
```

如上结果中显示了 3 个类别所含样本数(sizes),分别为 15、17 和 36;以及各类别中心点坐标(Cluster means),分别为(33.99333,8.860000)、(19.54722,9.172222)及(45.85294,14.305882),即第 1 类可以认为是中等出生率、低死亡率,第 2 类为低出生率、低死亡率,而第 3 类则为高出生率、高死亡率。

另外,我们可以从聚类向量(Clustering vector)一栏看到中国大陆及港台都归属于第 1 类;

在这之后，软件给出了各类别的组内平方和，1 至 3 类依次升高，即第一类样本点间的差异性最小，第三类最大，且组间平方和占总平方和的 81%，该值可用于与类别数取不同值时的聚类结果进行比较，从而找出最优聚类结果，该百分数越大表明组内差距越小、组间差距越大，即聚类效果越好；最后，还可根据获得结果（Available components）部分来分别获取聚类的各项输出结果，如：

```
> fit_km1$centers                          # 获取各类别中心点坐标
    birth        death
1   33.99333     8.860000
2   19.54722     9.172222
3   45.85294     14.305882
```

由此我们可以依次输出总平方和、组内平方和的总和，以及组间平方和，并进行简单结合运算，可证实等式：组间平方和+组内平方和=总平方和。

由此，我们看到组间平方和约为组内平方和的 4 倍多，即组间差距远大于组内差距，这正是我们进行聚类的本意所在——将相似的点聚为一类，相异的聚于不同类。

```
> fit_km1$totss;fit_km1$tot.withinss;fit_km1$betweenss
              # 分别输出本次聚类的总平方和、组内平方和的总和，以及组间平方和
[1] 10818.94
[1] 2057.159
[1] 8761.782
> fit_km1$betweenss+fit_km1$tot.withinss        # 计算组间及组内平和的总和
[1] 10818.94
```

下面我们以更直观的方式展示聚类结果，图形绘制代码如下，其中以星号标示出了 3 个类别的中心点，如图 7-7 所示。从中我们可以清楚地看出三个类别中心点的相对位置，类别 1、2、3 中心点分别位于中、低、高出生率的位置，而 1、2 类的死亡率差别不大，类别 3 的死亡率相对较高。

```
> plot(countries[,-1],pch=(fit_km$cluster-1))
              # 将 countries 数据集中聚为 3 类的样本点以 3 种不同形状表示
> points(fit_km$centers,pch=8)               # 将 3 类别的中心点以星号标示
> legend(fit_km1$centers[1,1],fit_km1$centers[1,2],"Center_1",bty="n",xjust
  =1,yjust=0,cex=0.8)                        # 对类别 1 的中心点添加标注"Center_1"
> legend(fit_km1$centers[2,1]-2,fit_km1$centers[2,2],"Center_2",bty="n",xjust=0,
  yjust=0,cex=0.8)                           # 对类别 2 的中心点添加标注"Center_2"
> legend(fit_km1$centers[3,1],fit_km1$centers[3,2],"Center_3",bty="n",xjust=0.5,
  cex=0.8)
                                  # 对类别 3 的中心点添加标注"Center_3"
```

进一步的，我们在图中标注探索数据集过程中所关注的 7 个国家和地区的位置，如图 7-8 所示。从中可以看到，中国大陆及港台聚于用方块表示的第 1 类，即中等出生率、低死亡率；而美国、日本及印度则属于低出生率、低死亡率的第 2 类。

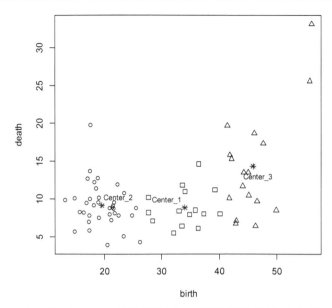

图 7-7　Countries 数据集 K-Means 算法聚类（标注中心点）

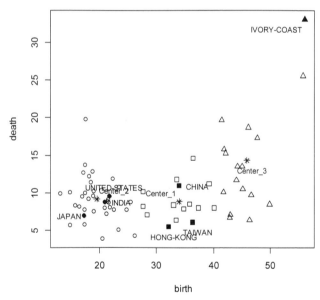

图 7-8　Countries 数据集 K-Means 算法聚类
（标注中心点及部分样本点）

下面，我们来调节类别数参数 center 的取值，并通过前面所讨论的组间平方和占总平方和的百分比值（以下简称为"聚类优度"），来比较选择出最优类别数。具体的，由于共有 68 个样本，我们将类别数从 1 至 67 取遍，实现该想法的程序代码如下：

```
> result=rep(0,67)                          # 设置 result 变量用于存放 67 个聚类优度值
> for(k in 1:67)                            # 对类别数 k 取 1 至 67 进行循环
+ {
+ fit_km=kmeans(countries[,-1],center=k)    # 取类别数 k，进行 K 均值聚类
+  result[k]=fit_km$betweenss/fit_km$totss  # 计算类别数为 k 时的聚类优度，存入 result 中
}
> round(result,2)                           # 输出计算所得 result，取小数位后两位的结果
[1] 0.00 0.72 0.81 0.85 0.86 0.93 0.94 0.93 0.95 0.96 0.96 0.97 0.97 0.97 0.98 0.97
0.98 0.98
[19] 0.98 0.98 0.98 0.99 0.98 0.99 0.99 0.99 0.99 0.99 0.99 0.99 0.99 0.99 0.99 0.99
0.99 0.99
[37] 0.99 0.99 1.00 1.00 1.00 0.99 1.00 1.00 1.00 1.00 1.00 1.00 1.00 1.00 1.00 1.00
1.00 1.00
[55] 1.00 1.00 1.00 1.00 1.00 1.00 1.00 1.00 1.00 1.00 1.00 1.00 1.00
```

由以上输出结果，我们可以大概看出，在类别数约小于 10 时，随着类别数的增加聚类效果越来越好（result 值从 0.72 快速提高至 0.97 左右）；但当类别数超过 10 以后再增加时，聚类效果基本不再提高（result 值在 0.97 至 1.00 之间浮动）。

这是符合我们理解的，当类别数基本接近样本点数，即接近于形成每个样本自成一类的情形时，聚类效果肯定是最好的，但却是无意义的。

下面我们对 result 进行制图来直观比较各类别数下的聚类优度，见图 7-9。

```
> plot(1:67,result,type="b",main="Choosing the Optimal Number of Cluster",
+ xlab="number of cluster: 1 to 67",ylab="betweenss/totss")      # 对 result 简单制图
> points(10,result[10],pch=16)                        # 将类别数为 10 的点用实心圆标出
> legend(10,result[10],paste("(10,",sprintf("%.1f%%",result[10]*100),")",sep=""),
bty="n",xjust=0.3,cex=0.8)
                # 对类别数为 10 的点给出其坐标标注(x,y)，x 为其类别数 10，y 为其聚类优度（%）
```

实际上，最优类别数可以认为是 10，也可以是 9、11、12 等，并无太大差别，因此，此处我们不妨取 k=10 为最优类别数。在实际选择过程中，如果并非要求极高的聚类效果，取 k=5 或 6 即可，较小的类别数在后续的数据分析过程中往往是更为方便、有效的。

以下我们简单查看在类别数 k 取 10 时，与中国大陆属于同一类别的国家和地区有哪些，程序及结果如下：

```
> fit_km2=kmeans(countries[,-1],center=10) # 取类别数参数 center 为 10，进行 K 均值聚类
> cluster_CHINA=fit_km2$cluster[which(countries$country=="CHINA")]
                                        # 获取中国大陆所属类别，记入 cluster_CHINA 变量
> which(fit_km2$cluster==cluster_CHINA)   # 选择出与中国大陆同类别的国家和地区
CONGO        CEYLON      CHINA        TAIWAN       HONG-KONG
2            10          11           12           13
MALAYSIA     THAILAND    DOMINICAN-R  CHILE
20           24          28           38
```

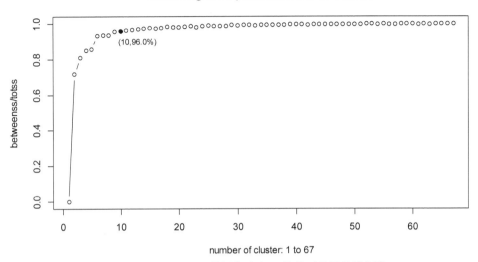

图 7-9 对 Countries 数据集选取 K 均值下的最优类别数 k

我们看到，在所有 68 个样本被聚为 10 类的情况下，有 8 个国家和地区与中国大陆属于同一类，分别为：刚果、斯里兰卡、台湾、香港、马来西亚、泰国、多明尼加共和国及智利；而在 k=3 时与中国大陆属于同一类的印尼、菲律宾等国家则不再被包括在内，这说明如上输出的 8 个国家和地区相对于印尼、菲律宾来说，与中国大陆在出生率、死亡率方面的相似度更高。

7.3.2 K-中心点聚类

同使用 K-均值算法时一样，我们首先选择类别数为 3 来熟悉 pam()函数的使用方式。

```
> library(cluster)                               # 加载 cluster 软件包
> fit_pam=pam(countries[ ,-1],3) # 用 k-Medoids 算法对 countries 数据集作聚类
> print(fit_pam)                                 # 输出聚类结果
Medoids:
             ID      birth    death
DOMINICAN-R  28      33       8.4
COLOMBIA     39      44       11.7
SWITZERLAND  64      19       9.6
Clustering   vector:
ALGERIA CONGO EGYPT GHANA IVORY-COAST MALAGASY MOROCCO
1       1     2     2     2           2        2
......

SWEDEN SWITZERLAND U.S.S.R. YUGOSLAVIA AUSTRALIA NEW-ZEALAND
3      3           3        3          3         3
Objective function:
build    swap
```

```
4.8     4.4
Available components:
[1] "medoids" "id.med" "clustering" "objective" "isolation" "clusinfo"  "silinfo"
[8] "diss" "call" "data"
```

我们看到在输出结果中，相对于 kmeans() 多出了中心点（Medoids）一项，该项指明了聚类完成时各类别的中心点分别是哪几个样本点，它们的变量取值为多少。如本例中第 1～3 类的中心点分别为第 28 个国家多明尼加共和国（DOMINICAN-R），第 39 个国家哥伦比亚（COLOMBIA）以及第 64 个国家瑞士（SWITZERLAND），这 3 个国家则可以作为相应类别的代表样本，这一信息是使用 K-均值算法无法获知的。

另外，目标方程项（Objective function）给出了 build 和 swap 两个过程中目标方程的值。其中，build 过程用于在未指定初始中心点情况下，对于最优初始中心点的寻找；而 swap 过程则用于在初始中心点的基础上，对目标方程寻找使其能达到局部最优的类别划分状态，即其他划分方式都会使得目标方程的取值低于该值。

除此以外，pam() 还给出了一些在处理数据过程中给我们带来方便的输出结果，如：

```
> head(fit_pam$data)                    # 回看产生该聚类结果的相应数据集
              birth     death
ALGERIA       36        15
CONGO         37        8
EGYPT         42        15
GHANA         56        26
IVORY-COAST   56        33
MALAGASY      42        16
> fit_pam$call                          # 回看产生该聚类结果的函数设置
pam(x = countries[,-1], k = 3)
```

介绍函数参数时，我们提到过 keep.data 参数，当将该参数设置为 FALSE 时，数据集则不再被保留。另外，当 cluster.only 参数设为 FALSE 时，则除了各样本归属的类别（Cluster vector）这一项外，不再产生其他聚类相关信息。

```
> fit_pam1=pam(countries[,-1],3,keep.data=FALSE)         # 更改 keep.data 参数的值
> fit_pam1$data                                          # 获取聚类结果的数据集信息
NULL
> fit_pam2=pam(countries[,-1],3,cluster.only=TRUE)       # 更改 cluster.only 参数的值
> print(fit_pam2)                                        # 显示聚类结果
ALGERIA      CONGO      EGYPT      GHANA      IVORY-COAST   MALAGASY
1            1          2          2          2             2
......

SWITZERLAND  U.S.S.R.   YUGOSLAVIA  AUSTRALIA  NEW-ZEALAND
3            3          3           3          3
```

下面我们将 K-Means 与 K-Medoids 算法在 3 分类情况下的聚类结果进行简单比较，其中仅有三个国家——蒙古（MONGOLIA）、叙利亚（SYRIA）以及巴拿马（PANAMA）。

```
> which(fit_km$cluster!=fit_pam$cluster)
MONGOLIA   SYRIA   PANAMA
21         23      33
```

以下我们将类别数为 3 时的 K-Medoids 算法聚类结果以图形展示，如图 7-10 所示，绘图过程不再赘述。

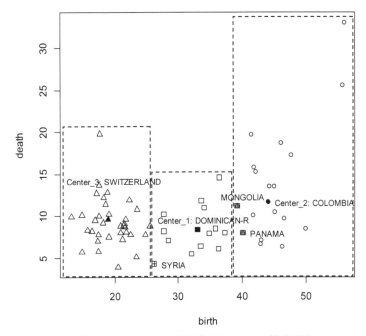

图 7-10　Countries 数据集 K-Medoids 算法聚类

具体的，将三类样本点分别用方形、圆形、三角形标示，用相应的实心图形表示各类的代表样本，并给出标注。同时，将与 K-Means 算法聚类结果不同的三个样本点用田字标示出来，并注明国家名。

我们看到整体聚类效果与 K-Means 算法类似，而聚类有差异的三个样本点都分布于各类别的交界处的虚线附近，这是符合我们理解的，边界处的样本往往难于确定其类别，聚类结果易于产生差异。

7.3.3　系谱聚类

下面我们开始进行系谱聚类，首先使用 dist()函数中默认的欧式距离来生成 Countries 数据集的距离矩阵，再使用 hclust()函数展开系谱聚类，并生成系谱图，如图 7-11 所示。

```
> fit_hc=hclust(dist(countries[,-1]))          # 对 countries 数据集进行系谱聚类
> print(fit_hc)                                 # 显示聚类相关信息
Call:
hclust(d = dist(countries[,-1]))

Cluster method   : complete
Distance         : euclidean
Number of objects: 68
> plot(fit_hc)                                  # 对聚类结果作系谱图
```

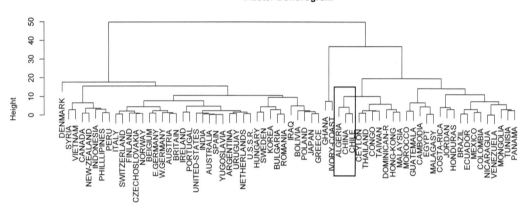

图 7-11　Countries 数据集系谱图

从系谱图 7-11 中我们可以看到，在图的最下端每个国家各占一个分支自成一类，越往上看，一条分支下的国家数越多，直至最上端所有国家聚为一类。且如图中灰色框中所示，与中国在出生率和死亡率方面最为相近的国家为智利（CHILE）和阿尔及利亚（北非国家）（ALGERIA）。在图的左侧以高度指标（Height）衡量树形图的高度，这一指标在下面将要提到的剪枝过程中将会用到。

```
> group_k3 = cutree(fit_hc,k=3)
                    # 利用剪枝函数 cutree() 中的参数 k 控制输出 3 类别的系谱聚类结果
> group_k3                                        # 显示结果
ALGERIA  CONGO  EGYPT  GHANA  IVORY-COAST  MALAGASY  MOROCCO
1        1      1      2      2            1         1
......

SWITZERLAND  U.S.S.R.    YUGOSLAVIA  AUSTRALIA  NEW-ZEALAND
3            3           3           3          3
> table(group_k3)                                 # 将如上结果以表格形式总结
  group_k3
```

```
  1  2  3
 27  2 39
> group_h18 = cutree(fit_hc,h=18)
               # 利用剪枝函数 cutree()中的参数 h 控制输出 Height=18 时的系谱聚类结果
> group_h18                                    # 显示结果
ALGERIA  CONGO     EGYPT    GHANA  IVORY-COAST  MALAGASY   MOROCCO
1        1         2        3      3            2          2
……
SWITZERLAND  U.S.S.R.   YUGOSLAVIA  AUSTRALIA  NEW-ZEALAND
4            4          4           4          4
> table(group_h18)                             # 将如上结果以表格形式总结
group_h18
  1   2   3   4
 10  17   2  39
> sapply(unique(group_k3), function(g)countries$country[group_k3==g])
                                # 查看如上 k=3 的聚类结果中各类别样本
[[1]]
 [1] ALGERIA  CONGO    EGYPT    MALAGASY   MOROCCO    TUNISIA
……
[25] COLOMBIA    ECUADOR    VENEZUELA
69 Levels: ALGERIA ARGENTINA AUSTRALIA AUSTRIA BElGIUM BOLIVIA ... YUGOSLAVIA
[[2]]
[1] GHANA  IVORY-COAST
69 Levels: ALGERIA ARGENTINA AUSTRALIA AUSTRIA BElGIUM BOLIVIA ... YUGOSLAVIA
[[3]]
[1] INDIA  INDONESIA  IRAQ  JAPAN
……
[37] YUGOSLAVIA    AUSTRALIA       NEW-ZEALAND
69 Levels: ALGERIA ARGENTINA AUSTRALIA AUSTRIA BElGIUM BOLIVIA ... YUGOSLAVIA
```

如上过程中，我们通过 cutree() 的使用选择查看了指定类别数 k 或树高度 h 的聚类结果，另外，我们还可以同样通过 k 和 h 参数来控制，使用 rect.hclus() 函数从系谱图中选择查看聚类结果。

```
> plot(fit_hc)                                 # 对系谱聚类结果作系谱图
> rect.hclust(fit_hc,k=4,border="light grey")  # 用浅灰色矩形框出 4 分类的聚类结果
> rect.hclust(fit_hc,k=3,border="dark grey")   # 用深灰色矩形框出 3 分类的聚类结果
> rect.hclust(fit_hc,k=7,which=c(2,6),border="dark grey")
                          # 用深灰色矩形框出 7 分类的第 2 类和第 6 类的聚类结果
```

从图 7-12 中我们可以清晰地看到，在类别数为 3 时，第 2 类中仅有加纳（CHANA）和象牙海岸/非洲（IVORY-COAST）两个国家；当类别数增加为 4，前两类的聚类结果没有发生变化，原第 3 类以马达加斯加（MALAGASY）和摩洛哥（MOROCCO）为界分别归于第 3 类和第 4 类；且 7 分类时，类别 2 和 6 中分别含有 7 个和 5 个国家。

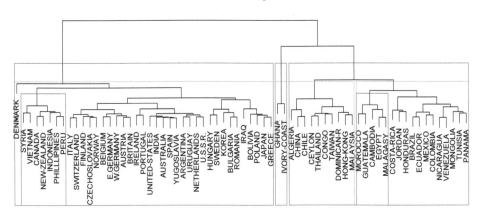

图 7-12　有选择的 Countries 数据集系谱图

7.3.4　密度聚类

我们首先对 dbscan()函数中的两个核心参数 eps 及 MinPts 来随意取值，通过查看输出结果，再据此考虑，如何从数据集本身特点出发以尽可能合理地确定参数取值。

```
> library(fpc)                                 # 加载 fpc 软件包
> ds1=dbscan(countries[,-1],eps=1,MinPts=5)    # 取半径参数 eps 为 1,密度阈值 MinPts 为 5
> ds2=dbscan(countries[,-1],eps=4,MinPts=5)    # 取半径参数 eps 为 4,密度阈值 MinPts 为 5
> ds3=dbscan(countries[,-1],eps=4,MinPts=2)    # 取半径参数 eps 为 4,密度阈值 MinPts 为 2
> ds4=dbscan(countries[,-1],eps=8,MinPts=2)    # 取半径参数 eps 为 8,密度阈值 MinPts 为 2
> ds1;ds2;ds3;ds4                              # 输出 4 种参数取值情况下的聚类结果
dbscan Pts=68 MinPts=5 eps=1
         0    1
border  59    3
seed     0    6
tota   159    9
```

在 MinPts=5，eps=1 时，样本点被聚为两类，其中第 1 类中含有 6 个样本，即以上输出结果中标号为 1 所对应的列，seed 所对应的行，也就是我们在理论部分所说的相互密度可达的核心对象所构成的类别，即为类别 A；另有 3 个样本点，即 border 所对应的行中的数字 3，也就是与类别 A 密度相连的边缘点所构成的类别，即为 B；另外，标号 0 所对应列为噪声点的个数，此处为 59。

我们可以看出，在半径设为 1，阈值设为 5 时，DBSCAN 算法将绝大多数样本都判定为噪声点，仅 9 个密度极为相近（在半径为 1 的圆内至少含有 5 个其他样本）的样本点被判定为有效聚类。聚类结果的直观图示可查看图 7-13 中的左上图。

```
dbscan Pts=68 MinPts=5 eps=4
         0    1    2
border   5    7    1
seed     0   18   37
total    5   25   38
```

由以上分析结果，我们尝试将半径扩大，阈值不作改变，仍设为 5，可以想象，如此一来会有较多的样本被有效分类。而从输出结果中，可以看到仅有 5 个样本被判定为噪声点，而剩余样本都被归为相应的类别簇中。具体的，样本点被聚于 4 个类别中，所含样本点数分别为 7、1、18、37。图 7-13 中的右上图分别以不同颜色不同形状的点将 4 类样本区分表示出来。

```
dbscan Pts=68 MinPts=2 eps=4
   0    1    2    3
border 30    0    0
seed0     25    2   38
total3 25    2   38
```

这一次，我们尝试不改变半径，而将阈值从 5 减小至 2。从输出结果中，我们看到更多的样本被归入相互密度可达样本的类别，即 seed 行中，而边缘点总数仅为 3，所有样本被聚为 3 类，分别含有 25、2、38 个样本点。聚类的直观结果见图 7-13 中的左下图。

```
dbscan Pts=68 MinPts=2 eps=8
       1    2
seed   66    2
tota  166 2
```

最后，我们保持阈值不变为 2，但把半径翻倍为 8，由于核心对象、密度可达等概念的判定条件在很大程度上被放松，可想而知，会有大量的样本点被归为同一类中。由输出结果，在总共 68 个样本中，其中 66 个都被聚为 1 类，仅有两个样本点由于偏离主体样本太多而被单独聚为一类。聚类图示见图 7-13 中的右下图。

图 7-13 的绘制程序代码如下：

```
> par(mfcol=c(2,2))                                   # 设置4张图按照2行2列摆放的空白位置
> plot(ds1,countries[,-1],main="1: MinPts=5 eps=1")   # 绘制 MinPts=5,eps=1 时的聚类结果
> plot(ds3,countries[,-1],main="3: MinPts=2 eps=4")   # 绘制 MinPts=2,eps=4 时的聚类结果
> plot(ds2,countries[,-1],main="2: MinPts=5 eps=4")   # 绘制 MinPts=5,eps=4 时的聚类结果
> plot(ds4,countries[,-1],main="4: MinPts=2 eps=8")   # 绘制 MinPts=2,eps=8 时的聚类结果
```

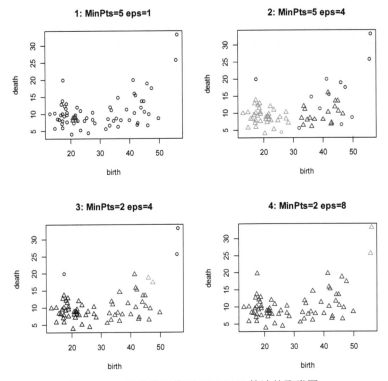

图 7-13　4 种参数取值下 DBSCAN 算法的聚类图

由以上过程，我们基本可以看出 DBSCAN 算法参数取值的规律：半径参数与阈值参数的取值差距越大（如上情形 1 与 4），所得类别总数越小（都为 2 类别）；具体的，半径参数相对于阈值参数较小时（如上情形 1 与 2），越多的样本被判定为噪声点（分别为 59 和 5）或边缘点（分别为 63 和 13）。

掌握参数取值规律后，我们即可根据研究需要来设置半径与阈值这两个核心参数，从而获得理想的聚类结果。但在着手设置参数之前，我们有必要从数据集本身性质出发，事先获知参数的合适取值范围，否则将会无从下手。

因此，如下我们考虑查看大多数样本间的距离是在怎样一个范围，再以此距离作为半径参数的取值，这样则可以很大程度上保证大部分样本被聚于类别内，而不被认为是噪声点。程序代码如下：

```
> d=dist(countries[,-1])        # 计算数据集的距离矩阵 d
> max(d);min(d)                 # 查看样本间距离的最大值、最小值
[1] 50
[1] 0.22
> library(ggplot2)              # 为使用数据分段函数 cut_interval()，加载 ggplot2 软件包
```

```
> interval=cut_interval(d,30)
# 对各样本间的距离进行分段处理，结合最大值最小值相差 50 左右，取居中段数为 30
> table(interval)                                      # 展示数据分段结果
interval
[0.224,1.87](1.87,3.51)(3.51,5.16)(5.16,6.8)(6.8,8.45) (8.45,10.1)  (10.1,11.7)
78          156        222        201      151         121         141
(11.7,13.4)(13.4,15)(15,16.7)(16.7,18.3)(18.3,20)(20,21.6) (21.6,23.2)(23.2,24.9)
100        93       104      104        89       101       97         101
(24.9,26.5) (26.5,28.2) (28.2,29.8) (29.8,31.5) (31.5,33.1) (33.1,34.8) (34.8,36.4)
100         83          75          38          30          12          8
(36.4,38.1) (38.1,39.7)(39.7,41.3)(41.3,43)(43,44.6) (44.6,46.3) (46.3,47.9)(47.9,49.6)
8           12         11         14       13        8           5         2
> which.max(table(interval))                           # 找出所含样本点最多的区间
(3.51,5.16)
 3
```

根据如上程序运行结果，我们发现样本点的距离大多在 3.51 至 5.16 之间，因此我们考虑半径参数 eps 的取值为 3、4、5。如下，我们对半径取 3、4、5，密度阈值为 1 至 10，作双层循环结果如下：

```
> for(i in 3:5)                              # 半径参数取 3、4、5
+ { for(j in 1:10)                           # 密度阈值参数取 1 至 10
+  { ds=dbscan(countries[,-1],eps=i,MinPts=j)
                                             # 在半径为 i，阈值为 j 时，作 DBSCAN 距离
+    print(ds)                               # 输出每一次的聚类结果
+  }}
dbscan Pts=68 MinPts=1 eps=3
        1  2  3  4  5  6  7  8  9  10 11
seed    1  21 1  1  2  1  37 1  1  1  1
total   1  21 1  1  2  1  37 1  1  1  1
......
dbscan Pts=68 MinPts=10 eps=5
        0  1  2
border  7  18 4
seed    0  6  33
total   7  24 37
```

由于共有 30 次 DBSCAN 的聚类结果，如上仅列示前后两种参数取值情形下的输出结果，将在各参数取值情形下的聚类结果汇总于表 7-2。

表 7-2 DBSCAN 在各参数取值情形下的聚类结果汇总

半径 eps	3		4		5	
密度阈值 MinPts	类别数 k	噪声点数	类别数 k	噪声点数	类别数 k	噪声点数
1	11	0	6	0	4	0
2	3	8	3	3	1	3
3	4	10	3	5	1	3
4	4	14	3	5	2	3
5	6	16	4	5	2	4
6	4	29	4	9	2	4
7	2	36	6	14	2	5
8	2	37	4	21	2	5
9	2	37	2	30	4	6
10	2	37	2	30	4	7

下面，我们根据如上汇总结果来选取合适的参数值。一般来说，类别数应至少高于 2 类，否则进行聚类的意义不大；并且噪声点不应太多，若太多则说明参数条件过紧，参与有效聚类的样本点太少。

而针对于本数据集的具体情况，我们选出类别数多于 2，噪声点少于 10 的各组参数，如表 7-2 中的阴影部分。我们可以明显看到，选出的这些参数对基本保持同增同减趋势，即两者的相对差异不大，这与之前关于参数取值规律的总结是一致的。

以下简单将其中三组参数（eps=3，MinPts=2；eps=4，MinPts=5；eps=5，MinPts=9）所对应的聚类结果图绘制于图 7-14 中。

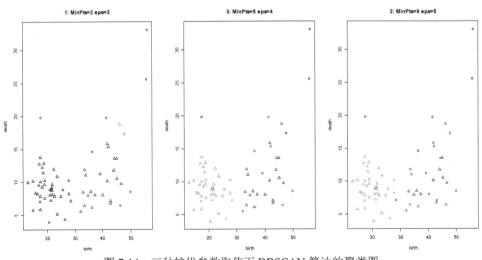

图 7-14 三种较优参数取值下 DBSCAN 算法的聚类图

7.3.5　期望最大化聚类

我们首先使用 Mclust()函数直接对数据进行期望最大化聚类。

```
> library(mclust)                              # 加载 mclust 软件包
> fit_EM=Mclust(countries[,-1])                # 对 countries 数据集进行 EM 聚类
> summary(fit_EM)                              # 获取 EM 聚类结果的信息汇总
----------------------------------------------------
Gaussian finite mixture model fitted by EM algorithm
----------------------------------------------------
Mclust EVI (diagonal, equal volume, varying shape) model with 4 components:
log.likelihood      n    df    BIC          ICL
-413.3351           68   16    -894.1822    -904.9786
Clustering table:
1   2   3    4
11  2   36   19
```

由以上输出结果，我们看到，根据 BIC 选择出的最佳模型类型为 EVI，最优类别数为 4，且各类分别含有 11、2、36、19 个样本。若想获得包括参数估计值在内的更为具体的信息可以运行如下代码。

```
> summary(fit_EM,parameters=TRUE)              # 获取 EM 聚类结果的细节信息
----------------------------------------------------
Gaussian finite mixture model fitted by EM algorithm
----------------------------------------------------
Mclust EVI (diagonal, equal volume, varying shape) model with 4 components:
log.likelihood      n    df    BIC          ICL
-413.3351           68   16    -894.1822    -904.9786
Clustering table:
1   2   3    4
11  2   36   19
Mixing probabilities:
 1           2           3           4
0.17319416  0.02941172  0.51199001  0.28540411
Means:
      [,1]      [,2]      [,3]        [,4]
birth 43.22296  55.95000  19.460249   35.792373
death 14.18168  29.35001  9.236722    8.192727
Variances:
[,,1]
        birth      death
birth   9.432714   0.00000
death   0.000000   10.51093
[,,2]
        birth      death
birth   0.3982894  0.0000
```

```
death    0.0000000    248.9309
[,,3]
         birth         death
birth    10.6263       0.000000
death    0.0000        9.330295
[,,4]
         birth         death
birth    39.06092      0.000000
death    0.00000       2.538254
```

　　当对 Mclust 的聚类结果直接作图，可以得到 4 张连续图形，分别为 BIC 图、分类图（Classification）、概率图（Classification Uncertainty）以及密度图（log Density Contour Plot）。

　　以下我们仅将概率图进行展示，如图 7-15 所示。该图不仅将各类别样本的主要分布区域用椭圆圈出，并标出了类别中心点，且以样本点图形的大小，来显示该样本归属于相应类别的概率大小。其余 3 种图形将在后面分别说明（图 7-16 至图 7-19）。

```
> plot(fit_EM)                                    # 对 EM 聚类结果制图
```

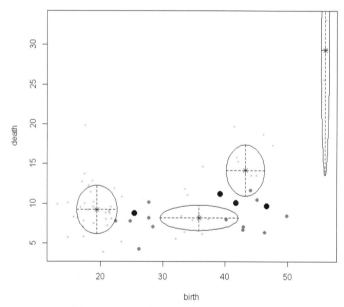

Classification Uncertainty

图 7-15　Countries 数据集 EM 聚类概率图

　　为了进一步对数据集进行分析，比如尝试使用其他模型或类别数 k 进行聚类，我们可以选择反复改变 Mclust 的相应参数来观察结果，也可使用 mclustBIC() 函数来实现比较。

```
> countries_BIC=mclustBIC(countries[,-1])
```
                                    # 获取数据集 countries 在各模型和类别数下的 BIC 值

```
> countries_BICsum=summary(countries_BIC,data=countries[,-1])
                                                    # 获取数据集countries的BIC值概况
> countries_BICsum                                  # 显示结果
classification table:
1       2       3       4
11      2       36      19
best            BIC             values:
EVI,4           EEI,3           EII,3
-894.1822       -894.5427       -895.1280
```

如上我们得到 BIC 值最高时的模型情况及 BIC 取值，分别为 4 分类的 EVI 模型、3 分类的 EEI 模型以及 3 分类的 EII 模型。具体的也可以通过输出 BIC 矩阵或以图形方式显示全部结果，如图 7-16 所示。

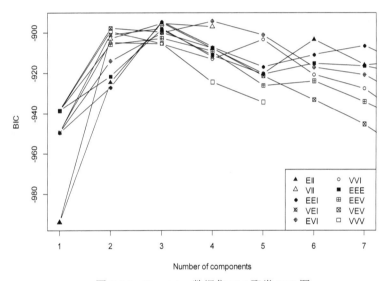

图 7-16　Countries 数据集 EM 聚类 BIC 图

```
> countries_BIC                                     # 输出 BIC 矩阵
BIC:
    EII         VII         EEI         VEI         EVI         VVI
1   -993.8000   -993.8000   -949.3886   -949.3886   -949.3886   -949.3886
2   -924.5847   -902.9231   -927.0862   -901.0621   -914.1095   -905.0245
3   -895.1280   -895.5875   -894.5427   -897.9051   -900.1538   -905.5132
4   -907.7647   -896.9532   -907.2014   -911.9914   -894.1822   -913.1626
5   -920.3589   NA          -916.9456   NA          -901.1636   -903.4276
6   -903.3619   NA          -910.9131   NA          -917.2153   -920.8542
7   -916.0542   NA          -906.4078   NA          -920.8934   -927.6254
8   -913.6454   NA          -917.7041   NA          -933.9062   -944.6298
9   -925.9327   NA          -930.0547   NA          -945.8909   -962.3440
```

```
       EEE           EEV           VEV           VVV
1      -938.6563     -938.6563     -938.6563     -938.6563
2      -921.6757     -905.8622     -897.8523     -899.3784
3      -898.5003     -902.8641     -899.7995     -905.4567
4      -911.1565     -909.2941     -907.7701     -924.5141
5      -920.5598     -926.1786     -921.3684     -934.3854
6      -915.1828     -923.9510     -933.1770     NA
7      -916.5453     -934.1367     -945.3435     NA
8      -921.3430     -945.4204     -961.5323     NA
9      -929.3003     -945.9325     -962.7169     NA
Top 3 models based on the BIC criterion:
EVI,4          EEI,3          EII,3
-894.1822      -894.5427      -895.1280
> plot(countries_BIC,G=1:7,col="black")
```
对 countries 数据集在类别数为 1 至 7 的条件下的 BIC 值作图

　　下面我们利用之前得到的 countries_BICsum 结果中的相关参数值，通过 mclust2Dplot()函数绘制分类图，如图 7-17 所示。

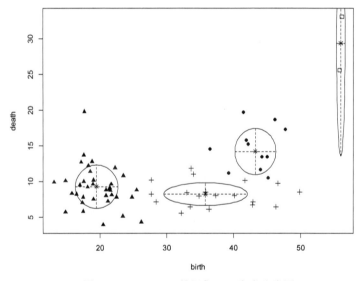

图 7-17　Countries 数据集 EM 聚类分类图

```
> names(countries_BICsum)                # 查看 countries_BICsum 中可获得的结果
[1] "modelName"      "n"          "d"      "G"              "bic"
[6] "loglik"         "parameters" "z"      "classification" "uncertainty"
> mclust2Dplot(countries[,-1],classification=countries_BICsum$classification,
  parameters=countries_BICsum$parameters,col="black")             # 绘制分类图
```

　　而使用 densityMclust()函数对各样本进行密度估计后，我们可以绘制出 2 维和 3 维密度图，分别如图 7-18 和图 7-19 所示。

```
> countries_Dens=densityMclust(countries[,-1])           # 对每一个样本进行密度估计
> plot(countries_Dens,countries[,-1],col="grey",nlevels=55)     # 作 2 维密度图
> plot(countries_Dens,type="persp",col = grey(0.8))          # 作 3 维密度图
```

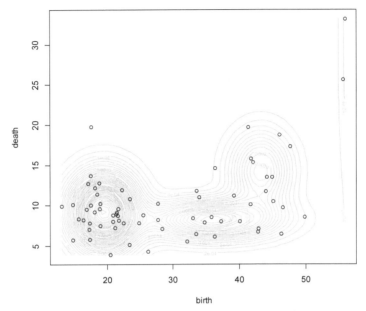

图 7-18　Countries 数据集 EM 聚类 2 维密度图

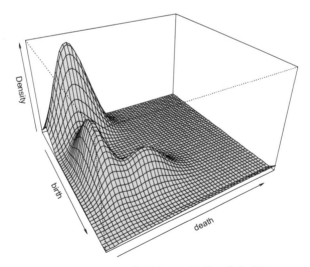

图 7-19　Countries 数据集 EM 聚类 3 维密度图

7.4 本章汇总

cluster	软件包	提供函数 pam()
cut_interval()	函数	对数据进行分段处理
cutree()	函数	用于树的剪枝
dbscan()	函数	DBSCAN 聚类算法核心函数
densityMclust()	函数	利用 Mclust() 的聚类结果对样本进行密度估计
dist()	函数	计算样本间距离
fpc	软件包	提供 dbscan() 函数
ggplot2	软件包	提供 cut_interval() 函数
hclust()	函数	系谱聚类核心函数
kmeans()	函数	K-均值聚类核心函数
legend()	函数	在图形中添加图例
mclust	软件包	提供函数 Mclust()、mclustBIC()、mclust2Dplot() 及 densityMclust()
Mclust()	函数	EM 算法聚类核心函数
mclust2Dplot()	函数	根据 EM 算法所生成参数对二维数据制图
mclustBIC()	函数	获取参数化高斯混合模型的 BIC 值
pam()	函数	K-中心聚类核心函数
rect.hclust()	函数	对系谱图添加矩形框
stats	软件包	提供函数 kmeans()、hclust()、cutree() 及 rect.hclust()
table()	函数	将对象形成表格
which.max()	函数	输出取值最大对象的下标值

第 **8** 章

判别分析

直接地说，判别分析顾名思义，就是判断样本所属的类别，其依据是那些已知类别样本的属性信息。

这就像医生根据医学知识和行医经验，在脑中建立起对各种病症的识别体系后，每来一位病人，医生通过查看各项症状就可判断出这位患者到底生了什么病。最简单的，我们都知道，头疼脑热流鼻涕多是感冒发烧，这里的"头疼"、"脑热"、"流鼻涕"就是属性信息，而"感冒发烧"则是根据上述属性信息所判断出的病症类别。

比较理论一些来说，判别分析就是根据已掌握的每个类别若干样本的数据信息，总结出客观事物分类的规律性，建立判别公式和判别准则；在遇到新的样本点时，再根据已总结出来的判别公式和判别准则，来判断出该样本点所属的类别。

8.1 概述

本章我们将介绍三大类主流的判别分析算法，分别为费希尔（Fisher）判别、贝叶斯（Bayes）判别和距离判别。

具体的，在费希尔判别中我们将主要讨论线性判别分析（Linear Discriminant Analysis，简称 LDA）及其原理一般化后的衍生算法，即二次判别分析（Quadratic Discriminant Analysis，简称 QDA）；而在贝叶斯判别中将介绍朴素贝叶斯分类（Naive Bayesian Classification）算法；距离判别我们将介绍使用最为广泛的 K 最近邻（k-Nearest Neighbor，简称 kNN）及有权重的 K 最近邻（Weighted k-Nearest Neighbor）算法。

下面我们对如上三大类算法中的五种具体判别技术分别进行简单的理论概述。

8.1.1　费希尔判别

费希尔判别的基本思想就是"投影"，即将高维空间的点向低维空间投影，从而简化问题进行处理。

投影方法之所以有效，是因为在原坐标系下，空间中的点可能很难被划分开，如图 8-1 中，当类别 I 和类别 II 中的样本点都投影至图中的"原坐标轴"后，出现了部分样本点的"影子"重合的情况，这样就无法将分属于这两个类别的样本点区别开来；而如果使用如图 8-2 中的"投影轴"进行投影，所得到的"影子"就可以被"类别划分线"明显地区分开来，也就是得到了我们想要的判别结果。

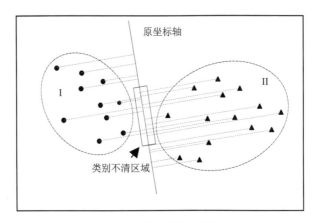

图 8-1　原坐标轴下判别

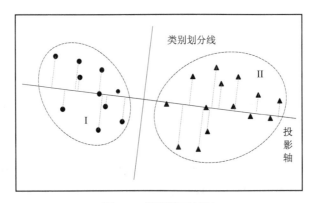

图 8-2　投影轴下判别

由上面的解说，我们可以发现，费希尔判别最重要的就是选择出适当的投影轴，对该投影轴方向上的要求是：保证投影后，使每一类之内的投影值所形成的类内离差尽可能小，而不同类之间的投影值所形成的类间离差尽可能大，即在该空间中有最佳的可分离性，以此获得较高的判别效果。

具体的，对于线性判别，一般来说，可以先将样本点投影到一维空间，即直线上，若效果不明显，则可以考虑增加一个维度，即投影至二维空间中，依次类推。而二次判别与线性判别的区别就在于投影面的形状不同，二次判别使用若干二次曲面，而非直线或平面来将样本划分至相应的类别中。

相比较来说，二次判别的适用面比线性判别函数要广。这是因为，在实际的模式识别问题中，各类别样本在特征空间中的分布往往比较复杂，因此往往无法用线性分类的方式得到令人满意的效果。这就必须使用非线性的分类方法，而二次判别函数就是一种常用的非线性判别函数，尤其是类域的形状接近二次超曲面体时效果更优。

8.1.2 贝叶斯判别

朴素贝叶斯的算法思路简单且容易理解。

理论上来说，它就是根据已知的先验概率 $P(A|B)$，利用贝叶斯公式

$$P(B \mid A) = \frac{P(A \mid B) P(B)}{P(A)}$$

求出后验概率 $P(B|A)$，即该样本属于某一类的概率，然后选择具有最大后验概率的类作为该样本所属的类。

通俗地说，就是对于给出的待分类样本，求出在此样本出现条件下各个类别出现的概率，哪个最大，就认为此样本属于哪个类别。

就像我们在听一位素未谋面的历史人物的事迹时，起先我们对他的态度是中立的，但若听到一些他的善言善行，这一信息就会使我们将他判断为功臣的概率增大一些，当然这些信息也可能是片面的，也许他同时做了更多的恶事，但在没有其他可用信息的情况下，我们会选择条件概率最大的类别。

朴素贝叶斯的算法原理虽然"朴素"，但用起来却很有效，其优势在于不怕噪声和无关变量。而明显的不足之处则在于，它假设各特征属性之间是无关的，当这个条件成立时，朴素贝叶斯的判别正确率很高，但不幸的是，在现实中各个特征属性间往往并非独立，而是具有较强相关性的，这样就限制了朴素贝叶斯分类的能力。

8.1.3 距离判别

距离判别的基本思想，就是根据待判定样本与已知类别样本之间的距离远近做出判别。

具体的，即根据已知类别样本信息建立距离判别函数式，再将各待判定样本的属性数据逐一

代入式中计算，得到距离值，再据此将样本判入距离值最小的类别的样本簇。

而本章将要讨论的 K 最近邻算法则是距离判别中使用最为广泛的，它的思路十分易于理解，即如果一个样本在特征空间中的 K 个最相似/最近邻的样本中的大多数属于某一个类别，则该样本也属于这个类别。

下面我们以图 8-3 所示为例来进行直观阐述。

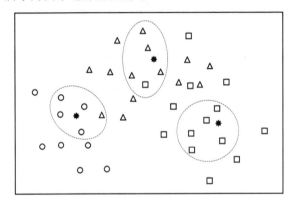

图 8-3   K 最近邻算法

图中有三个用实心点表示的待分类样本点，其周围分布着若干分别用圆形、三角形、正方形空心点表示出的三种已知类别的样本点。现在我们取 K=5，即圈出与待分类样本点最相近的 5 个样本点，然后查看它们的类别。这 5 个点中属于哪个类别的样本多，该未知样本就属于哪个类别。因而，从图中易于看出，这三个未知样本（从左至右）依次属于圆形、三角形、正方形类别。

K 最近邻方法在进行判别时，由于其主要依靠周围有限邻近样本的信息，而不是靠判别类域的方法来确定所属类别，因此对于类域的交叉或重叠较多的待分样本集来说，该方法较其他方法要更为适合。

而有权重的 K 最近邻算法则在 kNN 基础之上，对各已知类别样本点根据其距离未知样本点的远近，赋予了不同的权重，即距离越近的权重越大。如此即可更充分地利用待分类样本点周围样本的信息，一般来说，加入权重后的 kNN 算法判别效果更优。

8.2   R 中的实现

8.2.1   相关软件包

本章的 5 种判别算法在 R 中的实现主要涉及 4 个软件包中的相关函数，它们依次为 MASS、klaR、class 和 kknn。

其中，MASS 包的名称为 Modern Applied Statistics with S 的缩写，即 S 语言的现代应用统计，

该包中含有大量实用而先进的统计技术函数及适用数据集；klaR 与 class 都主要用于分类技术，其中 klaR 还含有若干用于可视化技术的函数；而 kknn 中则是基于有权重 K 最邻近原理的分类、回归及聚类技术的相关函数。

以下将实现 5 种算法的软件包及主要函数列示于表 8-1，供参考查看，这些软件包下载安装并加载后即可使用，过程不再赘述。

表 8-1　本节使用的各算法主要的软件包及函数

判别算法	软件包	主要函数
线性判别分析（LDA）	MASS	lda()
二次判别分析（QDA）		qda()
朴素贝叶斯分类	klaR	NaiveBayes()
K 最近邻（kNN）	class	knn()
有权重的 K 最近邻	kknn	kknn()

8.2.2　核心函数

这一部分我们将依次对 5 种算法的 5 个核心函数进行详细介绍，重复或类似函数参数将简要带过。

1. lda()函数

我们从表 8-1 知道，lda()函数是实现线性判别的核心函数，该函数有三种使用格式，在默认情况下，即使用对象为数据框 data.frame 时，其基本格式为：

```
lda(x, grouping, prior = proportions, tol = 1.0e-4,method, CV = FALSE, nu, ...)
```

另有分别适用于公式 formula 形式及矩阵 matrix 形式的两种格式：

```
lda(formula, data, ..., subset, na.action)
lda(x, grouping, ..., subset, na.action)
```

下面，我们来对这三种函数格式中的主要参数进行一一解说。

其中，x 为该函数将要处理的数据框 data.frame 或数据矩阵 matrix；formula 则放置用于生成判别规则的公式，以 y~x1+x2+x3 格式呈现；data 和 subset 都用于以 formula 为对象的函数格式中，分别用于指明该 formula 中变量所来自的数据集名称及所纳入规则建立过程的样本；grouping 则指明每个观测样本所属类别；prior 可设置各类别的先验概率，在无设置情况下，R 默认取训练集中各类别样本的比例；tol 用于保证判别效果，可通过设置筛选变量，默认取 0.0001；na.action 用于选择对于缺失值的处理，默认情况下，若有缺失值，则该函数无法运行，当更改设置为 na.omit 时，则自动删除在用于判别的特征变量中含有缺失值的观测样本。

2．qda()函数

该函数同 lda()一样，也有着三种分别用于数据框、公式和矩阵对象的函数格式，默认（数据框为对象）格式为：

```
qda(x, grouping, prior = proportions,method, CV = FALSE, nu, ...)
```

适用于公式及矩阵形式的两种格式分别为：

```
qda(formula, data, ..., subset, na.action)
qda(x, grouping, ..., subset, na.action)
```

其中，各格式下的参数与 lda()函数完全相同，不再重复说明。

3．NaiveBayes()函数

该函数有两种使用格式，一种为默认情况：

```
NaiveBayes(x, grouping, prior, usekernel = FALSE, fL = 0, ...)
```

当对象为公式时，则取：

```
NaiveBayes(formula, data, ..., subset, na.action = na.pass)
```

其中的 x、grouping、prior、formula、data 及 subset 参数不再赘述。需要注意的是，虽该函数中也有 na.action 参数，但与 lda()和 qda()中的不同，此处在默认情况下为 na.pass，表示不将缺失值纳入计算，并不会导致函数无法运行，当取值为 na.omit 时则与 lda()函数相同，表示删除相应的含有缺失值的观测样本。

另外，usekernel 参数用于选择函数计算过程中，密度估计所采用的算法，默认时取 FALSE，表示使用标准密度估计，也可通过取值为 TRUE，选择使用核密度估计法。

fL 用于设置进行拉普拉斯修正（Laplace Correction）的参数值，默认取 0，即不进行修正，该修正过程在数据量较小的情况下十分必要。这是因为朴素贝叶斯方法的一个致命缺点在于对稀疏数据问题过于敏感，它以各特征变量条件独立为前提，因此使用相乘的方式来计算所需结果，若其中任一项由于数据集中不存在满足条件的样本，使得该项等于 0，都会导致整体乘积结果为 0，得到无效判别结果。因此，为了解决这个问题，拉普拉斯修正就可以给未出现的特征值，赋予一个"小"的值而不是 0。

4．knn()函数

该函数的基本格式如下：

```
knn(train, test, cl, k = 1, l = 0, prob = FALSE, use.all = TRUE)
```

首先需要说明的是，knn()函数默认选择欧氏距离来寻找所需的 K 的最近样本，在可变参数中，train 和 test 参数分别代表训练集和测试集；cl 用于放置训练集中各已知类别样本的类别取值；k 为控制最近邻域大小的参数，含义详见上文算法理论；l 设置得到确切判别结果所需满足的最少

票数。prob 控制输出"胜出"类别的得票比例,比如 k=10 时,若其中有 8 个属于类别 1,2 个属于类别 2,类别 1 则为"胜出"类别,且 prob 取 TRUE 时,可输出该待判样本所对应的 prob 值为 8/10=0.8;use.all 用于选择再出现"结点"时的处理方式,所谓结点即指距离待判样本第 K 近的已知样本不止一个,比如,已知样本 i 和 j 与待判样本 n 的距离相等,都刚好第 K 近,那么当 use.all 默认取 TRUE 时就将 i 和 j 都纳入判别过程,这时 n 的 K 近邻就有 K+1 个样本,若 use.all 取 FALSE,则 R 软件会在 i 与 j 中随机选出一个以保证 K 近邻中刚好有 K 个样本。

5. kknn()函数

该函数的基本格式如下。

```
kknn(formula = formula(train), train, test, na.action = na.omit(),k = 7, distance =
2, kernel = "optimal", ykernel = NULL, scale=TRUE,contrasts = c('unordered' =
"contr.dummy", ordered = "contr.ordinal"))
```

其中 formula、train、test 等主要参数在之前的各函数中都已说明,此处仅解说 distance 参数。该参数用于设定选择计算样本间距离的具体方法,通过设定明氏距离(Minkowski Distance)中的参数来实现,取 1 或 2 时的明氏距离是最为常用的,参数取 2 即为欧氏距离,而取 1 时则为曼哈顿距离,当取无穷时的极限情况下,可以得到切比雪夫距离。

8.2.3 数据集

我们本章选用 kknn 软件包中的 miete 数据集进行算法演示,该数据集记录了 1994 年慕尼黑的住房租金标准中的一些有趣变量,比如房子的面积、是否有浴室、是否有中央供暖、是否供应热水等,这些都影响并决定着租金的高低。

1. 数据概况

首先来简单了解一下该数据集。

```
> library(kknn)                          # 加载 kknn 软件包
> data(miete)                            # 获取 miete 数据集
> head(miete)                            # 查看 miete 数据集前若干条数据
    nm      wfl bj     bad0 zh ww0 badkach fenster kueche mvdauer bjkat wflkat
1   693.29  50  1971.5 0    1  0   0       0       0      0       4     1
2   736.60  70  1971.5 0    1  0   0       0       0      26      4     2
3   732.23  50  1971.5 0    1  0   0       0       0      1       4     1
4   1295.14 55  1893.0 0    1  0   0       0       0      0       1     2
5   394.97  46  1957.0 0    0  1   0       0       0      27      3     1
6   1285.64 94  1971.5 0    1  0   1       0       0      2       4     3
    nmqm      rooms nmkat adr wohn
1   13.865800 1     3     2   2
2   10.522857 3     3     2   2
3   14.644600 1     3     2   2
4   23.548000 3     5     2   2
```

```
5    8.586304    3        1        2        2
6    13.677021   4        5        2        2
> dim(miete)                                    # 显示 miete 数据集维度
[1] 1082  17
```

我们看到，该数据集共含有 1082 条样本和 17 个变量，下面我们根据 summary()函数所得的变量信息，并参照各变量的实际含义，将这些变量逐一理清，并选出我们将要使用的部分变量，见表 8-2。

```
> summary(miete)                          # 获取 miete 数据集中各变量的基本信息
nm                wfl              bj            bad0    zh       ww0
Min.   : 127.1   Min.   : 20.00   Min.   :1800   0:1051  0:202   0:1022
1st Qu.: 543.6   1st Qu.: 50.25   1st Qu.:1934   1:  31  1:880   1:  60
Median : 746.0   Median : 67.00   Median :1957
Mean   : 830.3   Mean   : 69.13   Mean   :1947
3rd Qu.:1030.0   3rd Qu.: 84.00   3rd Qu.:1972
Max.   :3130.0   Max.   :250.00   Max.   :1992

badkach fenster kueche   mvdauer           bjkat   wflkat   nmqm
0:446   0:1024  0:980    Min.   : 0.00     1:218   1:271    Min.   : 1.573
1:636   1:  58  1:102    1st Qu.: 2.002    :154    2:513    1st Qu.: 8.864
                         Median : 6.00     3:341   3:298    Median :12.041
                         Mean   :10.63     4:226            Mean   :12.647
                         3rd Qu.:17.00     5: 79            3rd Qu.:16.135
                         Max.   :82.00     6: 64            Max.   :35.245

rooms           nmkat    adr      wohn
Min.   :1.000   1:219    1:  25   1: 90
1st Qu.:2.000   2:230    2:1035   2:673
Median :3.000   3:210    3:  22   3:319
Mean   :2.635   4:208
3rd Qu.:3.000   5:215
Max.   :9.000
```

表 8-2　各变量概况及本章是否使用

序　号	变量名称	变量类型	实际含义	是否使用	不使用原因
1	nm	定量	净租金（单位：德国马克）	否	使用相应的定性变量 nmkat
2	wfl	定量	占地面积（单位：平方米）	是	—
3	bj	定量	建造年份	否	使用相应的定性变量 bjkat
4	bad0	定性	是否有浴室 （1 无；0 有）	是	—
5	zh	定性	是否有中央供暖 （1 有；0 无）	是	—

续表

序　　号	变量名称	变量类型	实际含义	是否使用	不使用原因
6	ww0	定性	是否提供热水 （1 无；0 有）	是	—
7	badkach	定性	是否有铺瓷砖的浴室 （1 有；0 无）	是	—
8	fenster	定性	窗户类型 （1 普通；0 优质）	是	—
9	kueche	定性	厨房类型 （1 设施齐全；0 普通）	是	—
10	mvdauer	定量	可租赁期（单位：年）	是	—
11	bjkat	定性	按区间划分的建造年份 bj （1：1919 年前；2：1919-1948 年；3：1949-1965 年；4：1966-1977 年；5：1978-1983 年；6：1983 年后）	是	—
12	wflkat	定性	按区间划分的占地面积 wfl （1：少于 50 平方米；2：51-80 平方米；3：至少 81 平方米）	否	使用相应的定 量变量 wfl
13	nmqm	定量	净租金/每平方米	是	—
14	rooms	定性	房间数	是	—
15	**nmkat**	定性	按区间划分的净租金 nm （1：少于 500 马克；2：500-675 马克；3：675-850 马克；4：850-1150 马克；5：至少 1150 马克）	是	—
16	adr	定性	地理位置 （1 差；2 中；3 优）	是	—
17	wohn	定性	住宅环境 （1 差；2 中；3 优）	是	—

　　按照表 8-2 所示，我们在数据集中剔除含义重复的第 1、3、12 这三个变量，取余下的 14 个变量进行处理。且其中我们选择第 15 个变量——按区间划分的净租金（nmkat）作为待判别变量，一是由于该变量在含义上受其他各变量的影响，为被解释变量；二是由 summary() 输出结果可知，nmkat 共含有 5 个类等级别，其相应样本量依次为 219、230、210、208、215，即每一类的样本量都为 200 多个，分布较为均匀。

　　该净租金 nmkat 变量的 5 个等级的含义依次为：1 表示租金少于 500 马克，2 表示租金介于

500 和 675 马克之间，3 表示租金介于 675 和 850 马克之间，4 表示租金介于 850 和 1150 马克之间，5 表示租金不低于 1150 马克，简单来说，即租金额依次增加。

2. 数据预处理

下面我们将该数据集划分出训练集和测试集为后续算法处理做准备。

为提高判别效果，我们考虑采用分层抽样的方式，且由于前面所说的待判别变量 nmkat 的样本取值在 5 个等级中分布均匀，因此在分层抽样过程中对这 5 个等级抽取等量样本。具体实施程序如下：

```
> library(sampling)            # 加载用于获取分层抽样函数 strata() 的软件包 sampling
> n=round(2/3*nrow(miete)/5)
                              # 按照训练集占数据总量 2/3 的比例，计算每一等级中应抽取的样本量
> n                            # 显示训练集中 nmkat 变量每一等级中需抽取样本量
[1] 144
> sub_train=strata(miete,stratanames="nmkat",size=rep(n,5),method="srswor")
                              # 以 nmkat 变量的 5 个等级划分层次，进行分层抽样
> head(sub_train)
# 显示训练集抽取情况，包括 nmkat 变量取值、该样本在数据集中的序号、被抽取到的概率，以及所在层次
        nmkat    ID_unit    Prob          Stratum
1       3        1          0.6857143     1
2       3        2          0.6857143     1
3       3        3          0.6857143     1
8       3        8          0.6857143     1
16      3        16         0.6857143     1
22      3        22         0.6857143     1
> data_train=getdata(miete[,c(-1,-3,-12)],sub_train$ID_unit)
                              # 获取如上 ID_unit 所对应的样本构成训练集，并剔除变量 1、3、12
> data_test=getdata(miete[,c(-1,-3,-12)],-sub_train$ID_unit)
                         # 获取除 ID_unit 所对应样本之外的数据构成测试集，并剔除变量 1、3、12
> dim(data_train);dim(data_test)              # 显示训练集、测试集维度，检查抽样结果
[1] 720  14
[1] 362  14
> head(data_test)                             # 显示测试集的前若干条数据
    wfl  bad0  zh  ww0  badkach  fenster  kueche  mvdauer  bjkat  nmqm       rooms
5   46   0     0   1    0        0        0       27       3      8.586304   3
7   28   0     1   0    0        1        1       9        4      17.011071  1
9   33   0     1   0    0        0        0       1        4      25.840606  1
13  50   0     1   0    1        0        0       4        3      10.550800  2
17  79   0     1   0    0        0        0       20       4      7.507215   3
19  145  0     1   0    1        0        1       2        4      18.482759  4
    nmkat  adr   wohn
5   1      2     2
7   1      2     2
```

```
9    4       2       2
13   2       2       2
17   2       2       2
19   5       3       3
```

至此，数据理解和预处理过程结束，最终得到可直接使用的训练集 data_train 与测试集 data_test。

8.3　应用案例

下面我们开始运用 R 软件对 miete 数据集依次以 5 种算法展开判别分析，与介绍各算法核心函数时一样，各算法间相类似的执行过程将不再赘述。

8.3.1　线性判别分析

通过前面的理论概述和核心函数解说等部分，我们已经知道，线性判别与二次判别无论在原理或是函数使用上都极为相似，因此该部分我们仅对线性判别分析在 R 中的实现进行详细讨论，二次判别的实现，读者类似可得。

我们已经知道，执行线性判别分析可使用 lda() 函数，且该函数有三种执行形式，以下我们来一一尝试使用。

首先安装并加载所需软件包 MASS：

```
> install.packages("MASS")                        # 安装 MASS 软件包
> library(MASS)                                   # 加载 MASS 软件包
```

1．公式 formula 格式

我们使用 nmkat 变量作为待判别变量，其他剩余的变量作为特征变量，根据公式 nmkat~.，使用训练集数据来运行 lda() 函数。

```
> fit_lda1=lda(nmkat~.,data_train)                # 以公式格式执行线性判别
> names(fit_lda1)                                 # 查看 lda() 可给出的输出项名称
[1] "prior"   "counts"  "means"   "scaling" "lev"   "svd"    "N"
[8] "call"    "terms"   "xlevels"
```

我们看到，可以根据 lda() 函数得到 10 项输出结果，分别为执行过程中所使用的先验概率 prior、数据集中各类别的样本量 counts、各变量在每一类别中的均值 means 等。

以下我们仅选择输出其中的前三项，其他结果可自行输出查看。

```
> fit_lda1$prior                              # 查看本次执行过程中所使用的先验概率
1   2   3   4   5
0.2 0.2 0.2 0.2 0.2
```

```
> fit_lda1$counts                              # 查看数据集 data_train 中各类别的样本量
1   2   3   4   5
144 144 144 144 144
```

由于我们在之前的抽样过程中采用的是 nmkat 各等级的等概率分层抽样方式，因此如上各类别的先验概率和样本量在 5 个等级中都是相等的。具体的，5 类的先验概率都为 0.2，之和为 1，且训练集中每一类都抽出了 144 个样本。

```
> fit_lda1$means                               # 查看各变量在每一类别中的均值
    wfl       bad01         zh1        ……   adr.Q        wohn.L       wohn.Q
1   56.57639  0.104166667   0.5763889……  -0.7739707   0.06874649   -0.3402069
2   59.42361  0.034722222   0.8055556……  -0.7739707   0.07856742   -0.4422690
3   65.96528  0.006944444   0.8333333……  -0.7569604   0.12767206   -0.3912379
4   74.00694  0.013888889   0.9027778……  -0.7824759   0.18168716   -0.3657224
5   93.80556  0.006944444   0.9236111……  -0.7399500   0.28480690   -0.2041241
```

在如上的均值输出结果中，我们可以看到一些很能反映现实情况的数据特征。比如，对于占地面积 wfl 变量，它明显随着租金 nmkat 的升高而逐步提高，我们看到在租金为等级 1（少于 500 马克）时，占地面积的均值仅为 56.58 平方米，而对于租金等级 5（租金不低于 1150 马克），平均占地面积则达到了 93.81 平方米。面积越大的房屋租金越贵，这是十分符合常识的。

另外，我们也可以将判别分析结果直接输出如下，软件默认输出建立判别规则的命令 call，上面提及的 prior 与 means，以及线性判别过程中将各观测样本转换生成判别规则，即各判别式中所使用的参数矩阵 scaling。

```
> fit_lda1                                     # 输出判别分析的各项结果
Call:
lda(nmkat ~ ., data = data_train)
Prior probabilities of groups:
1         2         3         4         5
0.2052154 0.2165533 0.1848073 0.1961451 0.1972789
Group means:
    wfl       bad01         zh1        ……   adr.Q        wohn.L       wohn.Q
1   55.30939  0.066298343   0.5635359……  -0.7826638   0.05860001   -0.3631380
2   59.96335  0.020942408   0.8115183……  -0.7523738   0.09255324   -0.3868740
3   66.34356  0.024539877   0.8343558……  -0.7714139   0.14749467   -0.3656702
4   71.21965  0.011560694   0.9075145……  -0.7952582   0.17575486   -0.3704912
5   92.10345  0.005747126   0.9367816……  -0.7179539   0.28446825   -0.2393180
Coefficients of linear discriminants:
          LD1         LD2          LD3          LD4
wfl       0.061275204  0.02602618  -0.01224829  -0.02030533
bad01     0.247538463  0.68263305   0.56849775  -0.31539525
zh1       0.037415192 -1.26170634  -0.49914922  -0.16022250
```

```
ww01        -0.460709832        0.52706450   2.10451826   0.47767419
......
adr.L       -0.194196686        2.00385106   2.50131497   -0.70063207
adr.Q       -0.159842712        0.52728809   -2.35982802  0.17450095
wohn.L      0.075276190         -0.17923864  -0.71629211  0.28249317
wohn.Q      -0.012508651        0.31759006   0.30572340   -0.03848900
Proportion of trace:
LD1     LD2      LD3      LD4
0.9680  0.0215   0.0055   0.0050
```

2. 数据框 data.frame 及矩阵 matrix 格式

由于这两种函数格式的主体参数都为 x 与 grouping，我们放在一起实现，程序代码如下。由于输出结果类似仅格式不同，不再对生成项进行重复说明。

```
> fit_lda2=lda(data_train[,-12],data_train[,12])
# 分别设置属性变量(除第 12 个变量 nmkat 外)与待判别变量(第 12 个变量 nmkat)的取值，并记为 fit_lda2
> fit_lda2                                        # 输出 fit_lda2 的判别分析结果
Call:
lda(data_train[, -12], data_train[, 12])
Prior probabilities of groups:
1     2    3    4    5
0.2   0.2  0.2  0.2  0.2
Group means:
    wfl       bad0        zh        ...... rooms      adr        wohn
1 56.57639  1.104167    1.576389...... 2.180556   1.979167   2.097222
2 59.42361  1.034722    1.805556...... 2.333333   1.965278   2.111111
3 65.96528  1.006944    1.833333...... 2.520833   1.979167   2.180556
4 74.00694  1.013889    1.902778...... 2.854167   2.013889   2.256944
5 93.80556  1.006944    1.923611...... 3.312500   2.048611   2.402778
Coefficients of linear discriminants:
        LD1           LD2          LD3          LD4
wfl     0.059249511   0.03103403   0.008806923  0.03894213
bad0    0.107160833   1.86321427   1.476389727  -1.97352420
zh      0.149607574   -1.15784736  -0.166456059 -0.10977465
ww0     -0.270569095  1.14653517   -2.151356128 -2.10895207
......
nmqm    0.352353857   -0.06577035  -0.080218154 -0.01779773
rooms   0.159237559   -0.55429927  -0.216095715 -1.07637636
adr     -0.127520418  0.71498851   -0.176048597 -1.51697353
wohn    -0.018294878  0.25072158   -0.015153731 -0.07468328
Proportion of trace:
LD1     LD2      LD3      LD4
0.9745  0.0184   0.0038   0.0033
```

3. 判别规则可视化

我们首先使用 plot()直接以判别规则 fit_lda1 为对象输出图形，如图 8-4 所示。

```
> plot(fit_lda1)                              # 对判别规则 fit_lda1 输出图形
```

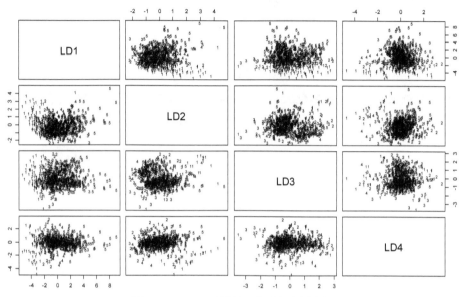

图 8-4　fit_lda1 判别规则四判别式图形

从图 8-4 可以看到，在所有 4 个线性判别式（Linear Discriminants，即 LD）下 1 至 5 这 5 个类别的分布情况，不同类别样本已用相应数字标出。

另外，我们可以通过 dimen 参数的设定来控制输出图形中所使用的判别式个数，比如下面分别以 dimen=1 和 2 为例生成图形，分别如图 8-5 和图 8-6 所示。

需要说明的是，当 dimen 的参数取值大于总共的判别式个数时，则默认取所有判别式，比如此处若将 dimen 设为 5，则生成四判别式图形。

生成一、二判别式图形的程序代码分别如下：

```
> plot(fit_lda1,dimen=1)                      # 对判别规则 fit_lda1 输出 1 个判别式的图形
> plot(fit_lda1,dimen=2)                      # 对判别规则 fit_lda1 输出 2 个判别式的图形
```

从图 8-5 与图 8-6 中，我们大致可以看出，租金等级从 1 至 5 相对应的样本点在图中基本呈现从左往右依次散开的趋势，这与租金额依次增加的趋势是一致的；且 1 与 5 等级的样本点较为分散，2、3、4 这三个中等租金额的样本点则聚集在一起。

group 1

group 2

group 3

group 4

group 5

图 8-5　判别规则一判别式图形

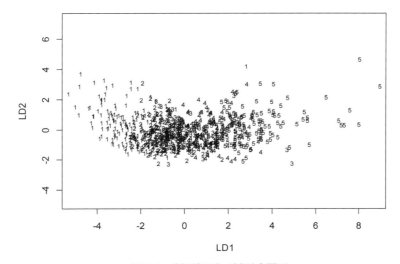

图 8-6　判别规则二判别式图形

4. 对测试集待判别变量取值进行预测

下面我们来使用之前得到的判别规则 fit_lda1 来对测试集 data_test 中的待判别变量 nmkat 的类别进行预测。

```
> pre_lda1=predict(fit_lda1,data_test)
                              #使用判别规则 fit_lda1 预测 data_test 中 nmkat 变量的类别
```

得到预测结果 pre_lda1 后，我们来选择输出其中的两项重要结果——各样本的预测类别 class，以及在预测过程中各样本属于每一类别的后验概率 posterior。

```
> pre_lda1$class                              # 输出 data_test 中各样本的预测结果
[1] 2 3 4 5 3 4 1 3 2 4 4 4 4 2 2 3 1 1 2 3 2 1 3 2 1 1 4 4 4 2 2 5 2 4 2 2 2 1 3 4
2 4 1 1
......
[353] 2 3 4 5 4 5 2 5 4 2
Levels: 1 2 3 4 5
> pre_lda1$posterior                              # 输出各样本属于每一类别的后验概率
       1                  2                  3              4              5
2    3.917174e-02     5.189057e-01  3.477703e-01   9.408894e-02   6.336783e-05
......
1081 7.173489e-02     5.345845e-01  3.025246e-01   9.089547e-02   2.605064e-04
```

将 class 与 posterior 的输出结果相结合来看，我们知道每一样本属于各类别的后验概率最高者为该样本被判定的类别。比如，posterior 输出项中序号为"2"的样本属于第 2 类的概率最高，约为 0.52，因此该样本在此次判别中被归为类别 2。

为了进一步评价本次判别的效果，我们可以生成测试集中 nmkat 变量的预测结果与其实际类别的混淆矩阵，代码如下：

```
> table(data_test$nmkat,pre_lda1$class)      # 生成 nmkat 变量的预测值与实际值的混淆矩阵
     1    2    3    4    5
  1  53   17    2    3    0
  2  13   50   18    5    0
  3   1   18   33   14    0
  4   0    0   22   39    3
  5   0    0    0   19   52
```

由上面的混淆矩阵，行表示实际的类别，列表示预测判定的类别。在 362 个测试样本中，实际属于第 1 类的有 75 个，而由判定结果，75 个样本中，有 53 个判定正确，17 个错判成第 2 类，2 个错判成第 4 类。且该矩阵的非对角线上的元素之和为 135，也就是说 135 个样本被判错了，错误率则可以通过计算得到，为 0.3729282=135/362。

其中，属于第 3 类的样本被错分的个数最多，共有 32 个（约占总量的一半）被错误分类。这之中有 18 个被错分入类别 2，14 个分入类别 4。这很可能是由于类别 3 与类别 2、4 的样本之间相似度太高，表现在图形中即为有较大的重叠区域所导致的分类困难，正如我们在图 8-5 与图

8-6 中所看到的，2、3、4 这三个中等租金额的样本点聚集在一起难以分割。

另外，我们也可以直接计算该次判别的错误率来评价分类效果，计算过程如下，最终所得错误率为 0.373。

```
> error_lda1=sum(as.numeric(as.numeric(pre_lda1$class)!=as.numeric(data_
    test$nmkat)))/nrow(data_test)          # 计算错误率
> error_lda1                               # 输出错误率
[1] 0.3729282
```

8.3.2　朴素贝叶斯分类

下面我们开始使用 NaiveBayes()函数来实现朴素贝叶斯分类算法，同线性判别的核心函数一样，我们分为两种函数格式来分别介绍。

安装并加载 klaR 软件包后即可使用：

```
> install.packages("klaR")                 # 安装 klaR 软件包
> library(klaR)                            # 加载 klaR 软件包
```

1.　公式 formula 格式

以 nmkat 为待判别变量，以 data_train 来生成贝叶斯判别规则，过程如下：

```
> fit_Bayes1=NaiveBayes(nmkat~.,data_train)
          #以 nmkat 为待判别变量，以 data_train 来生成贝叶斯判别规则，记为 fit_Bayes1
> names(fit_Bayes1)                    # 显示 fit_Bayes1 所包含的输出项名称
[1] "apriori"  "tables"  "levels"  "call"  "x"  "usekernel"  "varnames"
```

这 7 项输出结果中，apriori()与 lda()函数所给出的 prior 项一样，记录了该次执行过程中所使用的先验概率：

```
> fit_Bayes1$apriori
grouping
1    2    3    4    5
0.2  0.2  0.2  0.2  0.2
```

tables 项储存了用于建立判别规则的所有变量在各类别下的条件概率，这是运行贝叶斯判别算法中的一个重要过程：

```
> fit_Bayes1$tables
$wfl
    [,1]        [,2]
1   56.57639    23.00185
2   59.42361    21.07150
3   65.96528    18.91624
4   74.00694    23.04738
5   93.80556    31.78034
$bad0
```

```
grouping      0                  1
1             0.8958333          0.104166667
2             0.9652778          0.034722222
3             0.9930556          0.006944444
4             0.9861111          0.013888889
5             0.9930556          0.006944444
......
$adr
grouping      1                  2                  3
1             0.027777778        0.9652778          0.006944444
2             0.034722222        0.9652778          0.000000000
3             0.034722222        0.9513889          0.013888889
4             0.006944444        0.9722222          0.020833333
5             0.006944444        0.9375000          0.055555556
$wohn
grouping      1                  2                  3
1             0.14583333         0.6111111          0.2430556
2             0.09722222         0.6944444          0.2083333
3             0.08333333         0.6527778          0.2638889
4             0.05555556         0.6319444          0.3125000
5             0.04861111         0.5000000          0.4513889
```

如上，我们可以从 tables 项的输出结果中挖掘出许多有意思的信息。

比如，变量"$bad0"部分记录了"是否有浴室"变量在各租金等级下，取 0（有浴室）和 1（无浴室）的概率。具体的，在等级 1（不足 500 马克）的租金水平下，有浴室的占到约 89.6%，无浴室的占 10.4%，而且我们看到这两列数据在各租金水平下的取值差异并不大，最贵的房子（等级 5）中有 99.3%有浴室，而最便宜的房子（等级 1）中也约有 90%配有浴室。由此，我们可以认为浴室基本是出租房屋的必备部件，是一种硬需求，对租金水平的高低没有决定性作用。

而地理位置 adr 和住宅环境 wohn 变量的情况就与 bad0 变量不太相同，这两个变量的取值有着明显的趋势：随着租金水平的提高（等级 1 至等级 5），地理位置/住宅环境较差（取 1）的房子越来越少，地段较好（取 3）的房子越来越多。可见，像地段、环境这种软需求对于房价的影响是不可忽视的，一个优良的环境和便利的地段往往可以提升租金。

剩余的判别变量等级项 levels、判别命令项 call、是否使用标准密度估计 usekernel，以及参与判别规则制定的特征变量名 varnames 这几项的输出结果列示如下。

```
> fit_Bayes1$levels
[1] "1" "2" "3" "4" "5"
> fit_Bayes1$call
NaiveBayes.default(x = X, grouping = Y)
> fit_Bayes1$usekernel
[1] FALSE
> fit_Bayes1$varnames
```

```
[1] "wfl" "bad0" "zh" "ww0" "badkach" "fenster" "kueche" "mvdauer" "bjkat"
[10] "nmqm" "rooms" "adr" "wohn"
```

2．各类别下变量密度可视化

我们按照如上得到的判别规则 fit_Bayes1，以参与规则建立的其中三个定量变量为例来查看其密度图像。

这三个变量分别为占地面积 wfl、租赁期 mvdauer，以及每平方米净租金 nmqm。

现将图像输出的程序代码列示如下：

```
> plot(fit_Bayes1,vars="wfl",n=50,col=c(1,"darkgrey",1,"darkgrey",1))
                                        # 对占地面积 wfl 绘制各类别下的密度图
> plot(fit_Bayes1,vars="mvdauer",n=50,col=c(1,"darkgrey",1,"darkgrey",1))
                                        # 对租赁期 mvdauer 绘制各类别下的密度图
> plot(fit_Bayes1,vars="nmqm",n=50,col=c(1,"darkgrey",1,"darkgrey",1))
                                        # 对每平方米净租金 nmqm 绘制各类别下的密度图
```

运行程序，依次得到图 8-7、图 8-8 与图 8-9。现在我们来逐一观察分析这三张图形。

首先来看图 8-7，对于占地面积 wfl 变量，我们可以看到分别对应于 5 个租金等级的 5 条曲线的最高点从 1 至 5 依次右移，即所对应的占地面积水平依次提高，这是符合常识理解的，面积越大的房屋租金往往越高。

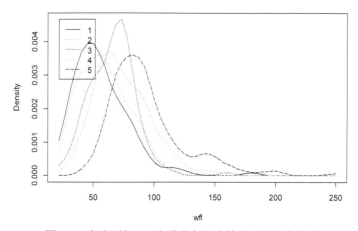

图 8-7　占地面积 wfl 变量在各租金等级下的密度曲线

具体的，可以观察到，1 至 3 租金等级的样本多集中于 40 至 60 平方米的占地面积水平，而 4、5 等级，即租金高于 850 马克的房屋则在 70～90 平方米左右。

接下来我们观察图 8-8，租赁期 mvdauer 变量在各租金等级下的 5 条曲线有着一个极为明显的特征——租金等级为 5 的房租的租赁年限远低于其他 4 个等级，前 4 个等级的租赁期多为 2、3 年至 30、40 年不等，而等级 5 的租赁期则基本都集中于 2 年左右。

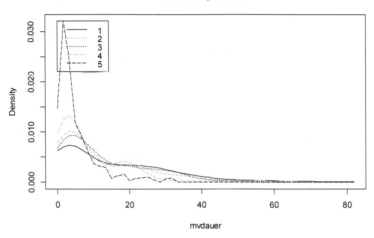

图 8-8　租赁期 mvdauer 变量在各租金等级下的密度曲线

最后一个图 8-9 中的每平方米净租金 nmqm 变量在各租金水平下的分布看起来要均匀一些，即租金越高的房屋每平方米租金就越高，5 条曲线按照等级顺序平稳依次右移，这也是符合我们理解的，单位面积租金高则总租金会高。

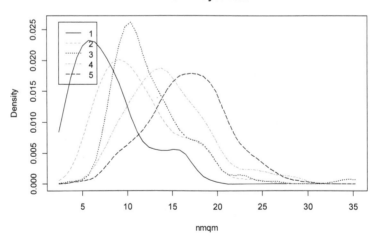

图 8-9　每平方米净租金 nmqm 变量在各租金等级下的密度曲线

3. 默认格式

在默认格式，即函数运行对象为数据框或数据矩阵时，我们以如下方式放置各参数，这与线性判别的默认格式是类似的。

以默认格式建立贝叶斯判别规则，分别设置属性变量（除第 12 个变量 nmkat 外）与待判别变量（第 12 个变量 nmkat）的取值，并记为 fit_Bayes2，程序代码列示如下：

```
> fit_Bayes2=NaiveBayes(data_train[,-12],data_train[,12])
```

其输出结果和公式格式下的输出项完全相同，这里不再赘述，读者可自行获取分析。

4. 对测试集待判别变量取值进行预测

与讨论线性判别的效果时一样，我们以混淆矩阵和错误率两种方式来评价贝叶斯判别的预测效果，下面首先根据 fit_Bayes1 判别规则对测试集进行预测。

```
> pre_Bayes1=predict(fit_Bayes1,data_test)      # 根据fit_Bayes1判别规则对测试集进行预测
> pre_Bayes1                                     # 显示预测结果
$class
2    8   15   18   20   22   23   28   33   34   35   37   38   41
3    2    4    5    3    2    1    2    2    4    2    4    4    2
......
1016 1025 1029 1031 1032 1033 1036 1041 1042 1043 1044 1050 1051 1055
2    2    2    2    5    4    4    2    3    4    3    5    4    3
1056 1057 1058 1063 1068 1070 1074 1075 1076 1077 1080 1081
4    5    4    2    5    5    5    5    1    5    2    2
Levels: 1 2 3 4 5
$posterior
             1             2             3             4             5
2    4.693442e-02  2.458889e-01  6.232837e-01  7.124958e-02  1.264336e-02
8    1.615014e-02  7.882503e-01  1.222901e-01  6.733014e-02  5.979348e-03
......
1080 6.188528e-03  7.661033e-01  1.884353e-01  3.681011e-02  2.462824e-03
1081 6.431204e-02  5.272384e-01  2.187614e-01  1.659680e-01  2.372022e-02
```

这与我们前面所讨论的线性判别预测的输出结果相同，都包括各样本的预测类别 class 和预测过程中各样本属于每一类别的后验概率 posterior 这两项，且每一样本属于各类别的后验概率最高者为该样本被判定的类别。如：2 号样本以 0.6232 的后验概率为最高，被判定为类别 3。

```
> table(data_test$nmkat,pre_Bayes1$class)      # 生成nmkat的真实值和预测值的混淆矩阵
      1    2    3    4    5
  1  41   26    4    1    3
  2  10   31   33    9    3
  3  10   19   26    8    3
  4   3    3   18   28   12
  5   0    0    4   10   57
```

由混淆矩阵我们可以看出，1、2、3、4、5 类中分别有 41、31、26、28、57 个样本被正确分类。其中第 1、5 类中的大部分样本被正确分类，而差异性较小的 2、3、4 类则大部分没有被正确分类。

```
> error_Bayes1=sum(as.numeric(as.numeric(pre_Bayes1$class)!=as.numeric(data_
   test$nmkat)))/nrow(data_test)          # 计算贝叶斯判别预测错误率
> error_Bayes1                            # 输出贝叶斯判别预测错误率
[1] 0.4944751
```

我们看到预测错误率约为 50%，可以说判别效果不佳，基本等同于纯猜测所得到的正确程度。这很可能是由于该数据集变量不符合朴素贝叶斯判别执行的前提条件——各变量条件独立，即参与建立判别规则的这些变量是有着较显著的相关性的，这就很大程度上影响了预测效果的好坏。

而在实际数据中，变量间往往都多多少少有着相互关联性，因此，同样基于贝叶斯原理的贝叶斯网络（又称贝叶斯信念网络或信念网络）是贝叶斯判别中更高级、应用范围更广的一种算法。它放宽了变量无关的这一假设，将贝叶斯原理和图论相结合，建立起一种基于概率推理的数学模型，对于解决复杂的不确定性和关联性问题有很强的优势。该算法原理较为复杂，有兴趣的读者可参考更多资料进行学习。

8.3.3 K 最近邻

这部分即将要讨论的 K 最近邻和后面的有权重 K 最近邻算法在 R 中的实现，与前面几种有着明显不同，其核心函数 knn() 与 kknn() 集判别规则的"建立"和"预测"这两个步骤于一体，即不需在规则建立后再使用 predict() 函数来进行预测，可由 knn() 和 kknn() 一步实现。

下面，我们开始使用 knn() 函数来执行 K 最近邻算法。同样的，首先安装并加载相应软件包 class。

```
> install.packages("class")              # 安装 class 软件包
> library(class)                         # 加载 class 软件包
```

按照次序向 knn() 函数中依次放入训练集中各属性变量（除第 12 个变量 nmkat）、测试集（除第 12 个变量 nmkat）、训练集中的判别变量（第 12 个变量 nmkat），并首先取 K 的默认值 1 进行判别。

```
> fit_pre_knn=knn(data_train[,-12],data_test[,-12],cl=data_train[,12])
                          # 建立 K 最近邻判别规则，并对测试集样本进行预测
> fit_pre_knn             # 输出在 K 最近邻判别规则下的判别结果
[1] 2 2 4 5 3 4 1 2 2 4 4 4 4 2 3 3 1 1 2 4 2 2 2 4 1 1 4 2 2 2 1 5 3 4 2 4 2 2 4 5
2 5 2 1
……
[353] 2 3 5 5 4 5 3 5 2 3
Levels: 1 2 3 4 5
```

由如上两条简单的程序即可得到我们想要的预测结果，下面来进一步看预测效果。

```
> table(data_test$nmkat,fit_pre_knn)        # 生成 nmkat 真实值与预测值的混淆矩阵
  fit_pre_knn
      1    2    3    4    5
  1  49   21    3    2    0
  2   9   51   22    4    0
  3   0   17   35   14    0
  4   0    0   13   47    4
  5   0    0    1    6   64
```

由混淆矩阵我们看到，nmkat 的 5 个类别分别有 49、51、35、47、64 个样本被正确分类，第 5 类被正确分类的样本最多。

```
> error_knn=sum(as.numeric(as.numeric(fit_pre_knn)!=as.numeric(data_test$nmkat)))/
  nrow(data_test)                           # 计算错误率
> error_knn                                 # 输出错误率
[1] 0.320442
```

我们看到 K 取 1 时，K 最近邻的预测错误率仅为 0.32，判别效果较前几种算法都要好。这与数据集的特点密不可分，在其他的数据中也可能是另一种算法表现更优，在实际中需注意针对不同数据集选取使用不同的挖掘算法。

下面我们通过调整 K 的取值，选择出最适合于该数据集的 K 值，将寻找范围控制在 1 至 20，由如下 for 循环实现：

```
> error_knn=rep(0,20)
                 # 对将用于储存 K 取 1 至 20 时预测错误率的 error_knn 变量赋初始值为 0
> for(i in 1:20)                                    # 构造 for 循环
+ { fit_pre_knn=knn(data_train[,-12],data_test[,-12],cl=data_train[,12],k=i)
                 # 构造 K 最近邻判别规则并预测，预测结果存于 fit_pre_knn
+ error_knn[i]=sum(as.numeric(as.numeric(fit_pre_knn)!=as.numeric
  (data_test$nmkat)))/nrow(data_test)}   # 计算取每一个 K 值时所得到的错误率 error_knn
> error_knn                              # 显示错误率向量 error_knn 的 20 个取值
 [1] 0.3204420 0.3453039 0.3066298 0.3176796 0.3204420 0.3591160 0.3425414 0.3453039
 [9] 0.3535912 0.3591160 0.3701657 0.3618785 0.3756906 0.3922652 0.4005525 0.4060773
[17] 0.4033149 0.3977901 0.3950276 0.4060773
```

得到上面的数值结果后，我们来对这 20 个错误率的值作折线图，如图 8-10 所示，直观地看一看 K 取何值时所对应的错误率最小。

```
> plot(error_knn,type="l",xlab="K")                 # 对 20 个错误率值作折线图
```

由图 8-10 我们清晰地看出，对于该数据集，当 K 取 3 时预测效果最佳，且查看前面的数值结果，此时的错误率仅为 0.31。

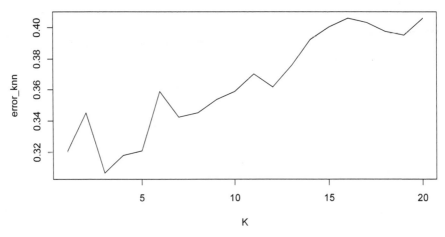

图 8-10　K 取 1 至 20 时所对应的错误率

但 K 最近邻算法也有其缺陷，当样本不平衡，即某些类的样本容量很大，而其他类样本容量很小时，有可能导致当输入一个新样本时，该样本的 K 个最近邻样本中大容量类别的样本占多数。在这种情况下就可以使有权重的 K 最近邻算法来改进。

8.3.4　有权重的 K 最近邻算法

这部分我们使用 kknn() 函数来实现有权重的 K 最近邻算法，虽然与 knn() 函数一样，都是同时将训练集与测试集一起放入函数，但格式上略有不同，需注意 kknn() 是公式 formula 格式的函数。

我们首先还是先安装并加载必需的软件包 kknn。

```
> install.packages("kknn")                          # 安装 kknn 软件包
> library(kknn)                                     # 加载 kknn 软件包
```

将规则建立公式 nmkat~.，以及训练集和测试集分别放入函数，设置 K 为 5。

```
> fit_pre_kknn=kknn(nmkat~.,data_train,data_test[,-12],k=5)
                        # 建立有权重的 K 最近邻判别规则，并对测试集样本进行预测
> summary(fit_pre_kknn)             # 输出在 K 最近邻判别规则下的判别结果
Call:
kknn(formula = nmkat ~ ., train = data_train, test = data_test[,-12], k = 5)
Response: "ordinal"
    fit prob.1      prob.2      prob.3      prob.4      prob.5
1   2   0.25672296  1.00000000  1.00000000  1.00000000  1
2   2   0.48513212  0.89476125  1.00000000  1.00000000  1
3   2   0.02451458  0.59037087  1.00000000  1.00000000  1
4   3   0.15290616  0.40962913  0.97548542  0.97548542  1
5   2   0.25672296  0.76636967  0.84709384  1.00000000  1
......
196 3 0.00000000 0.00000000  0.56585629  1.00000000  1
```

```
197 5 0.00000000 0.00000000    0.02451458    0.02451458    1
198 5 0.00000000 0.00000000    0.02451458    0.10523875    1
199 4 0.00000000 0.33744713    0.33744713    0.82257926    1
200 5 0.00000000 0.00000000    0.00000000    0.48513212    1
```

如上结果中，我们可以看到测试集中每一个样本归属于各类别的概率，依次记于 prob.1 至 prob.5，其中，fit 记录了该样本最终被判定的类别。

下面我们使用 fitted()函数来得到预测结果，即如上输出结果中的 fit。

```
> fit=fitted(fit_pre_kknn)                    # 输出有权重的 K 最近邻预测结果
> fit
[1] 2 2 2 3 2 4 3 2 3 1 4 2 3 1 1 2 1 4 3 2 2 2 3 5 3 1 1 5 4 5 4 2 3 2 5 2 3 3 3 3
2 4 1 4 5 2 1 4 2
......
[197] 5 5 4 5
Levels: 1 < 2 < 3 < 4 < 5
```

同样的，我们进而以混淆矩阵和错误率两种方式评价本次判别的预测效果。

```
> table(data_test$nmkat,fit)                  # 输出 nmkat 真实值与预测值的混淆矩阵
     1    2    3    4    5
  1 20   15    2    0    1
  2  6   23    9    1    0
  3  2   12   19   12    2
  4  0    6   12   16    1
  5  0    2    4    9   26
> error_kknn=sum(as.numeric(as.numeric(fit)!=as.numeric(data_test$nmkat)))/
  nrow(data_test)                             # 计算本次判别的错误率
> error_kknn                                  # 输出本次判别的错误率
[1] 0.48
```

8.4 推荐系统综合实例

下面我们尝试将判别技术应用于实际，并使用 MovieLens 所提供的数据集为例展开。

简单来说，MovieLens 是一个推荐系统[①]和虚拟社区网站，它的主要功能是运用协同过滤技术，以及所收集到的用户对电影的喜好信息，来向用户推荐电影。

具体来说，MovieLens 可根据用户对一部分电影的评分，预测出该用户对其他电影的评分情况。当一个新用户进入 MovieLens，他需要对 15 部电影评分，评分范围为 1~5 分，评分间隔为 0.5 分。这样一来，当用户查看某部电影时，MovieLens 的推荐系统就可以根据之前获取的该用户

[①] 推荐系统属于资讯过滤的一种应用，它能够将可能受喜爱的资讯或实物（例如：电影、电视节目、音乐、书籍、新闻、图片、网页）推荐给使用者。

电影偏好信息，即以往的评分来预测其对该部电影的评分。

而推荐系统中最古老，同时也是最著名的算法就是我们前面介绍过的 K 最近邻（kNN）算法，因此该部分我们将运用 kNN 来实现对 MovieLens 数据集的综合运用，为实现此目的，以下我们分为 kNN 原理讲解、MovieLens 数据集说明、综合运用三个部分逐一展开讨论。

8.4.1　kNN 与推荐

其实 kNN 的一般原理在本章的概述中已经说明，这里为了自然地将此算法应用于推荐系统，我们结合推荐系统的基本思想对 kNN 原理进行更为具体通俗的阐述。

首先，kNN 的基本思想简单来说就是，要评价一个未知的东西 U，就去找 K 个与 U 相似的已知的东西，看看这些已知的东西大多是属于什么水平、什么程度、什么类别，据此就可以估计出 U 的水平、程度、类别。就像我们平常所说的，要看出一个人的性格，就去看看他周围朋友们都是怎样的一些人，这与 kNN 的原理是一个道理。

而运用于推荐系统中，我们以电影为例，假如我们现在想要预测一位注册名为 A 的用户对电影 M 的评分。根据 kNN 的思想，我们就可以找出 K 个与 A 对其他电影给予相似评分，且对电影 M 已经进行评分的用户，然后再用这 K 个用户对 M 的评分来预测 A 对 M 的评分。这种找相似用户的方法被称之为基于用户的 kNN（User-based kNN）。

另外，我们也可以先找出 K 个与电影 M 相似的，并且 A 评价过的电影，然后再用这 K 部电影的评分来预测 A 对 M 的评分。这种找相似物品的方法叫作基于项目的 kNN（Item-based kNN）。

在综合运用部分，我们将仅对 User-based kNN 进行实现，Item-based kNN 同理可得，读者可自行尝试。

8.4.2　MovieLens 数据集说明

我们首先给出数据集的获取地址：http://www.grouplens.org/node/73，其中共有 3 个规模等级的数据集可供下载，分别为 100k、1M、10M，其结构内容相同，仅样本量不同。这里我们选用 100k 的数据集，它包含 1000 位用户对 1700 部电影的评分信息。

下载后的数据文件夹中含有多个文件，我们仅对其中的 3 个数据文件进行说明，其他文件的详细信息可参见其中的 README 文件，或 http://www.grouplens.org/system/files/ml-100k-README.txt。

u.data：含有 943 位用户对 1682 部电影总计 10 万条评分，且每位用户至少记录了其对 20 部电影的评分。格式上，每条数据按照用户 ID（user id）、电影 ID（item id）、评分（rating）以及时间戳（timestamp）4 个变量列示，样本排列是无序的，其中我们将主要用到前三个变量信息。

u.item：记录每部电影的信息，包括电影 ID（item id）、电影名称（movie title）、上映时间（release date）、视频发布时间（video release date）、网络电影资料库的网址（IMDb URL），以及是否为某类型电影的一系列二分变量，如是否为动作片（Action）、冒险片（Adventure）、动画片（Animation）等。这是探究各电影间相似性的重要数据资料。

u.user：记录每位用户的基本信息，包括用户 ID（user id）、年龄（age）、性别（gender）、职业（occupation）以及邮编（zip code）。这是探究各用户间相似性的重要信息来源。

8.4.3 综合运用

1．整体思路

首先，我们来简要说明本次应用 User-based kNN 算法探究 MovieLens 数据集的整体思路。

目的：预测某位用户（其用户 ID 记为 U_0）对某部电影（其电影 ID 记为 M_0）的评分。

步骤 1：选择用户 U_0 已经给出评分的若干部电影，假设选择 n 部，并获取其电影 ID，记为 M_1-M_n；

步骤 2：再找出对电影 M_0 已经进行过评分的用户，假设有 m 位符合的用户，并获取其用户 ID，记为 U_1-U_m；

步骤 3：利用以上获取的三组 ID，构造训练集 data_train 和测试集 data_test，结构如表 8-3 所示。

表 8-3　训练集与测试集结构

评分　电影 ID 用户 ID		待评分电影	已知评分电影		
		M_0	M_1	…	M_n
待评分用户	U_0	测试集（data_test_y）	测试集（data_test_x）		
已知评分用户	U_1	训练集（data_train_y）	训练集（data_train_x）		
	…				
	U_n				

步骤 4：将相应的训练集与测试集按顺序放入 knn()函数，即可预测出用户 U_0 对电影 M_0 的评分值。

2．数据集信息

下面，我们开始在 R 中的实现，首先要做的就是读取数据和查看数据基本信息，代码如下：

```
> setwd("D://MovieLens&KNN")                          # 设定常用工作路径
> data=read.table("u.data.txt")                       # 读取u.data数据文件，并命名为data
> data=data[,-4]                  # 删除其中不需使用的第 4 列，即时间戳（timestamp）变量
> names(data)=c("userid","itemid","rating")           # 命名data的各变量名
> head(data);dim(data)                       # 显示数据集data的前若干项，及其维度
```

```
        userid    itemid    rating
1       196       242       3
2       186       302       3
3       22        377       1
4       244       51        2
5       166       346       1
6       298       474       4
[1] 100000        3
```

由如上输出，我们看到该数据集 data 共有 3 个变量，正如前面所介绍的，分别为用户 ID、电影 ID，及评分，且共计 10 万条数据。

3. MovieLens_KNN 函数的输入输出

为了使程序可反复使用，我们来动手编写一个专用于实现"预测某位用户 U_0 对某部电影 M_0 评分值"的函数——MovieLens_KNN()。

下面先展示出函数的参数设置，及运行结果，有一个从输入到输出的直观印象后，我们再来逐步讲解实现这一过程的函数代码。

```
> MovieLens_KNN(Userid=1,Itemid=61,n=50,K=10)
                # 设置 Userid, Itemid, n, K 4 个参数值, 运行函数 MovieLens_KNN()
$`data_all:`
     userid   unknown_itemid_61  itemid_94  itemid_40 ……itemid_161  itemid_180
1    1        4                  2          3         ……4           3
 ……
59   639      3                  0          0         ……0           0
$`True Rating:`
[1] 4
$`Predict Rating:`
[1] 4
Levels: 1 2 3 4 5
$`User ID:`
[1] 1
$`Item ID:`
[1] 61
```

如上，我们首先来看 4 个参数。其中 Userid 为想要预测的那位用户的 ID，即前面所说的 U_0；Itemid 为想要预测的电影 ID，即 M_0；而 n 为我们想要选择的用户 U_0 已给出评分电影的个数，同前面所说的 n；K 即为 kNN 算法中的参与判别最近邻样本的个数。同我们所使用过的其他函数一样，可通过这 4 个参数的控制调整来获取想要的输出结果。

上面的输出结果就是由 Userid=1，Itemid=61，n=50，K=10 的参数设置得到的，即以预测用户 1 对电影 61 的评分为目的，且选择了 50 部用户 1 已给出评分的电影，K 的值为 10。

现在来看输出结果，其共有 data_all、True Rating、Predict Rating、User ID 及 Item ID 这 5 项，我们一一来看。

data_all 是根据原数据文件 u.data 以及参数设定值在函数中新构造出的数据集，它的结构与表 8-3 是一致的。第一行数据为待评分用户，这里即为用户 1 的用户 ID（userid）、对待评分电影 61 的实际评分值（unknown_itemid_61）以及对电影 94（itemid_94）、40（itemid_40）、……、161（itemid_161）、180（itemid_180）这 50 部电影的评分值。从第 2 行起一直到最后的第 59 行，为对电影 61 已经进行评分的 m 位用户的相应信息，而这里的 m 即为 58。最终放入 knn() 函数中的训练集、测试集都来自于该 data_all 数据集，按照表 8-3 的划分所得。

```
$`data_all:`
       userid  unknown_itemid_61  itemid_94  itemid_40  ……itemid_161  itemid_180
1      1       4                  2          3          ……4           3

2      76      4                  0          0          ……0           0

……

59     639     3                  0          0          ……0           0
```

而 True Rating、Predict Rating 则分别存放了待预测评分值的真实值和 knn() 函数所得的预测值，在上面的一次实现中，两者都为 4，即预测值与真实值相同，用户 1 对电影 61 给出的评分是 4 分，是比较喜欢的。

User ID 及 Item ID 则存放了待预测用户及电影的 ID 号，这里也可以在函数中进行改进，直接输出相应电影的名称等，读者可自行尝试。

4. MovieLens_KNN 函数的编写

我们首先将各参数值单独设定如下，然后逐步查看函数各部分的输出结果。

```
> Userid=1;Itemid=61;n=50;K=10                          # 设定参数取值
```

接着最重要的就是给出函数的名称 MovieLens_KNN，及各参数名称和输入顺序，代码如下：

```
> MovieLens_KNN=function(Userid,Itemid,n,K){
        # 给出函数名称 MovieLens_KNN、各参数名称 Userid,Itemid,n,K，及输入顺序
```

下面进入正题，我们先执行整体思路中的步骤 1，来分别获取 U_0、M_0 及 M_1-M_n。对应于程序代码，我们得到 sub，表示待预测用户 U_0 在数据集中各条信息所在的行标签；sub_n，表示随机抽出的 n 个 U_0 已评分电影 M_1-M_n 的行标签；known_itemid，表示 U_0 已评分电影 M_1-M_n 的电影 ID；unknown_itemid，表示待预测电影 M_0 的 ID 号。

```
> sub=which(data$userid==Userid)
             # 获取待预测用户 U₀ 在数据集中各条信息所在的行标签，存于 sub
> if(length(sub)>=n)  sub_n=sample(sub,n)
> if(length(sub)<n)  sub_n=sample(sub,length(sub))
```

```
                            # 获取随机抽出的 n 个 U₀ 已评分电影 M₁-Mₙ 的行标签, 存于 sub_n
> known_itemid=data$itemid[sub_n]
                                   # 获取 U₀ 已评分电影 M₁-Mₙ 的电影 ID
> unknown_itemid=Itemid          # 获取待预测电影 M₀ 的 ID 号
> known_itemid
[1] 264 189 247 217 167 149 176  32 250  71 237  59  26 201   6 102
......
[49] 165 110
> unknown_itemid
[1]  61
```

然后，我们执行步骤 2，找出已经对电影 M_0 做出评分的用户，即前面所说的 U_1-U_m，在程序中，我们将这 m 位用户的 ID 存于 user 中。

```
> unknown_sub=which(data$itemid==unknown_itemid)
> user=data$userid[unknown_sub[-1]]             # 获取已评价电影 M₀ 的用户 ID, 存于 user
> user
[1]  76 305 201 195  13  60 354  58  94 452 321 334 493 387  18 391
......
[49] 868 883 903 450 862 655 758 877 299 639
```

接着，可以开始构造最为重要的 data_all 数据集了，其结构在前面已经详细说明，这里不再赘述，我们来直接看构造过程。

```
> data_all=matrix(0,1+length(user),2+length(known_itemid))
                                        # 设置 data.all 的行数、列数, 所有值暂取 0
> data_all=data.frame(data_all)
> names(data_all)=c("userid",paste("unknown_itemid_",Itemid),
  paste("itemid_",known_itemid,sep=""))    # 对 data.all 的各变量进行命名
> item=c(unknown_itemid,known_itemid)
> data_all$userid=c(Userid,user)          # 对 data.all 中的 userid 变量赋值
> data_all
    userid unknown_itemid_61 itemid_94 itemid_40 …… itemid_161 itemid_180
1   1       0                 0          0        ……  0           0
......
59  639     0                 0          0        ……  0           0
```

基本框架有了之后，就是最重要的对 data_all 数据集的主体部分进行赋值，如下通过两层循环实现。

考虑到并不是我们所选出的对电影 M_0 已评分的 m 位用户都对 M_1-M_n 这 n 部电影同样做出了评分，即 data_all 中部分数据很可能是缺失的。因此，在下面的程序中有一条 if 判断语句，仅对 data_all 中有相应取值的位置赋值，缺失的位置则取 0。

```
> for (i in 1:nrow(data_all))          # 对 data_all 按行进行外层循环
```

```
+ {
+   data_temp=data[which(data$userid==data_all$userid[i]),]
+   for (j in 1:length(item))                              # 对 data_all 按列进行内层循环
+   { if(sum(as.numeric(data_temp$itemid==item[j]))!=0) # 判断该位置是否有取值
+     {data_all[i,j+1]=data_temp$rating[which(data_temp$itemid==item[j])]}
+   } }
> data_all
    userid unknown_itemid_61 itemid_94 itemid_40 …… itemid_161 itemid_180
1   1      4                 2         3          ……  4         3
……
59  639    3                 0         0          ……  0         0
```

然后根据 data_all,从中分割出用于 knn()参数设置的训练集与测试集。

```
> data_test_x=data_all[1,c(-1,-2)]          # 获取测试集的已知部分
> data_test_y=data_all[1,2]                 # 获取测试集的待预测值
> data_train_x=data_all[-1,c(-1,-2)]        # 获取训练集的已知部分
> data_train_y=data_all[-1,2]               # 获取训练集的待预测值
> dim(data_test_x);length(data_test_y)
[1] 1 50
[1] 1
> dim(data_train_x);length(data_train_y)
[1] 58 50
[1] 58
```

最后,就是将相应的部分一一放入 knn()函数中,并将 MovieLens_KNN()中参数 K 的值赋给 knn()中的参数 k。

```
> fit=knn(data_train_x,data_test_x,cl=data_train_y,k=K)          # 进行 knn 判别
> list("data_all:"=data_all,"True Rating:"=data_test_y,"Predict Rating:"=fit,"User
  ID:"=Userid,"Item ID:"=Itemid)
              # 设置各项输出结果,分别为 data_all、data_test_y、fit、Userid 及 Itemid
}             # 对应于最初设置函数名称及参数的代码
              # "MovieLens_KNN=function(Userid,Itemid,n,K){"中的前半个括号
```

至此,函数编写完毕,每次运行仅需以 MovieLens_KNN(Userid,Itemid,n,K)格式给出 4 个参数的取值即可得到相应结果。

下面,我们简单利用 MovieLens_KNN()函数来看一看用户 1 对电影 1 至电影 20 这 20 部电影的评分情况。

且通过 u.item 文件,我们知道这 20 部电影依次为 Toy Story(玩具总动员)、GoldenEye(黄金眼)、Four Rooms(疯狂终结者)、……、伊朗电影 White Balloon(白气球)、Antonia's Line(安东尼娅家族)及 Angels and Insects(情色风暴)。

```
> user1=NULL
> for(Item in 1:20)
+ user1=c(user1,MovieLens_KNN(Userid=1,Itemid=Item,n=50,K=10)$`True Rating:`)
> user1
 [1] 5 3 4 3 3 5 4 1 5 3 2 5 5 5 5 5 3 4 5 4
```

由程序运行结果，我们预测出了对这 20 部电影，用户 1 可能给出的评分情况，或者说喜好的程度，且由下面这条代码，我们知道该用户尤其喜欢第 1（玩具总动员）、6（Shanghai Triad，摇啊摇，摇到外婆桥）、9（Dead Man Walking，死囚漫步）、12、13～16、19（安东尼娅家族）这 9 部电影。作为系统运行者，根据 kNN 原理有理由对用户 1 推荐这 9 部电影。

```
> which(user1==5)                    # 显示预测评分为 5 的电影 ID
 [1]  1  6  9 12 13 14 15 16 19
```

另外，MovieLens_KNN()函数仅是出于最简单直观的方式实现了运用 kNN 原理对数据集 MovieLens 进行探究。更多的，读者可将 u.item 及 u.user 文件纳入考虑，比如加入用户的背景变量（性别、年龄）、电影的背景变量（类型、上映年份）等；又或者在结果形式上更优，输出某用户所偏好电影的背景信息，如下载网址、相关电影推荐等项目。

8.5　本章汇总

class	软件包	提供 knn()函数
kknn	软件包	提供 kknn()函数及 miete 数据集
kknn()	函数	实现有权重的 K 最近邻算法的核心函数
knn()	函数	实现 K 最近邻算法的核心函数
klaR	软件包	提供 NaiveBayes()函数
lda()	函数	实现线性判别算法的核心函数
MASS	软件包	提供 lda()和 qda()函数
miete	数据集	由 kknn 软件包提供
NaiveBayes()	函数	实现朴素贝叶斯判别算法的核心函数
qda()	函数	实现二次判别算法的核心函数

第 9 章

决策树

决策树是最经典的数据挖掘方法之一，它以树形结构将决策/分类过程展现出来，简单直观、解读性强，根据适用情况的不同，有时也被称为分类树或回归树。

关于其在决策分析方面的应用，有一个关于某著名高尔夫俱乐部经理根据天气预报来对雇员数量做出决策的经典案例。这位经理在经营俱乐部的过程中发现，某些天好像所有人都来玩高尔夫，以至于员工们都忙得团团转还是应付不过来；而有些天却一个人也不来，使得俱乐部为多余的雇员数量浪费了不少资金。因此他考虑通过下周的天气预报来看人们倾向于在什么时候来打高尔夫，以适时调整雇员数量，最终根据树状图（见图 9-1）得到一些非常有用的结论：如果天气状况是多云，人们总是选择玩高尔夫，晴天时大部分人会来打球，而只有少数很着迷的甚至在雨天也会玩；进一步的，在晴天当湿度较高时，顾客们就不太喜欢来玩球，但如果雨天没有风的话，人们还是愿意到俱乐部来打高尔夫的。

这就通过决策树给出了一个解决方案：在潮湿的晴天或者刮风的雨天安排少量的雇员，因为这种天气不会有太多人来打高尔夫；而其他的天气则可考虑另外再雇用一些临时员工，使得在大批顾客来玩高尔夫时俱乐部仍能正常运作。

9.1　概述

简单来说，建立决策树的目的即是根据若干输入变量的值构造出一个相适应的模型，来预测出目标/输出变量的值，并以树形结构呈现。本节我们将对决策树的结构、类型及本章将要讨论的两种算法进行简单介绍。

9.1.1　树形结构

参照前面关于高尔夫俱乐部引例中的决策树，如图 9-1 所示。

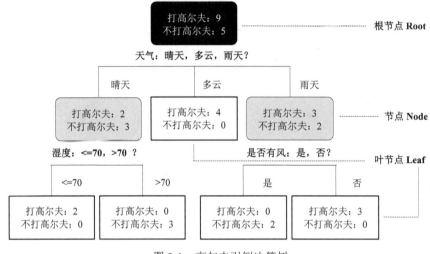

图 9-1　高尔夫引例决策树

决策树呈现倒置的树形，即最上端为树的根，而最下端为树的叶。我们从图中黑色框所示的根节点（Root）依次向下来看：首先根据变量"天气"，树被分为三支——晴天、多云、雨天，即为三个节点（Node）；其中的"晴天"和"雨天"节点，如灰色框所示，又分别由"湿度"和"是否有风"变量各自分为两个节点；而"多云"天气及其他四个白色框之后不再有新的分支生成，这五个节点又叫作叶节点（Leaf），一个叶节点即代表一个决策（Decision）。

9.1.2　树的构建

我们从理论上概述决策树的构建过程，这一过程包括如下两个步骤。

1．决策树的生成

这一过程将初始的包含大量信息的数据集，按照一定的划分条件逐层分类至不可再分或不需再分，充分生成树。

具体的，在每一次分类中：先找出各个可以作为分类变量的自变量的所有可能的划分条件，再对每一个自变量，比较在各个划分条件下所得的两个分支的差异大小，选出使得分支差异最大的划分条件作为该自变量的最优划分；再将各个自变量在最优划分下所得的两个分支的差异大小进行比较，选出差异最大者作为该节点的分类变量，并采用该变量的最优划分。

2．生成树的剪枝

由于以上过程是没有停止条件的，所得到的生成树可能会非常大，对训练集很可能存在过拟合，即对训练数据有非常高的分类准确率，但是对于新数据的分类准确率较差。因此，为了保证生成树的推广能力，需要通过剪枝过程对复杂树的节点进行删减，控制树的复杂度，并由树的叶节点数来衡量复杂度。

具体的，先找出固定叶节点数下拟合效果最优的树，即局部最优模型；再比较各个叶节点数下的局部最优模型，最终选择出全局最优模型。

另外，数据挖掘中的决策树可以分为两个主要类型：分类树和回归树。

分类树是针对于目标变量为离散型的情况，即最终目标是预测各样本的所属类别，如引例中根据天气预报来预测人们是否会打高尔夫；而回归树则适用于目标变量为连续型。如预测出某人的月收入，可以建立回归树，当预测其月收入所属区间（如：[1000, 2000]? [2000, 3000]），则属于分类树范畴。

9.1.3 常用算法

下面我们主要介绍本章将展开讨论的两种使用最为普遍的决策树算法：CART（Classification and Regression Trees）和 C4.5（successor of ID3）。

分类回归树 CART，顾名思义是既可以建立分类树，也可构造回归树的算法。它是许多集成分类算法的基分类器，如在后面章节将进行介绍的 Boosting 及 Random Forests 等都以此为基础。虽然各式分类算法不断涌现，但 CART 仍是使用最为广泛的分类技术。

C4.5 是 ID3（Iterative Dichotomiser 3）的改进算法，两者都以熵（Entropy）理论和信息增益（Information Gain）理论为基础。其算法的精髓所在，即是使用熵值或者信息增益值来确定使用哪个变量作为各节点的判定变量。而 C4.5 是为了解决 ID3 只能用于离散型变量，即仅可以构建分类树，且确定判定变量时偏向于选择取值较多的变量这两项主要缺陷而提出的。虽然目前已有了在运行效率等方面进一步完善的算法 C5.0，但由于 C5.0 多用于商业用途，C4.5 仍是更为常用的决策树算法。

9.2 R 中的实现

9.2.1 相关软件包

在决策树算法的实现过程中，我们将主要用到 4 个软件包，分别为 rpart、rpart.plot、maptree 及 RWeka。其中 rpart 主要用于建立分类树及相关递归划分算法的实现；rpart.plot，顾名思义，即是专用来对 rpart 模型绘制决策树；maptree 则用来修剪、绘制不仅仅局限于 rpart 模型的树形结构图；RWeka 包提供了 R 与 Weka 的连接，Weka 中集合了用 Java 编写的一系列机器学习算法，从数据预处理，到分类、回归，再到聚类、关联分析，以及各种可视化技术。

以下将实现各算法时主要使用的函数及其相应软件包列示于表 9-1 中，供参考。

表 9-1　本章主要使用的软件包及函数

算法名称	软件包	核心函数
CART	rpart	rpart ()、prune.rpart()、post()
	rpart.plot	rpart.plot()
	maptree	draw.tree()
C4.5	RWeka	J48()

9.2.2　核心函数

1．rpart 函数

函数 rpart()的基本格式为：

```
rpart(formula, data, weights, subset, na.action = na.rpart, method, model = FALSE,
      x = FALSE, y = TRUE, parms, control, cost, ...)
```

其中，formula 中放置想要建立模型的公式，即设置输入/输出变量，格式为 y~x1+x2+x3，当输出变量为除了 y 的所有变量时，也可用 y~.来表示；data 为待训练数据集，即通常所说的训练集；subset 可以选择出 data 中的若干行样本来建立模型。

na.action 用来处理缺失值，其默认选择为 na.rpart，即仅剔除缺失 y 值，或缺失所有输入变量值的样本数据，这是 rpart 模型很有用的一项功能；method 参数用于选择决策树的类型，包括 anova、poisson、class 和 exp 4 种类型，在不进行设置的默认情况下，R 会自己来猜测，比如当 y 为因子型变量时，默认取 class 型。其中，anova 型对应于我们所说的回归树，而 class 型则为分类树。

control 参数可参照 rpart.control，即：

```
rpart.control (minsplit = 20, minbucket = round(minsplit/3), cp = 0.01, maxcompete
= 4, maxsurrogate = 5, usesurrogate = 2, xval = 10, surrogatestyle = 0, maxdepth = 30, ...)
```

其中，minsplit 表示每个节点中所含样本数的最小值，默认取 20；minbucket 则表示每个叶节点中所含样本数的最小值，默认取 1/3 的 minsplit 的四舍五入值；cp，即指复杂度参数（complexity parameter），假设我们设置了 cp=0.03，则表明在建模过程中仅保留可以使得模型拟合程度提升 0.03 及以上的节点，该参数的作用在于可以通过剪去对模型贡献不大的分支，来提高算法效率；maxdepth 可控制树的高度，即设置节点层次的最大值，其中根节点的高度为 0，依次类推。

2．prune.rpart 函数

函数 prune.rpart()可根据 cp 值对决策树进行剪枝，即剪去 cp 值较小的不重要分支。其格式为 prune(tree, cp, ...)，放入决策树名称及 cp 值即可。

3．rpart.plot、post 及 draw.tree 函数

函数 rpart.plot()、post()和 draw.tree()都是用来绘制分类树/回归树的制图函数，使用过程在后

面将以实例进行说明。

4. J48 函数

函数 J48()是实现 C4.5 算法的核心函数, 其基本格式为:

```
J48(formula, data, subset, na.action, control = Weka_control(), options = NULL)
```

其中的 formula 放置用于构建模型的公式, data 为建模数据集, na.action 用于处理缺失数据, 而 control 则是对树的复杂度进行控制的参数, 其设置形式为 control=Weka_control(), 具体取值情况见表 9-2。

表 9-2 J48()函数中 control 参数的部分取值及其含义

参数名	获取全部取值: WOW(J48)
U	不对树进行剪枝, 默认为 TRUE
C	对剪枝过程设置置信阈值, 默认值为 0.25
M	对每个叶节点设置最小观测样本量, 默认值为 2
R	按照错误率递减方式进行剪枝, 默认为 TRUE
N	设置按照错误率递减方式进行剪枝时, 交互验证的折叠次数, 默认值为 3
B	每个节点仅分为两个分支, 即构建二叉树, 默认为 TRUE

9.2.3 数据集

1. 数据集概况

本章选用用于构造多元回归树的 mvpart 包中的 car.test.frame 数据集来进行软件实现, 按照惯例, 我们首先来探索数据集的基本特点。

```
> library(mvpart)                          # 加载 mvpart 软件包
> data(car.test.frame)                     # 加载数据集 car.test.frame
> head(car.test.frame)                     # 显示数据集 car.test.frame 的前若干条数据
                 Price Country   Reliability Mileage  Type  Weight  Disp.  HP
Eagle Summit 4   8895  USA       4           33       Small 2560    97     113
Ford Escort 4    7402  USA       2           33       Small 2345    114    90
Ford Festiva 4   6319  Korea     4           37       Small 1845    81     63
Honda Civic 4    6635  Japan/USA 5           32       Small 2260    91     92
Mazda Protege 4  6599  Japan     5           32       Small 2440    113    103
Mercury Tracer 4 8672  Mexico    4           26       Small 2285    97     82
```

数据集的行名为各种车型的名称, 且共有 8 个变量, 分别为"价格 (Price)"、"产地 (Country)"、"可靠性 (Reliability)"、"英里数 (Mileage)"、"类型 (Type)"、"车重 (Weight)"、"发动机功率 (Disp.)"以及"净马力 (HP)"。

为了在之后的决策树分析等过程中便于读者理解, 我们此处将该数据集的变量名改设为中文，且将其中的"英里数"换算为我们所熟悉的"油耗"指标。实现代码如下：

```
> car.test.frame$Mileage=100*4.546/(1.6*car.test.frame$Mileage)
                                # 将"英里数（Mileage）"的取值换算为"油耗"指标
> names(car.test.frame)=c("价格","产地","可靠性","油耗","类型","车重","发动机功率","净马力")
> head(car.test.frame)
                  价格    产地      可靠性    油耗       类型    车重   发动机功率   净马力
Eagle Summit 4    8895  USA        4        8.609848   Small  2560   97          113
Ford Escort 4     7402  USA        2        8.609848   Small  2345   114         90
Ford Festiva 4    6319  Korea      4        7.679054   Small  1845   81          63
Honda Civic 4     6635  Japan/USA  5        8.878906   Small  2260   91          92
Mazda Protégé 4   6599  Japan      5        8.878906   Small  2440   113         103
Mercury Tracer 4  8672  Mexico     4        10.927885  Small  2285   97          82
```

为了进一步了解各变量的信息我们以下分别使用 str()与 summary()函数。

```
> str(car.test.frame)                            # 探寻数据集内部结构
'data.frame':  60 obs. of  8 variables:
 $ 价格      : int  8895 7402 6319 6635 6599 8672 7399 7254 9599 5866 ...
 $ 产地      : Factor w/ 8 levels "France","Germany",..: 8 8 5 4 3 6 4 5 3 3 ...
 $ 可靠性    : int  4 2 4 5 5 4 5 1 5 NA ...
 $ 油耗      : num  8.61 8.61 7.68 8.88 8.88 ...
 $ 类型      : Factor w/ 6 levels "Compact","Large",..: 4 4 4 4 4 4 4 4 4 4 ...
 $ 车重      : int  2560 2345 1845 2260 2440 2285 2275 2350 2295 1900 ...
 $ 发动机功率: int  97 114 81 91 113 97 97 98 109 73 ...
 $ 净马力    : int  113 90 63 92 103 82 90 74 90 73 ...
```

以上我们可获知，数据集的维度为 60×8，其中"产地"及"类型"变量是分别含有 8 个与 6 个水平的因子型变量，其他 6 个变量都为整型变量。

在如下的 summary()输出结果中，对于因子型变量，给出了各个水平分别对应的样本个数，而数值型数据则给出了最值及中位数等基本统计指标值。

```
> summary(car.test.frame)                        # 获取 car.test.frame 数据集的概括信息
 价格                产地               可靠性              油耗               类型
 Min.   :5866   USA        :26   Min.   : 1.000   Min.   :7.679    Compact :15
 1st Qu.:9932   Japan      :19   1st Qu.: 2.000   1st Qu.:10.523   Large   : 3
 Median :12216  Japan/USA  :7    Median : 3.000   Median :12.353   Medium  :13
 Mean   :12616  Korea      :3    Mean   : 3.388   Mean   :11.962   Small   :13
 3rd Qu.:14933  Germany    :2    3rd Qu.: 5.000   3rd Qu.:13.530   Sporty  : 9
 Max.   :24760  France     :1    Max.   : 5.000   Max.   :15.785   Van     : 7
                (Other)    : 2   NA's   :11
```

车重		发动机功率		净马力	
Min.	:1845	Min.	:73.0	Min.	: 63.0
1st Qu.	:2571	1st Qu.	:113.8	1st Qu.	:101.5
Median	:2885	Median	:144.5	Median	:111.5
Mean	:2901	Mean	:152.1	Mean	:122.3
3rd Qu.	:3231	3rd Qu.	:180.0	3rd Qu.	:142.8
Max.	:3855	Max.	:305.0	Max.	:225.0

2. 数据预处理

下面我们着重来看"油耗"变量，因为在以下的建模过程中，将以该变量作为目标变量，并且为了使用这一个数据集来分别构建出以离散型和连续型变量为各自目标变量的分类树和回归树，考虑添加一列变量——"分组油耗"，即将"油耗"变量划分为三个组别，A: 11.6~15.8 个油、B: 9~11.6 个油及 C: 7.7~9 个油，成为含有 3 个水平 A、B、C 的因子变量。

```
> Group_Mileage=matrix(0,60,1)              # 设矩阵 Group_Mileage 用于存放新变量
> Group_Mileage[which(car.test.frame$油耗>=11.6)]="A"
                             # 将油耗在 11.6~15.8 区间的样本 Group_Mileage 值取 A
> Group_Mileage[which(car.test.frame$油耗<=9)]="C"
                             # 将油耗在 7.7~9 区间的样本 Group_Mileage 值取 C
> Group_Mileage[which(Group_Mileage==0)]="B"
                             # 将油耗不在组 A、C 中的样本 Group_Mileage 值取 B
> car.test.frame$"分组油耗"=Group_Mileage
            # 在数据集 car.test.frame 中添加新变量"分组油耗"，取值为 Group_Mileage
> car.test.frame[1:10,c(4,9)]
    # 查看预处理后数据集 car.test.frame 中"油耗"及"分组油耗"变量的前 10 行数据
                         油耗        分组油耗
Eagle Summit 4       8.609848     C
Ford Escort 4        8.609848     C
Ford Festiva 4       7.679054     C
Honda Civic 4        8.878906     C
Mazda Protege 4      8.878906     C
Mercury Tracer 4    10.927885     B
Nissan Sentra 4      8.609848     C
Pontiac LeMans 4    10.147321     B
Subaru Loyale 4     11.365000     B
Subaru Justy 3       8.356618     C
```

为了评价比较各决策树算法，及体现构建决策树的目的所在，我们通过抽样将数据集分为训练集（Train_Car）和测试集（Test_Car），两者间比例为 3:1，即通过 3/4 的样本建立起决策树模型，来预测另 1/4 样本的油耗/分组油耗的取值。并且为保持数据集分布，使用 sampling 软件包中的 strata()[1]函数来进行分层抽样，即在 A、B、C 组的英里数样本中分别抽取 1/4 共同构成

---

① 具体参见第 2 章中的"抽样技术"部分。

测试集。

```
> a=round(1/4*sum(car.test.frame$"分组油耗"=="A"))
> b=round(1/4*sum(car.test.frame$"分组油耗"=="B"))
> c=round(1/4*sum(car.test.frame$"分组油耗"=="C"))
                          # 分别计算 A、B、C 组中应抽取测试集样本数，记为 a、b、c
>a;b;c                    # 输出 a、b、c 值
[1] 9
[1] 4
[1] 2
> library(sampling)                          # 加载 sampling 软件包
> sub=strata(car.test.frame,stratanames="分组油耗",size=c(c,b,a),method="srswor")
                # 使用 strata()函数对 car.test.frame 中的"分组油耗"变量进行分层抽样
> sub                                        # 输出所抽出样本信息
      分组油耗   ID_unit    Prob         Stratum
2     C         2         0.2222222    1
5     C         5         0.2222222    1
9     B         9         0.2500000    2
15    B         15        0.2500000    2
19    B         19        0.2500000    2
26    B         26        0.2500000    2
31    A         31        0.2571429    3
32    A         32        0.2571429    3
33    A         33        0.2571429    3
34    A         34        0.2571429    3
40    A         40        0.2571429    3
47    A         47        0.2571429    3
50    A         50        0.2571429    3
56    A         56        0.2571429    3
58    A         58        0.2571429    3
> Train_Car=car.test.frame[-sub$ID_unit,]    # 生成训练 Train_Car
> Test_Car=car.test.frame[sub$ID_unit,]      # 生成测试 Test_Car
> nrow(Train_Car);nrow(Test_Car)   # 显示训练集、测试集行数，检查其比例是否为 3:1
[1] 45
[1] 15
```

9.3 应用案例

下面我们开始运用 R 软件来实现决策树的构建和分析，由于两算法的操作过程类似，其中将主要对 CART 的软件操作进行介绍，C4.5 将简略说明。

9.3.1 CART 应用

我们首先安装并加载相关软件包 rpart：

```
> install.packages("rpart")              # 安装软件包 rpart
> library(rpart)                         # 加载软件包 rpart
```

1．对"油耗"变量建立回归树——数字结果

下面开始使用 rpart()函数，以除"分组油耗"以外的所有变量来对"油耗"变量建立决策树，且选择树的类型为回归树，即设 method="anova"。

```
> formula_Car_Reg=油耗~价格+产地+可靠性+类型+车重+发动机功率+净马力
                                        # 设定模型公式，记为 formula_Car_Reg
> rp_Car_Reg=rpart(formula_Car_Reg,Train_Car,method="anova")
       # 按照公式 formula_Car_Reg 对训练集 Train_Car 构建回归树，记为 rp_Car_Reg
> print(rp_Car_Reg)                      # 导出回归树基本信息
 n= 45
 node), split, n, deviance, yval
    * denotes terminal node
 1) root 45 220.982000 11.933670
   2) 发动机功率< 134 20  28.783820  9.865707
     4) 发动机功率< 97.5 9   7.539188  8.843031 *
     5) 发动机功率>=97.5 11   4.130473 10.702440 *
   3) 发动机功率>=134 25  38.245100 13.588040
     6) 类型=Compact,Medium,Sporty 17  12.635040 13.039600 *
     7) 类型=Large,Van 8   9.630729 14.753480 *
```

在如上输出结果中，我们看到各节点信息按照"node), split, n, deviance, yval"的格式给出，且按照节点层次以不同缩进量列出，如节点 1 缩进量最小，其次为节点 2 和节点 3，并在每条节点信息后以星号*标示出是否为叶节点。

具体的，我们可以看出，1)为根节点共含有 45 个样本，即全部训练样本；2)和 3)以"发动机功率"变量为节点，且以"134"为分割值划分为两支，分别包含 20 个和 25 个样本；4)和 5)以及6)和 7)以此类推。

```
> printcp(rp_Car_Reg)              # 导出回归树的 cp 表格
 Regression tree:
 rpart(formula = formula_Car_Reg, data = Train_Car, method = "anova")
 Variables actually used in tree construction:
 [1] 发动机功率  类型
 Root node error: 220.98/45 = 4.9107
 n= 45
```

```
   CP          nsplit    rel error    xerror    xstd
1 0.696677    0         1.00000      1.03864   0.162246
2 0.077446    1         0.30332      0.35174   0.049727
3 0.072311    2         0.22588      0.41750   0.063612
4 0.010000    3         0.15357      0.39819   0.066007
```

由此可以看到，在建树过程中用到的变量有"发动机功率"和"类型"这两种，且各节点的 CP 值、节点序号 nsplit、错误率 rel error、交互验证错误率 xerror 等也被列出，其中 CP 值对于选择控制树的复杂程度十分重要。

若想获得每个节点更详细的信息，可以对已有决策树模型 rp_Car_Reg 使用 summary()函数。所得输出结果除了与上面 printcp()给出值相同的部分外，另有变量重要程度（Variable importance）、每一个分支变量对生成树的提升程度（improve）等信息。

```
> summary(rp_Car_Reg)                                    # 获取决策树 rp_Car_Reg 详细信息
  Call:
  rpart(formula = formula_Car_Reg, data = Train_Car, method = "anova")
  n= 45
  CP           nsplit          rel error       xerrorxstd
1 0.69667695   0 1.0000000     1.0386400       0.16224595
2 0.07744596   1 0.3033231     0.3517364       0.04972718
3 0.07231057   2 0.2258771     0.4174975       0.06361179
4 0.01000000   3 0.1535665     0.3981898       0.06600657
Variable importance
     发动机功率    车重    类型    价格    净马力    产地
       23          19      17      16      15      10
Node number 1: 45 observations,    complexity param=0.6966769
  mean=11.93367, MSE=4.91071
  left son=2 (20 obs) right son=3 (25 obs)
  Primary splits:
      发动机功率 < 134  to the left,      improve=0.6966769,     (0 missing)
      车重       < 2747.5   to the left, improve=0.5991194,     (0 missing)
      类型       splits as  LRRLLR,      improve=0.5132197,     (0 missing)
      价格       < 11484.5  to the left, improve=0.5105547,     (0 missing)
      净马力     < 109      to the left, improve=0.3885266,     (0 missing)
  Surrogate splits:
      车重       < 2747.5   to the left, agree=0.889, adj=0.75,  (0 split)
      价格       < 13110.5  to the left, agree=0.844, adj=0.65,  (0 split)
      类型 splits as  LRRLLR,            agree=0.844, adj=0.65,  (0 split)
      净马力     < 109      to the left, agree=0.844, adj=0.65,  (0 split)
      产地   splits as  -LRLLLRR,        agree=0.756, adj=0.45,  (0 split)
Node number 2: 20 observations,    complexity param=0.07744596
......
  Node number 3: 25 observations,    complexity param=0.07231057
```

......

```
Node number 4: 9 observations
  mean=8.843031, MSE=0.8376875
Node number 5: 11 observations
  mean=10.70244, MSE=0.3754976
Node number 6: 17 observations
  mean=13.0396, MSE=0.7432376
Node number 7: 8 observations
  mean=14.75348, MSE=1.203841
```

下面我们尝试改变 rpart()函数的若干参数值，来深入探究该函数的使用及数据信息。

```
> rp_Car_Reg1=rpart(formula_Car_Reg,Train_Car,method="anova",minsplit=10)
                # 将分支包含最小样本数 minsplit 从默认值 20 更改为 10，新的回归树记为 rp_Car_Reg1
> print(rp_Car_Reg1)                    # 导出回归树 rp_Car_Reg1 的基本信息
n= 45
node), split, n, deviance, yval
    * denotes terminal node
1) root 45 197.2876000 11.903650
  2) 发动机功率< 134 19  31.6950100 9.971586
    4) 价格< 9247 10  8.9397320 9.000366
      8) 价格< 6543.5 3  0.2362157 8.051176 *
      9) 价格>=6543.5 7  4.8422560 9.407161 *
    5) 价格>=9247 9  2.8418400 11.050720 *
  3) 发动机功率>=134 26  42.8383300 13.315550
    6) 类型=Compact,Large,Medium,Sporty 21  20.5341800 12.881930
      12) 价格< 11522 6  2.7393230 11.797750 *
      13) 价格>=11522 15  7.9209630 13.315610
        26) 车重>=3322.5 4  0.2364717 12.493640 *
        27) 车重< 3322.5 11  3.9992130 13.614510
          54) 车重< 3242.5 8  0.7091469 13.299140 *
          55) 车重>=3242.5 3  0.3727009 14.455480 *
    7) 类型=Van 5  1.7724000 15.136720 *
> printcp(rp_Car_Reg1)                  # 导出回归树 rp_Car_Reg1 的 cp 表格
  Regression tree:
  rpart(formula = formula_Car_Reg, data = Train_Car, method = "anova",
      minsplit = 10)
  Variables actually used in tree construction:
  [1] 车重  发动机功率  价格  类型
  Root node error: 197.29/45 = 4.3842
  n= 45
    CP        nsplit   rel error   xerror    xstd
  1 0.622210   0       1.000000    1.04863   0.17930
  2 0.104070   1       0.377790    0.44980   0.07196
```

3	0.100936	2	0.273720	0.54520	0.10962
4	0.050048	3	0.172784	0.44089	0.10691
5	0.019572	4	0.122736	0.36156	0.10753
6	0.018680	5	0.103164	0.35870	0.10598
7	0.014787	6	0.084484	0.34348	0.10538
8	0.010000	7	0.069697	0.33624	0.10521

我们看到当 minsplit 减小为 10 后，满足条件的节点包括根节点在内，从 4 个增加为 7 个，依次以条件"发动机功率< 134"、"价格< 9247"、"类型=Compact,Large,Medium,Sporty"等米划分枝干。且在生成树过程中用到了"车重"、"发动机功率"、"价格"和"类型" 4 个变量，相对于更改 minsplit 前多用到了两个变量。

```
> rp_Car_Reg2=rpart(formula_Car_Reg,Train_Car,method="anova",cp=0.1)
                # 将 CP 值从默认值 0.01 改为 0.1，新的回归树记为 rp_Car_Reg2
> print(rp_Car_Reg2)            # 导出回归树 rp_Car_Reg2 的基本信息
n= 45
node), split, n, deviance, yval
     * denotes terminal node
1) root 45 197.28760 11.903650
  2) 发动机功率< 134 19 31.69501  9.971586 *
  3) 发动机功率>=134 26 42.83833 13.315550 *
> printcp(rp_Car_Reg2)          # 导出回归树 rp_Car_Reg2 的 cp 表格
Regression tree:
rpart(formula = formula_Car_Reg, data = Train_Car, method = "anova", cp = 0.1)
Variables actually used in tree construction:
[1] 发动机功率
Root node error: 197.29/45 = 4.3842
n= 45
    CP      nsp litrel  error    xerrorxstd
1 0.62221   0  1.00000 1.04859 0.178934
2 0.10000   1  0.37779 0.47091 0.072203
```

相较于 CP 取默认值 0.01 的决策树 rp_Car_Reg，CP 值为 0.1 的新决策树 rp_Car_Reg2 中包括根节点在内仅含有 2 个节点，且节点 2 的 CP 值为 0.10000，该过程中仅用到了"发动机功率"这一个变量。另外我们也可通过剪枝函数 prune.rpart()来实现同样效果。

```
> rp_Car_Reg3=prune.rpart(rp_Car_Reg,cp=0.1)
    # 对决策树 rp_Car_Reg 按照 CP 值为 0.1 进行剪枝，新的回归树记为 rp_Car_Reg3
> print(rp_Car_Reg3)                    # 导出回归树 rp_Car_Reg3 的基本信息
n= 45
node), split, n, deviance, yval
     * denotes terminal node
1) root 45 197.28760 11.903650
  2) 发动机功率< 134 19 31.69501  9.971586 *
  3) 发动机功率>=134 26 42.83833 13.315550 *
```

```
> printcp(rp_Car_Reg3)                    # 导出回归树 rp_Car_Reg3 的 cp 表格
Regression tree:
rpart(formula = formula_Car_Reg, data = Train_Car, method = "anova")
Variables actually used in tree construction:
[1] 发动机功率
Root node error: 197.29/45 = 4.3842
n= 45
    CP        nsplit    rel error    xerror    xstd
1 0.62221    0         1.00000       1.07383   0.186923
2 0.10000    1         0.37779       0.47909   0.075484
```

对所生成树的大小也可通过深度参数 maxdepth 来控制，以下我们设置深度为 1。从输出结果中各节点输出信息的缩进量可以看出，除了根节点外，新的决策树仅有 1 个层次，这与我们之前通过 rpart()函数中的 cp 参数和 prune.rpart()函数调节 CP 值的效果相同。

```
> rp_Car_Reg4=rpart(formula_Car_Reg,Train_Car,method="anova",maxdepth=1)
                      # 将树的深度 maxdepth 设为 1，新的回归树记为 rp_Car_Reg4
> print(rp_Car_Reg4)  # 导出回归树 rp_Car_Reg4 的基本信息
n= 45
node), split, n, deviance, yval
      * denotes terminal node
1) root 45 207.36310 11.889900
  2) 发动机功率< 134 20  31.29448  9.926311 *
  3) 发动机功率>=134 25  37.26406 13.460770 *
> printcp(rp_Car_Reg4)                    # 导出回归树 rp_Car_Reg4 的 cp 表格
Regression tree:
rpart(formula = formula_Car_Reg, data = Train_Car, method = "anova",
maxdepth = 1)
Variables actually used in tree construction:
[1] 发动机功率
Root node error: 207.36/45 = 4.6081
n= 45
    CP        nsplit    rel error    xerror    xstd
1 0.66938    0         1.00000       1.11231   0.180692
2 0.01000    1         0.33062       0.46642   0.088799
```

2. 对"油耗"变量建立回归树——树形结果

在看了这么多数字型的输出结果后，下面我们开始用树状图来直观地对决策树建模结果进行观察分析。以下选择参数 minsplit 的值为 10 来绘制决策树图形，首先我们来查看决策树的简单数字结果，记为 rp_Car_Plot，来和后面的树形图结合分析。

```
> rp_Car_Plot=rpart(formula_Car_Reg,Train_Car,method="anova",minsplit=10)
                      # 设置 minsplit 为 10，新的回归树记为 rp_Car_Plot
> print(rp_Car_Plot)                      # 输出回归树 rp_Car_Plot 的基本信息
```

```
n= 45
node), split, n, deviance, yval
     * denotes terminal node
 1) root 45 198.1339000 11.886960
   2) 发动机功率< 134 19  33.4574500  9.962902
     4) 价格< 8037  6   0.9150295  8.375355 *
     5) 价格>=8037 13  10.4412800 10.695620
      10) 类型=Sporty 4   3.2923700  9.882929 *
      11) 类型=Compact,Small 9   3.3329100 11.056810 *
   3) 发动机功率>=134 26  42.9371400 13.293010
     6) 车重< 3087.5 10   6.1101690 12.142280
      12) 类型=Compact,Sporty 7   2.7407500 11.803570 *
      13) 类型=Medium 3   0.6925540 12.932600 *
     7) 车重>=3087.5 16  15.3090800 14.012220
      14) 类型=Compact,Medium 8   2.2890590 13.236640 *
      15) 类型=Large,Sporty,Van 8   3.3957190 14.787790 *
> rpart.plot(rp_Car_Plot)                    # 绘制决策树，如图 9-2 所示
```

在不改变 rpart.plot()的参数设置情况下，直接绘制决策树得到图 9-2。

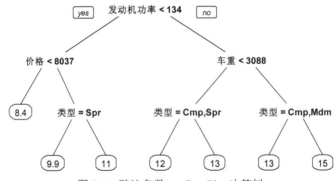

图 9-2　默认参数 rp_Car_Plot 决策树

我们参考之前 print(rp_Car_Plot)的输出结果来看，图中第一个节点"发动机<134"的左右分支分别对应于第 2)组和第 3)组信息，左二节点"价格<8037"则对应于 4)和 5)，依次类推。且在图中仅在第 1 个节点标明对应节点不等式"发动机<134"，左支代表判断为 yes 的样本，而右支代表 no，后面的枝节同理推得，不再标示。

相比于数字结果，从树状图中我们可以更清晰地看到模型对于目标变量的预测过程。

如图中最左支表示：对于发动机功率小于 134 公升，且价格低于 8037 美元的车的油耗被预测为 8.4 升/百公里。最右支表示：如果一辆车的功率大于等于 134 公升，车重大于等于 3088 磅，且是大型 Large、轻便型 Sporty 或箱型 Van 车（参见 print(rp_Car_Plot)输出结果中的第 15 分支：

15)　　类型=Large,Sporty,Van 83.3957190 14.787790 *)，则这辆车的油耗很可能是 15 升/百公里。

也就是说，决策树模拟出了人在做决策时的思维过程。当我们拿到一辆车的若干参数，比如发动机功率和价格，我们就可以根据这些参数的取值范围来大致估计出该车的油耗值，这对外行来说是十分有用的。

下面，我们来通过更改 rpart.plot()函数的相关参数，绘制出含有更丰富信息的决策树。

在分析默认参数下 rp_Car_Plot 决策树的最右支含义时，我们注意到，仅通过树中给出的信息无法全面给出每个分支的判断条件，需要额外查看数字结果。这时，就可以通过更改所绘制树状图的类型，即参数 type 来满足我们的需求。

```
> rpart.plot(rp_Car_Plot,type=4)          # 更改 type 参数为类型 4，绘制决策树，如图 9-3 所示
```

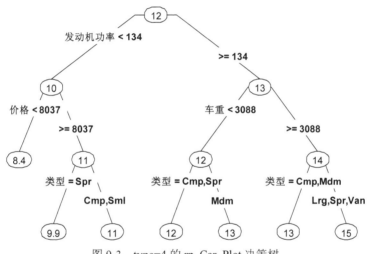

图 9-3　type=4 的 rp_Car_Plot 决策树

如图 9-3 所示，各分支变量在每一分支的取值范围都被标示出来，而且在每个节点的油耗预测值也被标出，给决策树的使用者带来了极大的方便。这是选择类型 4 的情况，读者还可设置类型为 1、2、3 来比较所绘制决策树的不同之处。

当树的分支较多时，我们可以选择设置"分支"参数 branch=1 来获得垂直枝干形状的决策树以减少图形所占空间，使得树状图的枝干不再显得杂乱无章，更方便查看和分析，如图 9-4 所示。

```
> rpart.plot(rp_Car_Plot,type=4,branch=1)# 更改 branch 参数为 1，绘制决策树，如图 9-4 所示
```

进一步的，当树的叶节点繁多，而又想从树中看清目标变量在所有分支下的预测结果时，可以将参数 fallen.leaves 设置为 TRUE，即表示将所有叶节点一致的摆放在树最下端，以方便查看。

```
> rpart.plot(rp_Car_Plot,type=4,fallen.leaves=TRUE)
                                # 更改 fallen.leaves 参数为 TRUE，绘制决策树，如图 9-5 所示
```

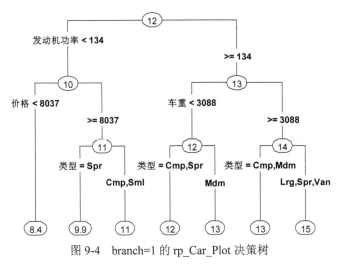

图 9-4 　branch=1 的 rp_Car_Plot 决策树

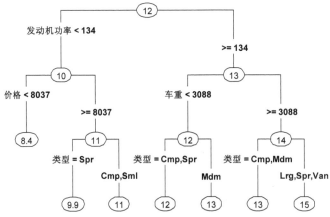

图 9-5 　fallen.leaves=TRUE 的 rp_Car_Plot 决策树

决策树的制图工具还有很多，如直接使用普通绘图函数 plot()，或专门用于绘制树状图的 draw.tree() 和 post() 函数，以下首先将这三种函数对 rp_Car_Plot 的绘制代码及生成图形列示如下。

```
> draw.tree(rp_Car_Plot, col=rep(1,7),nodeinfo=TRUE)
                              # 利用 draw.tree() 绘制决策树，如图 9-6 所示
```

由于空间有限，以上图形有部分重叠，从清晰显示的"价格"和"车重"两个节点，我们可以看出将节点信息"nodeinfo"参数设置为 TRUE，则可以在各节点处看到预测值、归于该节点的观测数，以及这些观测数所占百分比。如"价格<>8037"节点所显示的"9.9629024"、"19 obs"和"11.2%"三项信息。

另外，也可直接使用 plot() 函数来得到决策树，但需同时使用 text() 函数为 plot() 所得到的树状图框架加入节点信息，如图 9-7 所示。

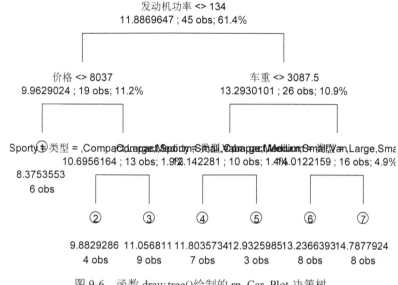

图 9-6 函数 draw.tree()绘制的 rp_Car_Plot 决策树

```
> plot(rp_Car_Plot,uniform=TRUE,main="plot: Regression Tree")
> text(rp_Car_Plot,use.n=TRUE,all=TRUE)
```

　　　　　　　　　　# 用 plot()直接绘图，并对如上制图结果添加相关文字内容，如图 9-7 所示

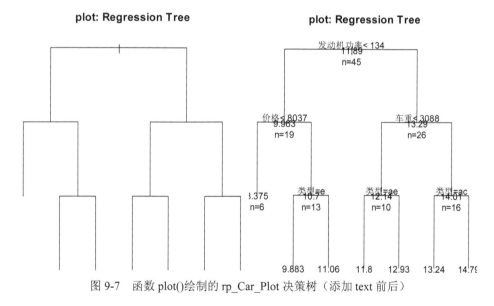

图 9-7 函数 plot()绘制的 rp_Car_Plot 决策树（添加 text 前后）

　　使用 plot()所绘制的决策树在每个节点所含信息与 draw.tree()相同，其在使用 text()加入文字信息前后的树状图分别如图 9-7 中两张图形所示。以下是 post()函数所得的回归树，与前者在信息量方面相同，仅外形有差异，可根据个人偏好选择使用，如图 9-8 所示。

```
> post(rp_Car_Mileage, file = "")  # 利用 post() 函数绘制决策树，如图 9-8 所示
```

post: Regression Tree

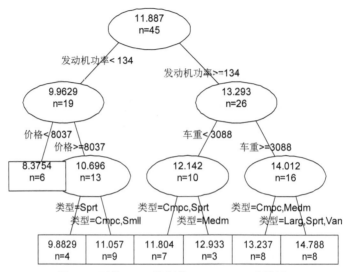

图 9-8   函数 post() 绘制的 rp_Car_Plot 决策树

3. 对"分组油耗"变量建立分类树

下面我们来对变量"分组油耗"构建分类树，即以预测离散变量的取值为目标的决策树，具体操作上，即更改 rpart() 函数中的类型参数 method 为"class"。

以下为建立分类树的程序代码及相应输出结果：

```
> formula_Car_Cla=分组油耗~价格+产地+可靠性+类型+车重+发动机功率+净马力
                                    # 设定模型公式，记为 formula_Car_Cla
> rp_Car_Cla=rpart(formula_Car_Cla,Train_Car,method="class",minsplit=5)
        # 按照公式 formula_Car_Class 对训练集 Train_Car 构建分类树，记为 rp_Car_Cla
> print(rp_Car_Cla)                 # 导出分类树 rp_Car_Cla 的基本信息
n= 45
node), split, n, loss, yval, (yprob)
     * denotes terminal node
1) root 45 19 A (0.57777778 0.26666667 0.15555556)
  2) 发动机功率>=134 26  2 A (0.92307692 0.07692308 0.00000000)
    4) 价格>=11222 20  0 A (1.00000000 0.00000000 0.00000000) *
    5) 价格< 11222 6  2 A (0.66666667 0.33333333 0.00000000)
     10) 发动机功率< 152 4  0 A (1.00000000 0.00000000 0.00000000) *
     11) 发动机功率>=152 2  0 B (0.00000000 1.00000000 0.00000000) *
  3) 发动机功率< 134 19  9 B (0.10526316 0.52631579 0.36842105)
```

```
 6) 价格>=8037 13  3 B (0.15384615 0.76923077 0.07692308)
 12) 产地=France,Japan/USA 3  1 A (0.66666667 0.33333333 0.00000000) *
 13) 产地=Germany,Japan,Mexico,USA 10  1 B (0.00000000 0.90000000 0.10000000) *
 7) 价格< 8037 6  0 C (0.00000000 0.00000000 1.00000000) *
```

以上输出结果与回归树类似，不同之处仅在于每个节点的预测值不再是具体数值，而是 A、B、C，即"分组油耗"变量的三个取值水平，分别代表油耗的高、中、低水平，具体 A 为 11.6~15.8 个油，B 为 9~11.6 个油，C 为 7.7~9 个油。

在可视化方面，分类树的绘制方法与回归树完全相同，下面仅以图 9-9 为例来展示，并简单分析。

```
> rpart.plot(rp_Car_Cla,type=4,fallen.leaves=TRUE)      # 对 rp_Car_Cla 绘制分类树
```

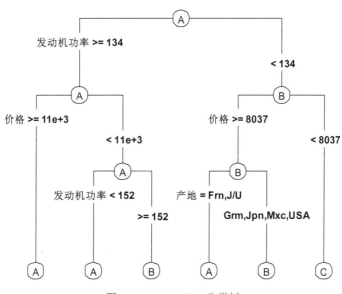

图 9-9　rp_Car_Cla 分类树

观察图 9-9，我们可以发现，那些发动机功率高于 134 公升，且价格约高于 1 万美元的车，往往是高油耗（A）的（最左支）；而那些功率低于 134 公升，且价格低于 8000 美元的车往往是低油耗（C）的（最右支）；更复杂的，功率低于 134 公升，价格高于 8000 美元的车中，产于德国、墨西哥的油耗往往要低于法国产的。

一般来说，决策树大多是分类树，即决策树多被用于判断离散变量的取值，比如用于解决是否采纳某一方案、选择哪一种产品、属于哪一种类型等问题。

4．对测试集 Test_Car 预测目标变量

在详细了解了决策树的构建方法、图形呈现及结果分析等过程后，我们来使用前面构建的分

类树 rp_Car_Cla 来对测试集 Test_Car 中的"分组油耗"变量进行预测，并对预测结果进行评价。

进行预测的程序代码如下：

```
> pre_Car_Cla=predict(rp_Car_Cla,Test_Car,type="class")
                        # 对测试集 Test_Car 中观测样本的"分组油耗"指标进行预测
> pre_Car_Cla                                          # 显示预测结果
 Eagle Summit 4    Mazda Protege 4    Pontiac LeMans 4    Subaru XT 4
 B                 C                  C                   B
 Honda Accord 4    Toyota Camry 4     Nissan Stanza 4     Volvo 240 4
 A                 A                  A                   A
  Buick Century 4  Ford Taurus V6     Toyota Cressida 6   Buick Le Sabre V6
 A                 A                  A                   A
 Chevrolet Caprice V8    Chevrolet Lumina APV V6    Nissan Van 4
 A                       A                          A
Levels: A B C
> (p=sum(as.numeric(pre_Car_Cla!=Test_Car$分组油耗))/nrow(Test_Car))  # 计算错误率
[1] 0.2666667
> table(Test_Car$分组油耗,pre_Car_Cla)                         # 获取混淆矩阵
   pre_Car_Cla
     A   B   C
  A  9   0   0
  B  2   1   1
  C  0   1   1
```

我们看到预测错误率为 0.27，即 15 个待预测样本中共有 4 个被错误预测其油耗水平，具体的，由混淆矩阵得知这 4 个错分样本中有 3 个为 B 类，1 个为 C 类，A 类全部判断正确。

需要说明的是，这里的预测仅仅是为了说明如何使用已建立的决策树来对未知样本的目标变量进行预测，在这种小样本情况下计算错误率并没有太大的意义，因为数据一旦有微小变动，结果就将出现很大差异。

9.3.2　C4.5 应用

在前面的理论部分，我们已经知道 C4.5 算法仅适用于离散变量，即构建分类树，因此这里我们就继续沿用上面的 car.test.frame 数据集来对"分组油耗"指标进行建树。

需要说明的是，用于实现 C4.5 算法的核心函数 J48()对于中文识别不太完善，因此我们这部分将使用原英文数据集中的变量名称。中英文对照如下，分组油耗：Oil_Consumption、产地：Country、可靠性：Reliability、英里数：Mileage、类型：Type、车重：Weight、发动机功率：Disp. 以及净马力：HP。

软件包 RWeka 的安装和加载过程如下：

```
> install.packages("RWeka")                    # 安装软件包 RWeka
> library(RWeka)                               # 加载软件包 RWeka
```

下面以两条程序代码进行简单预处理，并将之后要代入 J48()函数中的模型公式进行设置，记为 formula。

```
> names(Train_Car)=c("Price","Country","Reliability","Mileage","Type","Weight", "Disp.",
+              "HP","Oil_Consumption")              # 更改为英文变量名
> Train_Car$Oil_Consumption=as.factor(Train_Car$Oil_Consumption)
              # 将分组油耗 Oil_Consumption 的变量类型改为因子型，使 J48()函数可识别
> formula=Oil_Consumption~Price+Country+Reliability+Type+Weight+Disp.+HP
                                        # 设置模型公式
```

我们首先在 J48()函数各参数取默认值的情况下，来构建分类树模型，记为 C45_0 如下：

```
> C45_0=J48(formula,Train_Car)          # 在默认参数取下，构建分类树模型 C45_0
> C45_0                                  # 输出分类树 C45_0
J48 pruned tree
------------------
Disp. <= 125
|   Price <= 7402: C (5.0)
|   Price > 7402: B (7.0/1.0)
Disp. > 125
|   Price <= 11470
|   |   Type = Compact
|   |   |   Price <= 9995: A (2.0)
|   |   |   Price > 9995: B (3.0/1.0)
|   |   Type = Large: B (0.0)
|   |   Type = Medium: B (0.0)
|   |   Type = Small: B (0.0)
|   |   Type = Sporty: B (2.0)
|   |   Type = Van: B (0.0)
|   Price > 11470: A (18.0)
Number of Leaves :10
Size of the tree :15
```

如上，我们得到了分类树 C45_0 的数字型结果，与 rpart()输出结果类似，同样以缩进量来区分树的不同层次，如第一个节点变量为 Disp.，且以 Disp. <= 125 和 Disp. > 125 分为两支，共计 10 个叶节点，15 个节点。每个分支之后，显示了该分支所对应的分组油耗 Oil_Consumption 取值水平为 A、B 或 C，最后括号中的数字表示有多少观测样本被归入该分支，且其中有几个是被错分的。比如：

```
Disp. > 125
|   Price <= 11470
|   |   Type = Compact
|   |   |   Price > 9995: B (3.0/1.0)
```

表示发动机功率 Disp.大于 125 公升、价格低于或等于 11470 美元的紧凑型汽车，如果该车的价格是高于 9995 美元的，就属于中等 B 油耗水平车辆，且训练集中按此决策过程进行划分，有 3

个样本被归入该分支，其中有 1 个被错误归类，即在现有数据集下，我们有 67%（=2/3）的把握按照这条分支来划分车辆的油耗水平。

另外，还可以通过 summary()函数来获得一些额外信息，比如所有被正确归类的样本数 Correctly Classified Instances（35），相应的有，被错误归类的样本数 Incorrectly Classified Instances（2），以及它们各自占样本总数的百分比（94.5946 %，5.4054 %）。当然还有，样本总数 Total Number of Instances（37），混淆矩阵 Confusion Matrix 也随之给出。

```
> summary(C45_0)
  === Summary ===
  Correctly Classified Instances          35          94.5946 %
  Incorrectly Classified Instances        2           5.4054 %
  Kappa statistic                         0.9074
  Mean absolute error                     0.0549
  Root mean squared error                 0.1657
  Relative absolute error                 14.0768 %
  Root relative squared error             37.7166 %
  Coverage of cases (0.95 level)          100%
  Mean rel. region size (0.95 level)      42.3423 %
  Total Number of Instances               37
  === Confusion Matrix ===
  a    b    c    <-- classified as
  20   1    0  |  a = A
  0    10   0  |  b = B
  0    1    5  |  c = C
```

下面我们来通过 control 参数控制分类树的生成过程，具体可参见表 9-2。这里我们仅通过设置 control 参数的取值之一——M，即对每个叶节点设置最小观测样本量来对树进行剪枝。我们知道，M 的默认值为 2，现在将其取值为 3 来剪去若干所含样本量较小的分支。

程序代码如下：

```
> C45_1=J48(formula,Train_Car,control=Weka_control(M=3))
                              # 取 control 参数的 M 值为 3，构建分类树模型 C45_1
> C45_1                       # 输出分类树 C45_1
J48 pruned tree
------------------
Disp. <= 125
|   Price <= 7402: C (5.0)
|   Price > 7402: B (7.0/1.0)
Disp. > 125
|   Price <= 11470: B (7.0/3.0)
|   Price > 11470: A (18.0)
Number of Leaves :    4
Size of the tree :    7
```

由输出结果我们知道，这是一个含有 4 个叶节点，共计 7 个节点的分类树，相对含有 10 个叶节点，共计 15 个节点的分类树 C45_0 是一棵较为简单的树。

下面我们通过 plot()函数直接对 C45_1 绘制分类树图形，如图 9-10 所示。

```
> plot(C45_1)                                          # 对 C45_1 绘制分类树
```

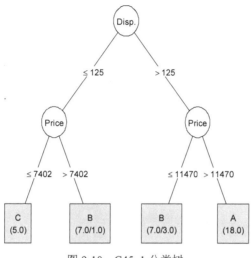

图 9-10　C45_1 分类树

9.4　本章汇总

draw.tree()	函数	绘制树状图
J48()	函数	实现 C4.5 算法的核心函数
maptree	软件包	提供函数 draw.tree()
mvpart	软件包	提供数据集 car.test.frame
post()	函数	对 rpart()结果绘制演示图
prune.rpart()	函数	对 rpart()的结果进行剪枝
rpart	软件包	提供函数 rpart()、prune.rpart()、post()
rpart()	函数	建立 CART 决策树的核心函数
rpart.plot	软件包	提供函数 rpart.plot()
rpart.plot()	函数	对 rpart()的结果绘制决策树
RWeka	软件包	提供函数 J48()
sampling	软件包	提供函数 strata()

下篇

高级算法及应用

第 10 章

集成学习

集成学习是近年来机器学习领域中的研究热点之一。经典的两个集成算法是 Bagging 和 AdaBoost，它们分别以某种巧妙的方式将若干基分类器的预测结果进行综合，以达到显著提升分类效果的目的。

若我们以民主选举过程来比拟分类器的运作过程，则选举中每位选民的一次投票就相当于一个基分类器的分类结果，而一大批选民的一次投票则可以认为是一个集成分类算法的分类结果。可以想象，如果选举仅由一个人的投票来决定，那么选举结果的稳定性、可靠性都是很值得怀疑的，因为如果换一个人来投票，或在同一个人的不同情绪状态下投票，结果将会有很大差异，正如一个基分类器的分类结果往往难以令人满意；而若是由全民投票来产生结果，则这一结果可以体现大多数人的意志，就算多举行几次投票，结果也将稳定，且可以认为该结果是正确的。这正是将基分类器进行集成的目的所在——使分类结果稳定，且正确率高。

10.1 概述

这一节将简要说明 Bagging 和 AdaBoost 算法的基本原理及其特点，使读者从直观上理解集成算法的优势所在，以及为何具有该优势。

10.1.1 一个概率论小计算

首先，我们从一个简单的概率论小计算引入，来说明"集成"的功效：设共有 n 个基分类器，每个基分类器的预测正确率都为 0.5，即一半的正确率，相当于乱猜；但当我们考虑用这 n 个基分类器共同进行预测，该预测结果正确的概率 P 等于"1−n 个分类器全部预测错误的概率"，即 $P=1-(1-0.5)^n$。

在 $n=5$ 时，$P=1-(1-0.5)^5=0.96875$；$n=15$ 时，$P=1-(1-0.5)^{15}=0.99997$；$n=25$ 时，

$P=1-(1-0.5)^25=1.00000$。也就是说，25 个"乱猜"的基分类器预测结果"集成"后，其预测正确率则趋近于 1，这就是"集成算法"的基本思想和神奇所在。

10.1.2　Bagging 算法

Bagging 是 Bootstrap Aggregating 的缩写，简单来说，就是通过使用 Bootstrapping 抽样[①]得到若干不同的训练集，以这些训练集分别建立模型，即得到一系列基分类器，这些分类器由于来自不同的训练样本，它们对同一测试集的预测效果不一。因此，Bagging 算法随后对基分类器的一系列预测结果进行投票（分类问题）或平均（回归问题），从而得到每一个测试集样本的最终预测结果，这一集成后的结果往往是准确而稳定的。

比如现有基分类器 1 至 10，它们对某样本的预测结果分别为类别 1、2、1、1、1、1、2、1、1、2，则 Bagging 给出的最终结果即为"该样本属于类别 1"，因为大多数基分类器将票投给了类别 1。

10.1.3　AdaBoost 算法

AdaBoost 相对于 Bagging 算法更为巧妙，且一般来说是效果更优的集成分类算法，尤其在数据集分布不平衡的情况下，其优势更为显著。该算法的提出先于 Bagging，但在复杂度和效果上高于 Bagging，因此考虑先行介绍 Bagging 算法。

AdaBoost 同样是在若干基分类器基础上的一种集成算法，但不同于 Bagging 对一系列预测结果的简单综合，该算法在依次构建基分类器的过程中，会根据上一个基分类器对各训练集样本的预测结果，自行调整在本次基分类器构造时，各样本被抽中的概率。具体来说，如果在上一基分类器的预测中，样本 i 被错误分类了，那么，在这一次基分类器的训练样本抽取过程中，样本 i 就会被赋予较高的权重，以使其能够以较大的可能被抽中，从而提高其被正确分类的概率。

这样一个实时调节权重的过程正是 AdaBoost 算法的优势所在，它通过将若干具有互补性质的基分类器集合于一体，显著提高了集成分类器的稳定性和准确性。另外，Bagging 和 AdaBoost 的基分类器选取都是任意的，但绝大多数我们使用决策树，因为决策树可以同时处理数值、类别、次序等各类型变量，且变量的选择也较容易。

10.2　R 中的实现

10.2.1　相关软件包

本章将使用 adabag 软件包来实现算法，该软件包专注于 Bagging 与 Boosting 这两种算法，含

---

① Bootstrapping，自助抽样法是一种从给定训练集中等概率、有放回地进行重复抽样，也就是说，每当选中一个样本，它等可能地被再次选中并被再次添加到训练集中。

有若干相关函数，具体内容将在下一节详细介绍。

10.2.2　核心函数

1. bagging 函数

函数 bagging() 的基本格式为：

```
bagging(formula,data, mfinal = 100, control)
```

其中仅含有 4 个参数。formula 表示用于建模的公式，格式为 y~x1+x2+x3；data 中放置待训练数据集；mfinal 表示算法的迭代次数，即基分类器的个数，可设置为任意整数，缺失值为 100；这里的 control 参数与 rpart() 函数中的相同，用于控制基分类器的参数，详细内容可参见上一章 rpart() 函数解析中的 rpart.control() 部分。

2. boosting 函数

函数 boosting() 中的 Adaboost 算法以分类树为基分类器，其基本格式为：

```
boosting(formula, data, boos = TRUE, mfinal = 100, coeflearn = 'Breiman',control)
```

其中的 formula、data、mfinal 及 control 参数与 bagging() 中完全相同，不再解释；boos 参数用于选择在当下的迭代过程中，是否用各观测样本的相应权重来抽取 boostrap 样本，其默认值为 TRUE，如果取 FALSE，则每个观测样本都以其相应权重在迭代过程中被使用；coeflearn 用于选择权重更新系数 alpha 的计算方式，默认取 Breiman，即 alpha=1/2ln((1-err)/err)，另外也可更改设置为 "Freund" 或 "Zhu"。

10.2.3　数据集

本章将使用 UCI Machine Learning Repository[②]数据库中的 Bank Marketing[③]数据集，该数据集来自于某葡萄牙银行机构的一个基于电话跟踪的商业营销项目，其中收录了包括银行客户个人信息及与电话跟踪咨询结果有关的 16 个自变量，以及 1 个因变量——该客户是否订阅了银行的定期存款。

另外，UCI 数据库提供了 bank-full.csv 和 bank.csv 两个可下载数据文件，前者是从 2008 年 5 月至 2010 年 11 月的全部 45211 条数据，后者则是从中随机抽取出 10% 的 4521 条数据，这里我们使用 bank.csv 已足够。

```
> setwd("D://book")                                  # 设置路径
> data=read.csv("bank.csv",header=TRUE,sep=";")       # 读取 bank.csv 数据文件
> dim(data)                                          # 查看数据维度
```

---

② 参见 http://archive.ics.uci.edu/ml/index.html。

③ 参见 http://archive.ics.uci.edu/ml/datasets/Bank+Marketing。

```
[1]  4521    17
  > head(data)                                      # 查看数据集的前若干条样本信息
     age job           marital  education  default  balance  housing  loan   contact
1    30  unemployed    married  primary    no       1787     no       no     cellular
2    33  services      married  secondary  no       4789     yes      yes    cellular
3    35  management    single   tertiary   no       1350     yes      no     cellular
4    30  management    married  tertiary   no       1476     yes      yes    unknown
5    59  blue-collar   married  secondary  no       0        yes      no     unknown
6    35  management    single   tertiary   no       747      no       no     cellular
     day month  duration  campaign  pdays  previous  poutcome  y
1    19  oct    79        1         -1     0         unknown   no
2    11  may    220       1         339    4         failure   no
3    16  apr    185       1         330    1         failure   no
4    3   jun    199       4         -1     0         unknown   no
5    5   may    226       1         -1     0         unknown   no
6    23  feb    141       2         176    3         failure   no
> summary(data)                                     # 查看变量基本信息
 age                job                marital          education         default
 Min.    :19.00     management :969    divorced :528    primary   :678    no  :4445
 1st Qu. :33.00     blue-collar:946    married  :2797   secondary :2306   yes :76
 Median  :39.00     technician :768    single   :1196   tertiary  :1350
 Mean    :41.17     admin.     :478                     unknown   :187
 3rd Qu. :49.00     services   :417
 Max.    :87.00     retired    :230
                    (Other)    :713
 ......

 campaign          pdays             previous           poutcome           y
 Min.    : 1.000   Min.    : -1.00   Min.    : 0.0000   failure : 490      no  : 4000
 1st Qu. : 1.000   1st Qu. : -1.00   1st Qu. : 0.0000   other   : 197      yes : 521
 Median  : 2.000   Median  : -1.00   Median  : 0.0000   success : 129
 Mean    : 2.794   Mean    : 39.77   Mean    : 0.5426   unknown : 3705
 3rd Qu. : 3.000   3rd Qu. : -1.00   3rd Qu. : 0.0000
 Max.    :50.000   Max.    : 871.00  Max.    : 25.0000
```

以上仅给出了部分变量的基本信息，读者可自行查看完整结果，下面我们综合 summary 的输出结果，将各个变量的详细信息列于表 10-1。

表 10-1 Bank Marketing 数据集变量信息

序号	名称（英）	名称（中）	类型	取值范围及含义
1	age	年龄	数值	19 至 87
2	job	工作类型	分类	admin.行政；unknown 未知；unemployed 失业；management 管理；housemaid 客房服务；entrepreneur 企业家；student 学生；blue-collar 体力劳动者；self-employed 个体；retired 退休；technician 技术人员；services 服务业

序号	名称（英）	名称（中）	类型	取值范围及含义
3	marital	婚姻状况	分类	married 已婚；divorced 离婚或丧偶；single 单身
4	education	教育程度	分类	unknown 未知；secondary 中学；primary 小学；tertiary 大学
5	default	是否无信用违约	二分	yes 是；no 否
6	balance	年均余额（欧元）	数值	–3313 至 71188
7	housing	是否有房贷	二分	yes 是；no 否
8	loan	是否有个人贷款	二分	yes 是；no 否
9	contact	联系方式	分类	unknown 未知；telephone 固定电话；cellular 移动电话
10	day	最近一次联系的日期	数值	1 至 31
11	month	最近一次联系的月份	分类	jan 一月；feb 二月；mar 三月；……；nov 十一月；dec 十二月
12	duration	最近一次联系的持续时间（秒）	数值	4 至 3025
13	compaign	该次项目中联系总次数	数值	1 至 50
14	pdays	最近一次联系距今的日数	数值	–1 未联系过；1 至 871
15	previous	该次项目之前联系的总次数	数值	0 至 25
16	poutcome	之前营销项目的结果	分类	unknown 未知；success 成功；failure 失败；other 其他
17	y	是否订阅银行的定期存款	二分	yes 是；no 否

我们使用数据集的四分之一样本作为测试集来评价分类器的性能，以下为训练集和测试集的构造过程。

```
> sub=sample(1:nrow(data),round(nrow(data)/4))    # 随机抽取 data 四分之一样本的序号
> length(sub)                                       # 显示 sub 中存有的样本序号个数
[1] 1130
> data_train=data[-sub,]                            # 将不包含于 sub 中的数据构造为训练集 data_train
> data_test=data[sub,]                              # 将包含于 sub 中的数据构造为测试集 data_test
> dim(data_train);dim(data_test)                    # 显示训练集和测试集的维度
[1] 3391   17
[1] 1130   17
```

10.3　应用案例

以下我们将分别使用 bagging() 与 boosting() 函数来实现相应的算法，其中将主要讨论 bagging() 函数的运作过程及输出结果，boosting() 类似，仅简略说明。

10.3.1　Bagging 算法

首先，我们下载并加载所需软件包：

```
> install.packages("adabag")        # 下载软件包 adabag
> install.packages("rpart")         # 下载软件包 rpart
> library(adabag)                   # 加载软件包 adabag
> library(rpart)                    # 加载软件包 rpart
```

1.　对训练集 data_train 运行 Bagging 算法

下面我们开始使用 bagging() 函数来建立模型，为了便于说明输出结果，仅在迭代过程中生成 5 棵决策树，即设 mfinal=5。

```
> bag=bagging(y~.,data_train,mfinal=5)      # 使用 bagging()函数建模，记为 bag
```

现使用 names() 函数来看得到了哪些输出项，并一一查看各项结果并解析。

```
> names(bag)                         # 显示模型 bag 所生成的输出项名称
[1] "formula"   "trees"   "votes"   "prob"   "class"   "samples"   "importance"
```

其中第一项输出结果为建模所依据的公式 formula，如下：

```
> bag$formula                        # 模型 bag 构建所依据的公式 formula
 y ~ .
```

第二项为迭代过程中所生成每棵决策树 trees 的具体情况，而这里树的个数即为参数 mfinal 的取值，如下仅输出了其中第二棵决策树的具体构成。

我们可以看到，所得到的是一棵枝干茂盛的分类树，因此可以考虑通过 control 参数来控制基分类器的相关参数。下面我们继续解读 bagging() 函数给出的所有输出项，随后再尝试更改参数。

```
> bag $trees[2]                      # 模型 bag 中第二棵决策树的构成
[[2]]
n= 3391
node), split, n, loss, yval, (yprob)
    * denotes terminal node
 1) root 3391 444 no (0.86906517 0.13093483)
   2) duration< 628.5 3069 268 no (0.91267514 0.08732486)
     4) poutcome=failure,other,unknown 2963 200 no (0.93250084 0.06749916) *
     5) poutcome=success 106 38 yes (0.35849057 0.64150943)
```

```
    10) pdays>=95.5 68  33 no (0.51470588 0.48529412)
      20) job=admin.,blue-collar,housemaid,retired,services,student,unknown 41
11 no (0.73170732 0.26829268)
        40) month=apr,aug,feb,jan,may,nov,oct,sep 32   4 no (0.87500000 0.12500000) *
        41) month=dec,jul,jun 9   2 yes (0.22222222 0.77777778) *
      21) job=management,technician,unemployed 27   5 yes (0.18518519 0.81481481) *
    11) pdays< 95.5 38   3 yes (0.07894737 0.92105263) *
  3) duration>=628.5 322 146 yes (0.45341615 0.54658385)
   6) month=dec,jan,jun,nov 71  20 no (0.71830986 0.28169014) *
   7) month=apr,aug,feb,jul,may,oct 251  95 yes (0.37848606 0.62151394)
    14) contact=telephone,unknown 73  31 no (0.57534247 0.42465753)
      28) marital=divorced,married 57  18 no (0.68421053 0.31578947)
        56) duration< 995 37   5 no (0.86486486 0.13513514) *
        57) duration>=995 20   7 yes (0.35000000 0.65000000)
         114) age< 44.5 9   2 no (0.77777778 0.22222222) *
         115) age>=44.5 11   0 yes (0.00000000 1.00000000) *
      29) marital=single 16   3 yes (0.18750000 0.81250000) *
    15) contact=cellular 178  53 yes (0.29775281 0.70224719)
      30) job=admin.,housemaid,self-employed 18   6 no (0.66666667 0.33333333) *
      31) job=blue-collar,entrepreneur,management,retired,services,student,
technician,unemployed,unknown 160  41 yes (0.25625000 0.74375000) *
```

第三项为 Bagging 算法对每一个观测样本关于两个类别 no 和 yes 的投票 votes 情况，由于共建立了 5 棵决策树，且每棵树对每一样本的类别都有各自的判断，则总票数为 5。Bagging 算法最终即是根据某样本在各类别中所获得票数的高低来决定该样本所属的类别。

```
> bag$votes[105:115,]          # 模型 bag 中第 105 至第 115 个样本的投票情况
        [,1] [,2]
 [1,]    5    0
 [2,]    5    0
 [3,]    5    0
 [4,]    0    5
 [5,]    5    0
 [6,]    5    0
 [7,]    5    0
 [8,]    1    4
 [9,]    5    0
[10,]    5    0
[11,]    5    0
```

第四项为每一样本属于各类别的概率 prob 矩阵，可以简单看作是如上 votes 结果的百分比形式。

```
> bag$prob[105:115,]          # 模型 bag 中第 105 至第 115 个样本被预测为各类别的概率
      [,1] [,2]
[1,] 1.0  0.0
[2,] 1.0  0.0
[3,] 1.0  0.0
[4,] 0.0  1.0
```

```
[5,]  1.0  0.0
[6,]  1.0  0.0
[7,]  1.0  0.0
[8,]  0.2  0.8
[9,]  1.0  0.0
[10,] 1.0  0.0
[11,] 1.0  0.0
```

第五项为 Bagging 算法对于各样本所属类别 class 的最终判断。我们看到，该预测结果是与上面的投票 votes 及概率 prob 相符的，比如对第 112 个样本，有 4 个基分类器把它预测为类别 2，即 "yes"，1 个基分类器将其预测为 "no"，其相应的概率分别为 0.2 和 0.8，则其最终预测类别为 "yes"。

```
> bag$class[105:115]              # 模型 bag 对于第 105 至第 115 个样本的预测类别
 [1] "no"  "no"  "no"  "yes" "no"  "no"  "no"  "yes" "no"  "no"  "no"
```

第六项为 5 次迭代过程中所使用的 boostrap 样本。

```
> bag$samples[105:115,]
                        # 模型 bag 中第 105 至第 115 个样本在 5 次迭代过程中的抽样情况
        [,1]    [,2]    [,3]    [,4]    [,5]
[1,]    3172    145     3229    1236    4
[2,]    2474    673     2650    590     2893
[3,]    1011    3370    1631    2978    441
[4,]    912     2423    1843    2702    2734
[5,]    254     2605    1485    261     2553
[6,]    2301    523     3318    182     2809
[7,]    1846    1906    232     1932    374
[8,]    14      2932    2567    3165    226
[9,]    910     891     2761    875     634
[10,]   267     1147    2154    1168    1020
[11,]   1823    389     557     2998    1902
```

第七项为各输入变量在分类过程中的相对重要性，并绘制其中前 10 个变量重要程度的条形图，如图 10-1 所示。从中我们可以明显看到客户的工作类型 job 有着极高的重要性，也就是说，客户从事何种类型的工作对其是否会订阅银行的定期存款有着密切的联系。

```
> bag$importance                 # 模型 bag 中各输入变量的相对重要性
age         balance     campaign    day         default     duration    job
1.6495543   1.8328496   0.3932745   0.8141960   2.8378559   0.3983121   47.5543184
month       pdays       poutcome    <NA>        <NA>        <NA>        <NA>
1.0087044   0.0000000   6.4211369   0.0000000   1.5837069   11.6328555  1.7193157
<NA>        <NA>
21.6174658  0.5364541
```

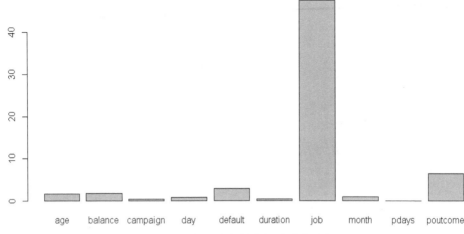

图 10-1　前 10 个变量的相对重要程度

现在我们来解决之前查看 bag 模型的 trees 输出项时，得到子树过于茂盛的问题，以下通过 control 参数中树的深度 maxdepth 来控制基分类树的大小，这里设置为 3，所得子树的复杂度明显降低。代码及部分输出结果如下：

```
> bag1=bagging(y~.,data_train,mfinal=5,control=rpart.control(maxdepth=3))
                                    # 通过 control 参数控制基分类树的复杂度
> bag1$trees[2]                     # 查看第二棵子树的具体结构
[[1]]
n= 3391
node), split, n, loss, yval, (yprob)
     * denotes terminal node
 1) root 3391 393 no (0.88410498 0.11589502)
   2) duration< 638 3114 241 no (0.92260758 0.07739242)
     4) poutcome=failure,other,unknown 3040 183 no (0.93980263 0.06019737) *
     5) poutcome=success 74  16 yes (0.21621622 0.78378378) *
   3) duration>=638 277 125 yes (0.45126354 0.54873646)
     6) day< 9.5 67  21 no (0.68656716 0.31343284)
      12) duration>=678.5 60  15 no (0.75000000 0.25000000) *
      13) duration< 678.5 7   1 yes (0.14285714 0.85714286) *
     7) day>=9.5 210  79 yes (0.37619048 0.62380952) *
```

2. 对测试集 data_test 的目标变量进行预测

下面我们使用如上建立的模型 bag 来对测试集中的是否订阅银行定期存款的 y 变量进行预测，这里仍旧将迭代次数设为 5。

```
> pre_bag=predict(bag,data_test)
                #使用 bag 模型对测试集中目标变量的取值进行预测，记为 pre_bag
```

```
> names(pre_bag)                    # 显示预测结果的输出项名称
[1] "formula"   "votes"    "prob"     "class"    "confusion"     "error"
```

现在我们来一一查看预测结果中的各个输出项，其中第一个 formula 为建模公式，跳过，直接查看投票 votes 项，其前 10 条信息如下所示，显示了 5 棵子树对这 10 个测试样本的投票情况，其中除了第 6 个样本在子树间造成的"意见不一"，其他 9 条样本都以"全票通过"被预测为类别 1。

```
> pre_bag$votes[1:10,]              # 预测结果 pre_bag 中前 10 个样本的投票情况
        [,1] [,2]
 [1,]    5    0
 [2,]    5    0
 [3,]    5    0
 [4,]    5    0
 [5,]    5    0
 [6,]    2    3
 [7,]    5    0
 [8,]    5    0
 [9,]    5    0
[10,]    5    0
```

同模型构建的 prob 输出项一样，为每一样本属于各类别的概率 prob 矩阵，可以简单看作是如上 votes 结果的百分比形式。

```
> pre_bag$prob[1:10,]               # 模型 bag 中前 10 个样本被预测为各类别的概率
        [,1] [,2]
 [1,]   1.0  0.0
 [2,]   1.0  0.0
 [3,]   1.0  0.0
 [4,]   1.0  0.0
 [5,]   1.0  0.0
 [6,]   0.4  0.6
 [7,]   1.0  0.0
 [8,]   1.0  0.0
 [9,]   1.0  0.0
[10,]   1.0  0.0
```

class 项给出了 pre_bag 对测试集各样本的预测结果，这是我们使用预测 predict()函数最想获得的结果之一。

```
> pre_bag$class[1:10]               # 测试集各样本的预测类别
  [1] "no" "no" "no" "no" "no" "yes" "no" "no" "no" "no"
```

混淆矩阵 confusion 和预测误差 error 给出了预测结果的初步分析。我们来看混淆矩阵，其中属于"no"类别的样本有 976 个被正确分类，35 个错分为"yes"，可以说大部分都被正确预测了，但"yes"类的样本却仅有 42 个预测正确，77 个错误，大部分被错误预测。这正是我们提到过的

不平衡数据问题，"yes"相对于"no"类别来说，是数据集中的少数类，其在分类模型中的训练不足，难以达到令人满意的预测效果。

```
> pre_bag$confusion                    # 测试集预测结果的混淆矩阵
           Observed Class
Predicted Class      no    yes
              no    976     77
             yes     35     42
> pre_bag$error                        # 测试集预测错误率
[1] 0.09911504
```

我们来查看测试集中少数类"yes"和多数类"no"的样本数各为多少，并将计算过程中的变量用于后续两类别各自错误率的计算。

```
> sub_minor=which(data_test$y=="yes")      # 取少数类"yes"在测试集中的编号
> sub_major=which(data_test$y=="no")       # 取多数类"no"在测试集中的编号
> length(sub_minor); length(sub_major)     # 查看多数类和少数类样本的个数
[1] 119
[1] 1011
```

下面我们分别计算出测试集总体的预测错误率，以及两类别各自的正确率。

```
> err_bag=sum(pre_bag$class!=data_test$y)/nrow(data_test)# 计算总体错误率 err_bag
> err_minor_bag=sum(pre_bag$class[sub_minor]!=data_test$y[sub_minor])/length
  (sub_minor)
                                  # 计算少数类"yes"的错误率 err_minor_bag
> err_major_bag=sum(pre_bag$class[sub_major]!=data_test$y[sub_major])/length
  (sub_major)
                                  # 计算多数类"no"的错误率 err_major_bag
> err_bag; err_minor_bag; err_major_bag
[1] 0.09911504
[1] 0.6470588
[1] 0.03461919
```

我们看到总的错误率约为 0.0991，多数类"no"的错误率更低，仅为 0.0346，而其中少数类"yes"的错误率却高达 0.6471。这正是由于数据的不平衡性造成的。在开始时我们提到过，Adaboost 算法在处理不平衡数据集时具有一定优势，因此在下一部分我们将查看 Adaboost 对于同一测试集的预测结果，并与这里的 Bagging 结果进行比较。

另外，不平衡数据问题在理论和实际中都是一个日趋重要的话题，读者有兴趣可查看更多的资料深入了解。

10.3.2　Adaboost 算法

Boosting()函数的使用方式与 Bagging()相同，不再赘述，下面我们直接对训练集 data_train 运行 Adaboost 算法，并对测试集 data_test 进行预测，迭代次数 mfinal 依然设为 5，输出整体预测错误率，以及少数类和多数类各自的错误率。

```
> boo=boosting(y~.,data_train,mfinal=5)      # 建立 Adaboost 模型
> err_boo=sum(pre_boo$class!=data_test$y)/nrow(data_test)# 计算总体错误率 err_boo
> err_minor_boo=sum(pre_boo$class[sub_minor]!=data_test$y[sub_minor])/length
  (sub_minor)
                                    # 计算少数类 "yes" 的错误率 err_minor_boo
> err_major_boo=sum(pre_boo$class[sub_major]!=data_test$y[sub_major])/length
  (sub_major)
                                    # 计算多数类 "no" 的错误率 err_major_boo
> err_boo; err_minor_boo; err_major_boo
[1] 0.1079646
[1] 0.5798319
[1] 0.05242334
```

我们看到，除了少数类的预测错误率相对于 Bagging 有所提升，整体和多数类的错误率有轻微下降，Adaboost 确实可以修正数据集的不平衡问题，但总体来说，与 Bagging 的效果差别不大。但考虑到仅一次实现的偶然性，关于 Bagging 和 Adaboost 算法预测效果差异的评价需要在更丰富的数据经验基础之上给出，读者可查找更多资料了解。

10.4　本章汇总

adabag	软件包	提供函数 bagging() 及 boosting()
bagging()	函数	实现 Bagging 算法
boosting()	函数	实现 Boosting 算法

第11章

随机森林

在当今的现实生活中存在着很多种微信息量的数据，如何采集这些数据中的信息并进行利用，成为了数据分析领域里一个新的研究热点。机器学习方法是处理这样的数据的理想工具。随机森林以它自身固有的特点和优良的分类效果在众多的机器学习算法中脱颖而出。随机森林算法的实质是基于决策树的分类器集成算法，其中每一棵树都依赖于一个随机向量，森林中的所有的向量都是独立同分布的。

11.1 概述

随机森林是一种比较新的机器学习模型。经典的机器学习模型是神经网络，有半个多世纪的历史了。神经网络预测精确，但是计算量很大。20 世纪 80 年代，Breiman 等人发明分类树的算法，通过反复二分数据进行分类或回归，计算量大大降低。2001 年，Breiman 把分类树组合成随机森林，即在变量（列）的使用和数据（行）的使用上进行随机化，生成很多分类树，再汇总分类树的结果。

随机森林在运算量没有显著提高的前提下提高了预测精度。随机森林对多元共线性不敏感，结果对缺失数据和非平衡的数据比较稳健，可以很好地预测多达几千个解释变量的作用，被誉为当前最好的算法之一。

11.1.1 基本原理

1. 随机森林的定义

随机森林是一个树型分类器 $\{h(x,\beta_k), k=1,\cdots\}$ 的集合。其中元分类器 $h(x,\beta_k)$ 是用 CART 算法构建的没有剪枝的分类决策树；x 是输入向量；β_k 是独立同分布的随机向量，决定了单棵树的生长过程；森林的输出采用简单多数投票法，或者是单棵树输出结果的简单平均得到。其中简单多数投票法主要针对分类模型；单棵树输出结果的简单平均主要针对回归模型。

2．随机森林的基本思想

随机森林是通过自助法（boot-strap）重采样技术，从原始训练样本集 N 中有放回地重复随机抽取 k 个样本生成新的训练集样本集合，然后根据自助样本集生成 k 个决策树组成的随机森林，新数据的分类结果按决策树投票多少形成的分数而定。

其实质是对决策树算法的一种改进，将多个决策树合并在一起，每棵树的建立依赖于一个独立抽取的样本，森林中的每棵树具有相同的分布，分类误差取决于每一棵决策树的分类能力和它们之间的相关性。

特征选择采用随机的方法去分裂每一个节点，然后比较不同情况下产生的误差，能够监测到内在估计误差、分类能力和相关性决定选择特征的数目。单棵决策树的分类能力可能很小，但在随机产生大量的决策树后，一个测试样本可以通过每一棵树的分类结果经统计后选择最可能的分类。

3．随机森林的估计过程

随机森林其实可以通俗地理解为由许多棵决策树组成的森林，而每个样本需要经过每棵树进行预测，然后根据所有决策树的预测结果最后来确定整个随机森林的预测结果。随机森林中的每一棵决策树都为二叉树，其生成遵循自顶向下的递归分裂原则，即从根节点开始依次对训练集进行划分。在二叉树中，根节点包含全部训练数据，按照节点不纯度最小原则，分裂为左节点和右节点，它们分别包含训练数据的一个子集，按照同样的规则，节点继续分裂，直到满足分支停止规则而停止生长。

随机森林在建立模型以及进行预测的具体步骤如图 11-1 所示。

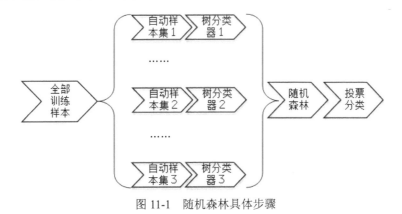

图 11-1　随机森林具体步骤

（1）首先我们用 N 来表示原始训练集样本的个数，用 M 来表示变量的数目。

（2）其次我们需要确定一个定值 m，该值被用来决定当在一个节点上做决定时，会使用到多少个变量。确定时需要注意 m 应小于 M。

（3）应用 bootstrap 法有放回地随机抽取 k 个新的自助样本集，并由此构建 k 棵决策树，每次未被抽到的样本组成了 k 个袋外数据，即 out-of-bag，简称 OOB。

（4）每个自助样本集生长为单棵决策树。在数的每个节点处从 M 个特征中随机挑选 m 个特征（m 小于 M），按照节点不纯度最小的原则从这 m 个特征中选出一个特征进行分支生长。这棵决策树进行充分生长，使每个节点的不纯度达到最小，不进行通常的剪枝操作。

（5）根据生成的多个决策树分类器对需要进行预测的数据进行预测，根据每棵决策树的投票结果取票数最高的一个类别。

在随机森林的构建过程中，自助样本集用于每一个树分类器的形成，每次抽样生成的袋外数据（OOB）被用来预测分类的正确率，对每次预测结果进行汇总得到错误率的 OOB 估计，然后评估组合分类的正确率。此外，在随机森林中，生成每一棵决策树时，所应用的自助样本集从原始的训练样本集中随机选取，每一棵决策树所应用的变量也是从所有变量 M 中随机选取，随机森林通过在每个节点处随机选择特征进行分支，最小化了各棵决策树之间的相关性，提高了分类精确度。因为每棵树的生长很快，所以随机森林的分类速度很快，并且很容易实现并行化。这也是随机森林的一个非常重要的优点和特点。

11.1.2　重要参数

1. 随机森林分类性能的主要因素

（1）森林中单棵树的分类强度：在随机森林中，每一棵决策树的分类强度越大，即每棵树枝叶越茂盛，则整体随机森林的分类性能越好。

（2）森林中树之间的相关度：在随机森林中，树与树之间的相关度越大，即树与树之间的枝叶相互穿插越多，则随机森林的分类性能越差。

2. 随机森林的两个重要参数

（1）树节点预选的变量个数。

（2）随机森林中树的个数。

以上两个参数是在构建随机森林模型过程中的两个重要参数，这也是决定随机森林预测能力的两个重要参数。其中第一个参数决定了单棵决策树的情况，而第二个参数决定了整片随机森林的总体规模。换言之，上述两个参数分别从随机森林的微观和宏观层面上决定了整片随机森林的构造。

11.2　R 中的实现

11.2.1　相关软件包

本章将介绍 R 中专用于随机森林的 randomForest 软件包,该包用于建立随机森林模型里的分类模型与回归模型。

与此同时,R 软件给我们提供了丰富的网上学习资源,如果读者希望对该程序包有进一步更深入的了解,具体可参见 http://cran.r-project.org/web/packages/randomForest/index.html,其中含有相关链接。

本章将使用 randomForest 包的 4.6-7 版本来实现操作,该版本的程序包需要在 R2.5.0 及以上版本中才能使用。

下载安装相应软件包,加载后即可使用。

```
> install.packages ( "randomForest" )          # 下载安装 randomForest 软件包
> library (randomForest )                       # 加载 randomForest 软件包
```

11.2.2　核心函数

在这个软件包中主要有 5 个函数,它们分别为:importance()、MDSplot()、rfImpute()、treesize()以及 randomForest()。

- 函数 importance()用来提取在利用函数 randomForest()建立随机森林模型过程中方程中各个变量的重要性度量结果;
- 函数 MDSplot()用来绘制在利用函数 randomForest()建立随机森林模型过程中所产生的临近矩阵经过标准化后的坐标图,简而言之,就是可以将高位图缩放到任意小的维度下来观看模型各个类别在不同维度下的分布情况;
- 函数 rfImpute()用来对数据中的缺失值进行插值,该函数也是随机森林模型的一个重要用途之一;
- 函数 treesize()用来查看随机森林模型中,每一棵树所具有的节点个数;
- 函数 randomForest()是随机森林中最核心的函数,它用来建立随机森林模型,该函数既可以建立判别模型,也可以用来建立回归模型,还可以建立无监督模型。

该软件包中除了以上 5 个主要函数以外,还能同 R 自带函数 predict()以及 plot() 配合使用。其中,函数 predict()的主要作用为根据函数 randomForest()所构建的随机森林模型对给定的自变量数据进行预测;而函数 plot()的主要作用则是将随机森林模型进行相应的可视化,以便于对随机森林模型进行分析和改进。

1．importance()函数

该函数用来提取随机森林模型中各个变量的重要性的度量结果，这也是随机森林模型的一大特点之一，这同时也是随机森林模型的一个重要的应用领域。更具体地说，该函数的作用就是根据两种不同的标准计算出各个变量对模型分类的影响程度，也就是看函数的哪个具体的特征模型类别具有重大的影响。这也就方便了我们对模型中众多的变量能够抓大放小，重点解决一些重要的变量。

importance()函数的基本格式如下：

```
importance(x, type=NULL, class=NULL, scale=TRUE, ...)
```

- 参数 x 在这里指代的是利用函数 randomForest()生成的随机森林模型。
- 参数 class 在这里主要针对随机森林中的分类问题。当 type 参数取值为 1 时，该参数的取值范围为响应变量中的样本类别，并且返回结果为该参数的取值对应类别的重要值情况。
- 参数 type 在这里指代的是对于变量重要值的度量标准。该参数共有两个取值，1 和 2。其中 1 代表采用精度平均减少值作为度量标准；而 2 代表采用节点不纯度的平均减少值作为度量标准。
- 参数 scale 代表是否对变量重要值进行标准化，即是否将计算而得的重要值除以它们对应的标准差。

当放置相应的数据集，并设置各个参数值（如：度量标准）后，运行该函数即可生成满足需求的模型变量重要值。

通过函数 importance()所得到的结果为一个由变量重要值所组成的矩阵。其中每一行代表一个预测变量，而不同的列则代表着不同的重要值度量方法。

本文利用 R 软件自带的数据集 mtcars 进行示例，mtcars 是美国 Motor Trend 杂志收集（1973~1974 年车型）的 32 辆汽车的 10 项指标，其输出结果具体如下：

```
> set.seed(4)                                      # 设定产生随机数的初始值
> data(mtcars)                                     # 调用数据集 mtcars
> mtcars.rf=randomForest(mpg~.,data=mtcars,ntree=1000,importance=TRUE)
                                                   # 基于数据集 mtcars 建立随机森林模型
> importance(mtcars.rf)                            # 提取随机森林模型中的重要值
          IncMSE        IncNodePurity
cyl       16.7612       151.2025
disp      18.6218       254.2718
hp        18.7282       198.1928
drat      7.72267       66.58102
wt        19.2435       241.7045
qsec      6.43312       27.75753
```

```
vs           4.75259        24.83981
am           5.42575        17.26329
gear         4.86451        22.71746
carb         7.61289        31.08814
> importance(mtcars.rf, type=1)        # 提取随机森林模型中以第一种度量标准得到的重要值
             IncMSE
cyl          16.7612
disp         18.6218
hp           18.7282
drat         7.72267
wt           19.2435
qsec         6.43312
vs           4.75259
am           5.42575
gear         4.86451
carb         7.61289
```

从输出结果中我们可以看到，在函数 importance() 的使用过程中，如果不对参数 type 进行设定，则函数自动默认将两种不同的度量标准下的重要值全部输出。

在输出结果中，我们可以看到左边第一列为每一行的行名，也就是各个变量的名称。然而在列名中，IncMSE 代表的是第一种度量方式，即精度平均减少值；另外 IncNodePurity 代表的是第二种度量方式，即节点不纯度平均减少值。在输出的结果中，对应变量的重要值越大，则说明该变量对于模型进行分类越重要。

2．MDSplot() 函数

函数 MDSplot() 主要用于对随机森林模型进行可视化分析。该函数用于绘制在利用函数 randomForest() 建立随机森林模型过程中，所产生的临近矩阵经过标准化后的坐标图。这样的解释似乎过于抽象，读者可从实际应用的角度将其简单地理解为，在不同维度下各个样本点的分布情况图。该函数的具体使用格式如下：

```
MDSplot(rf, fac, k=2, palette=NULL, pch=20, ...)
```

- 参数 rf 在这里指代的是利用函数 randomForest() 所构建的随机森林模型。在此需要强调的是，在构建该模型时，必须在模型中包含有模型的临近矩阵。
- 参数 fac 在这里指代的是在构建 rf 随机森林模型过程中所使用到的一个因子向量。
- 参数 k 在这里是用来决定所绘制的图像中所包含的经过缩放的维度。该参数的默认值为 2。
- 参数 palette 在这里是用来决定所绘制的图像中各个类别的样本点的颜色。
- 参数 pch 在这里是用来决定所绘制的图像中各个类别的样本点的形状。

利用函数 MDSplot() 所绘制的是一幅坐标图，和其他普通坐标图不同的地方在于，该图的两

个坐标是经过缩放后得到的坐标，这两个坐标只是数学意义上的坐标，并非实际存在的坐标。

下面利用 R 软件自带的数据集 iris，讲述 MDSplot 函数的具体使用过程。

```
> set.seed(1)                                          # 设定产生随机数的初始值
> data(iris)                                            # 调用数据集 iris
> iris.rf=randomForest(Species ~ ., iris, proximity=TRUE)
                                                        # 基于数据集 iris 建立随机森林模型
> MDSplot(iris.rf, iris$Species, palette=rep(1, 3), pch=as.numeric(iris$Species))
                                                        # 绘制图像
```

利用函数 MDSplot()得到的坐标图如图 11-2 所示，在图中我们可以看到，图像的颜色为黑色，但是在不同类别中所使用的图像符号不同。在缩减为二维的情况下，我们可以清楚地看到第一个类别的特征较为明显，然而第二个类别和第三个类别却非常相近，甚至出现了交叉的情况，这样对分类模型的构造会产生一定的不利影响。

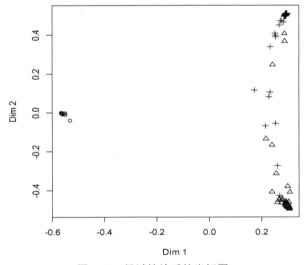

图 11-2　经过缩放后的坐标图

3. rfImpute()函数

该函数是利用随机森林模型中的临近矩阵来对将要进行模型建立的预测数据中存在的缺失值进行插值，经过不断地迭代一次又一次地修正所插入的缺失值，尽可能得到最优的样本拟合值。具体使用格式如下。

第一类函数使用格式：

```
rfImpute(x, y, iter=5, ntree=300, ...)
```

第二类函数使用格式：

```
rfImpute(x, data, ..., subset)
```

- 参数 x 在这里为一个含有一些缺失值的预测数据集，同时 x 也可以为一个公式。
- 参数 y 在这里为响应变量向量，在该函数中，参数 y 不能存在缺失值。
- 参数 iter 为插值过程中的迭代次数。
- 参数 ntree 为每次迭代生成的随机森林模型中的决策树数量。
- 参数 subset 决定了将采用的样本集。

当放置相应的数据集，并设置各个参数值（如：度量标准）后，运行该函数即可生成填充完整的新数据集。

下面利用 R 软件自带的数据集 iris，讲述 rfImpute()函数的具体使用过程。

```
> data(iris)                                          # 调用数据集 iris
> iris.na=iris                                        # 生成需要进行处理的数据集
> iris.na[75,2]=NA;iris.na[125,3]=NA;     # 在第 75 号样本和第 125 号样本中设置缺失值
> set.seed(111)                                       # 设置随机数生成器初始值
> iris.imputed=rfImpute(Species ~ .,data=iris.na)     # 对数据集 iris.na 进行插值
ntree      OOB      1      2      3
 300:    4.67%  0.00%  6.00%  8.00%
ntree      OOB      1      2      3
 300:    4.00%  0.00%  6.00%  6.00%
ntree      OOB      1      2      3
 300:    4.67%  0.00%  6.00%  8.00%
ntree      OOB      1      2      3
 300:    4.67%  0.00%  6.00%  8.00%
ntree      OOB      1      2      3
 300:    4.00%  0.00%  6.00%  6.00%               # 插值的迭代过程
> list("real"=iris[c(75,125),1:4],"have-NA"=iris.na[c(75,125),1:4],
  "disposed"=round(iris.imputed[c(75,125),2:5],1))     # 列示插值结果与真实值的比较
$real
      Sepal.Length  Sepal.Width  Petal.Length  Petal.Width
75         6.4          2.9           4.3           1.3
125        6.7          3.3           5.7           2.1

$`have-NA`
      Sepal.Length  Sepal.Width  Petal.Length  Petal.Width
75         6.4          NA            4.3           1.3
125        6.7          3.3           NA            2.1

$disposed
      Sepal.Length  Sepal.Width  Petal.Length  Petal.Width
75         6.4          2.8           4.3           1.3
125        6.7          3.3           5.7           2.1
```

从插值结果可以看出，对于 75 号样本的第二个变量，其真值为 2.9，而利用随机森林方式进行插值后得到的值为 2.8；对于 125 号样本的第三个变量，其真值为 5.7，而利用随机森林方式进

行插值后得到的值为 5.7。通过上述两个样本的插值情况，我们大致了解到了利用随机森林插值方式得到的数字同真实值相差非常小，换言之，随机森林的这种插值方式是有效的。

4．treesize()函数

该函数的主要作用为查看随机森林模型中，每一棵树所具有的节点个数，它通常配合函数 randomForest()使用。

treesize()函数使用较为简单，具体使用方式如下：

```
treesize(x, terminal=TRUE)
```

函数只有两个参数。其中，参数 x 在这里指代的是利用函数 randomForest()所构建的随机森林模型；参数 terminal 主要用于决定节点的计数方式，如果值为默认值 TRUE，则将只计算最终根节点数目，如果值为 FALSE，则将所有的节点全部计数。

利用该函数所生成的是一个向量，该向量的长度等同于随机森林中的决策树的数量，因为该向量中的每棵树就代表了每棵决策树所具有的节点数目。

通常我们利用该函数进行分析常常不会直接观察所得到的数字，而是与函数 hist()结合使用，绘制相关的柱状图。具体操作过程及结果如下：

```
> iris.rf<- randomForest(Species ~ ., iris)      # 利用数据 iris 构建相关随机森林模型
> hist(treesize(iris.rf))                        # 绘制相应的柱状图，如图 11-3 所示
```

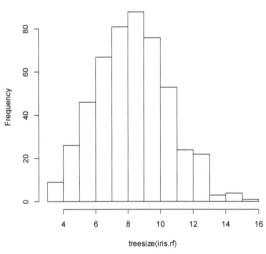

图 11-3   每棵树节点数柱状图

从输出结果中可以看到，本次构建的随机森林模型中，每棵树的节点数都不相同。最小的大概只有 4 个节点，而最大的决策树有 16 个节点。

5. randomForest()函数

函数 randomForest()是本章节介绍的核心，它主要用来建立随机森林模型中的分类模型和回归模型，同时也可以用该函数建立无监督的随机森林模型。对于各算法的数理原理，可参考更多书籍进行深入学习。函数 randomForest()的具体使用格式有两种形式，下面分别具体介绍该函数的两种使用方式。

第一类函数使用格式：

```
randomForest(formula, data=NULL, ..., subset, na.action=na.fail)
```

第二类函数使用格式：

```
randomForest(x, y=NULL, xtest=NULL, ytest=NULL, ntree=500,mtry=if (!is.null(y)
&& !is.factor(y))max(floor(ncol(x)/3), 1) else floor(sqrt(ncol(x))),replace=TRUE,
classwt=NULL, cutoff, strata,sampsize = if (replace) nrow(x) else ceiling
(.632*nrow(x)),nodesize = if (!is.null(y) && !is.factor(y)) 5 else 1,maxnodes =
NULL,importance=FALSE, localImp=FALSE, nPerm=1,proximity,oob.prox=proximity,
norm.votes=TRUE,do.trace=FALSE,keep.forest=!is.null(y) &&is.null(xtest),
corr.bias=FALSE,keep.inbag=FALSE, ...)
```

当放置相应的数据集，并设置各个参数值（如：决策树的数目）后，运行该函数即可生成满足需求的随机森林模型。

下面我们来具体说明其中各个常用参数的使用方法。

- 在第一类使用格式中，formula 代表的是函数模型的形式。例如：class~.或者 class~x1+x2。其中"class~"后面的"."代表在数据中除 class 以外的其他数据全部都为模型的自变量。
- 参数 data 代表的是在模型中包含的有变量的一组可选格式数据。
- 参数 subset 主要用于抽取样本数据中的部分样本作为训练集，该参数所使用的数据格式为一向量，向量中的每个数代表所需要抽取样本的行数。
- 参数 na.action 主要用于设置构建模型过程中遇到数据中的缺失值时的处理方式。该参数的默认值为 na.fail，即不能出现缺失值。该参数还可以取值 na.omit，即忽略有缺失值的样本。
- 在第二类使用格式中，参数 x 为一个矩阵或者一个格式化数据集。该参数就是在建立随机森林模型中所需要的自变量数据。
- 参数 y 是在建立随机森林模型中的响应变量。如果 y 是一个字符向量，则所构建的随机森林模型为判别模型；如果 y 是一个数量向量，则所构建的随机森林模型为回归模型；如果不设定 y 的取值，则所构建的随机森林模型为一个无监督模型。
- 参数 xtest 是一个格式数据或者矩阵。该参数所代表的是用来进行预测的测试集的预测指标。
- 参数 ytest 是参数 xtest 决定的测试集的真实分类情况。
- 参数 ntree 在这里指代森林中树的数目。在这里需要强调的是，该参数的值不宜偏小，这从直观上解释就是如果树太少了那就不是森林了。对于该参数的决定存在一个原则，即尽量使每一个样本都至少能进行几次预测。通常，该参数最好设定为 500 或者 1000，但这也不是绝对的，还要根据具体情况加以判断。

- 参数 mtry 用来决定在随机森林中决策树的每次分支时所选择的变量个数。该参数所决定的值正是前文中介绍的随机森林构建步骤中 m 的值。这个参数是比较重要的，我们在模型构建过程中一定得通过逐次计算来挑选最优的 m 值。该参数的默认值在判别模型中为变量个数的二次根号，在回归模型中则为变量个数的三分之一。

- 参数 replace 是用来决定随机抽样的方式的。在随机森林模型的构建过程中，我们需要从样本中随机抽取样本作为训练集，则当该参数值为 TRUE 时，说明随机抽样是采取了有放回的随机抽样，则抽取的训练集中会出现重复样本；而当该参数值为 FALSE 时，则采取了无放回的随机抽样，在抽取的训练集中不会出现重复样本。

- 参数 strata 是一个因子向量，该向量主要用于决定分层抽样。

- 参数 sampsize 是用来决定抽样的规模的。该参数通常与参数 strata 联合使用，我们可以直观地将参数 strata 理解为参数 sampsize 的名称，即参数 strata 决定抽取的类别，而参数 sampsize 决定该类别应该抽取的样本数量。

- 参数 nodesize 是用来决定随机森林中决策树的最少节点数的。需要注意的是，该参数的默认值在判别模型中为 1，而在回归模型中为 5。

- 参数 maxnodes 是用来决定随机森林中决策树的最大节点数的。如果不对该参数进行设定，则决策树节点数将会尽可能地最大化。然而如果设定的最大节点数大于了决策树的最大可能节点，系统将会出现警告。

- 参数 importance 用来决定是否计算各个变量在模型中的重要值。该参数为逻辑参数，取值为 TRUE 和 FALSE。该参数主要结合函数 importance() 使用。

- 参数 proximity 是用来决定是否计算模型的临近矩阵的。该参数为逻辑参数，取值为 TRUE 和 FALSE。该参数主要结合函数 MDSplot() 使用。

接下来介绍 randomForest() 函数在对数据建立模型后所输出的结果。

- 输出结果 predicted。该结果中包含了利用所构建的随机森林模型基于 OOB 数据进行预测的结果。

- 输出结果 importance。该结果中包含了各个变量在模型中的重要值，该结果的最后两列同函数 imortance() 中的输出结果一致。而除最后两列的其他列则是各个变量对于个别类别分类的重要值，该值为精确度的平均减少值。

- 输出结果 call 主要概述模型的基本参数；输出结果 type 则展示模型的类别，该类别有回归、判别、无监督三种结果。在随机森林模型中，如果响应变量为连续型变量，则函数生成的模型将会为回归模型，该类模型将每棵决策树的结果进行平均得出最终预测结果；如果响应变量是一个定性变量，则所构建的随机森林模型为判别模型，该模型主要通过统计每棵决策树的决策结果，将出现概率最大的结果作为模型的预测结果；如果不设定响应变量的取值，则所构建的随机森林模型为一个无监督模型，该模型主要用于文本分析以及文本分类。

- 输出结果 ntree 说明随机森林中存在决策树的数量；输出结果 mtry 说明在决策树的节点分支上所选择的变量个数；输出结果 err.rate 则是利用模型基于 OOB 数据进行预测的总体误判率；同时该函数还能输出模型基于 OOB 数据计算而得到的相邻矩阵以及混淆矩阵。

对于使用函数 randomForest()构建随机森林模型时应该注意的问题。对于大型数据集来说，尤其是那些拥有大量变量的数据集的时候，调用函数 randomForest()时使用公式接口是不建议的，即采用函数的第一类输入格式是不建议的，因为这样将会导致在处理公式时花费大量的时间。

11.2.3 可视化分析

可视化分析主要是利用函数 plot()对随机森林模型进行的分析。可以利用函数 plot()绘制出相关误差与随机森林中决策树数量的关系图。可以用该可视化分析来进一步确定在构建随机森林模型过程中应该使用的决策树数量。具体操作及结果如下：

```
> data(airquality)                                        # 调用数据集 airquality
> set.seed(131)                                           # 设置随机数生成器初始值
> ozone.rf=randomForest(Ozone~.,data=airquality,mtry=3,importance=TRUE,
  na.action=na.omit)                                      # 建立随机森林回归模型
> plot(ozone.rf)                                          # 绘制相关图像，如图 11-4 所示
```

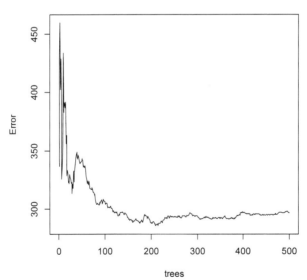

图 11-4　决策树数量与模型误差关系图 1

从图 11-4 中可以看出，该模型中的决策树数量在 100 以内时，模型误差会出现较大的波动。当决策树数量大于 100 以后，模型误差趋于稳定，但仍有少许变化。

通过观察发现，该模型误差最小值并非出现在决策树数量为 500 的时候，而是出现在决策树数量为 210 左右。所以通过图 11-4 所展示的结果，我们可以猜测模型中的最优决策树数量为 210。

11.3　应用案例

下面我们选择使用来源于 UCI 数据库中的关于白酒品质研究的数据集进行算法分析，该数据集是关于白酒中的各项变量对白酒品质的影响情况，我们先来对其进行一个简单了解。

```
> library ( randomForest)                          # 加载程序包 randomForest
> wine=read.table("d:\\wine.txt")                  # 本文默认数据以记事本格式存储于电脑 D 盘中
> names(wine)=c("fixedacidity","volatileacidity","citricacid","residualsugar",
  "chlorides","freesulfurdioxide","totalsulfurdioxide","density","PH",
  "sulphates","alcohol","quality")                 # 为数据集 wine 中的各个变量命名
> summary (wine)                                    # 获取 wine 数据集的概括信息
```

fixed acidity	volatile acidity	citric acid	residual sugar
Min. : 3.800	Min. :0.0800	Min. :0.0000	Min. : 0.600
1st Qu. : 6.300	1st Qu. :0.2100	1st Qu. :0.2700	1st Qu. : 1.700
Median : 6.800	Median :0.2600	Median :0.3200	Median : 5.200
Mean : 6.855	Mean :0.2782	Mean :0.3342	Mean : 6.391
3rd Qu. : 7.300	3rd Qu. :0.3200	3rd Qu. :0.3900	3rd Qu. : 9.900
Max. :14.200	Max. :1.1000	Max. :1.6600	Max. :65.800

chlorides	free sulfur dioxide	total sulfur dioxide	density
Min. :0.00900	Min. : 2.00	Min. : 9.0	Min. :0.9871
1st Qu. :0.03600	1st Qu. : 23.00	1st Qu. :108.0	1st Qu. :0.9917
Median :0.04300	Median : 34.00	Median :134.0	Median :0.9937
Mean :0.04577	Mean : 35.31	Mean :138.4	Mean :0.9940
3rd Qu. :0.05000	3rd Qu. : 46.00	3rd Qu. :167.0	3rd Qu. :0.9961
Max. :0.34600	Max. :289.00	Max. :440.0	Max. :1.0390

PH	sulphates	alcohol	quality
Min. :2.720	Min. :0.2200	Min. : 8.00	Min. :3.000
1st Qu. :3.090	1st Qu. :0.4100	1st Qu. : 9.50	1st Qu. :5.000
Median :3.180	Median :0.4700	Median :10.40	Median :6.000
Mean :3.188	Mean :0.4898	Mean :10.51	Mean :5.878
3rd Qu. :3.280	3rd Qu. :0.5500	3rd Qu. :11.40	3rd Qu. :6.000
Max. :3.820	Max. :1.0800	Max. :14.20	Max. :9.000

获取以上数据后，我们来看 wine 的基本信息，它共包含 4898 个样本以及 11 个样本特征。数据集中的 quality 为结果变量，该变量总共分为 11 个等级，从 0 到 10 逐渐代表了白酒品质的提高，但是在本数据集中仅仅包含了 3 至 9 这 7 个等级。

在输出的结果中还列示了 11 个样本特征的最小值、四分之一位点的值、中位数、均值、四分之三位点的值以及最大值。

本数据采集了白酒品质的 11 项基本特征，分别为：非挥发性酸、挥发性酸、柠檬酸、剩余糖分、氯化物、游离二氧化硫、总二氧化硫、密度、酸性、硫酸盐、酒精度。

本节主要介绍如何根据这 11 个特征来建立随机森林模型，实现对白酒品质进行判别分类。

下面我们运用 R 软件分析 wine 数据集中各等级的白酒所对应的各项特征，建立出适合的随机森林模型，并对所建立的模型进行相应的分析，查看建立模型的预测能力如何。

11.3.1 数据处理

在对数据有了一个初步的了解之后，我们发现关于结果变量——白酒的品质，该变量存在多个等级，如果直接使用该数据进行模型构建，则建立的随机森林模型为回归模型。函数将会默认结果变量为连续变量，通过计算各个决策树的平均结果得出最后的预测结果，并且相应的预测结果为数量型变量。

本文将通过该数据集介绍随机森林判别模型，所以在进行模型构建之前，本文将会对 wine 数据集进行处理。

通过上述 summary 函数对数据集的描述分析，在该数据集中结果变量的取值范围为[3，9]，并且根据图 11-5 中的柱状图进行分析。

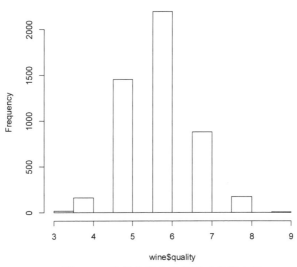

图 11-5 结果变量中各等级对应样本量

从图 11-5 中我们可以看到，品质等级为 6 的样本量最大，与此同时，品质等级为 3、4、8、9 的样本量微乎其微，所以综合以上分析判断以及实际情况，本文决定将白酒品质分为三个等级，其中品质 3、4、5 对应品质为 "bad"，品质 6 对应品质为 "mid"，品质 7、8、9 对应品质为 "good"。

本文将通过 R 软件程序对数据进行处理。

```
> cha=0                                  # 设置中间变量对处理后的向量进行临时存储
> for(i in 1:4898)                       # 针对每一个样本进行调整
+ {
+   if(wine[i,12]>6)cha[i]="good"        # 将品质大于 6 的样本品质定义为 "good"
+   else if(wine[i,12]>5)cha[i]="mid"    # 将品质大于 5 却不大于 6 的样本品质定义为 "mid"
+   elsecha[i]="bad"                      # 将品质不大于 5 的样本品质定义为 "bad"
+ }
> wine[,12]=factor(cha)     # 将字符型变量转化为含有因子的变量并复制给数据集 wine
> summary(wine$quality)
bad              mid              good
1640             2198             1060
```

11.3.2　建立模型

在前面的介绍中我们了解到，函数 randomForest()在建立随机森林模型的时候有两种构建方式。简单地说，一种是根据既定公式建立模型；而另一种方式则是根据所给的数据建立模型。下面我们将具体讲述基于上述数据函数的两种建模过程。

根据函数的第一种使用格式，在针对上述数据建模时，应该先确定我们所建立模型所使用的数据，然后再确定所建立模型的响应变量和自变量。具体建模操作如下：

```
> set.seed(71)                           # 设置随机数生成器初始值
> samp=sample(1:4898,3000)               # 从全部数据集中抽取 3000 个样本作为训练集
> set.seed(111)                          # 设置随机数生成器初始值
> wine.rf=randomForest(quality~.,data=wine,importance=TRUE,proximity=TRUE,
  ntree=500,subset=samp)                 # 构建决策树为 500 棵的随机森林模型
```

在使用第一种格式建立模型时，如果使用数据中的全部自变量作为模型自变量时，我们可以简要地使用 "quality~." 中的 "." 代替全部的自变量。

根据函数的第二种使用格式，我们在针对上述数据建立模型时，首先应该将响应变量和自变量分别提取出来。

在确定好数据后，还应根据数据分析得到各项参数的具体值。对于构建随机森林模型的具体过程如下：

```
> x=subset(wine,select=-quality)         # 提取 wine 数据集中除 quality 列以外的数据作为自变量
> y=wine$quality                         # 提取 wine 数据集中的 quality 列数据作为响应变量
> set.seed(71)                           # 设置随机数生成器初始值
> samp=sample(1:4898,3000)               # 从全部数据集中抽取 3000 个样本作为训练集
> xr=x[samp,];yr=y[samp]
> set.seed(111)                          # 设置随机数生成器初始值
```

```
> wine.rf=randomForest(xr,yr, importance=TRUE,proximity=TRUE,ntree=500)
                                            # 构建随机森林模型
```

在使用第二种格式建立模型时，不需要特别强调所建立模型的形式，函数会自动将所有输入的 x 矩阵中的数据作为建立模型所需要的自变量。

在上述过程中，两种模型的相关参数都是一样的，两个随机森林模型中都存在 500 棵决策树；对于决策树的节点处所选择的变量个数，模型认定为参数默认值，即变量个数的二次根号；在模型建立过程中，同时生成模型的临近矩阵，以及生成各个变量的重要值。

在前文对随机森林在 R 中的应用介绍之后，在此需要对前文中的一些问题进行相应的说明和强调。

在前文的随机森林模型构建过程中，都会出现 set.seed()函数。该函数的主要作用是确定随机数生成器的初始值。由于构建随机森林模型需要不断地从样本中进行抽样来建立森林中的每一棵决策树，所以每次随机抽样的结果会不相同。

因此文章在每次进行模型构建之前会设置相应的随机数生成器初始值，这是为了保证在每次构建随机森林模型所使用的随机抽样样本是相同的，这样保证了每次建立的随机森林模型是一样的，避免了读者在实际操作过程中可能会产生的误解。

在此本文还需要强调一个问题，即 subset 参数在函数中的使用。参数 subset 在函数的第一种使用格式中是有效的，但是在模型的第二种使用格式中却是无效的，所以在模型的第二种使用格式中需要抽取训练集时，应在模型构建之前确定相应的训练集。

11.3.3　结果分析

```
> print(wine.rf)                                     # 展示所构建的随机森林模型
Call:
randomForest(formula = quality ~ ., data = wine, importance = TRUE, proximity = TRUE,
ntree = 500, subset = samp)
               Type of random forest: classification
                     Number of trees: 500
No. of variables tried at each split: 3

        OOB estimate of  error rate: 29.47%
Confusion matrix:
          bad     good     mid     class.error
bad       718      10      287     0.2926108
good       15     385      238     0.3965517
mid       220     114     1013     0.2479584
```

通过 print()函数对随机森林模型的展示，我们可以得到关于所构造模型的简要信息。我们可以得到如下几点信息：

- 结果 Call 中展示了模型构建的相关参数设定。
- 结果 Type 中说明了所构建的模型的类别，从该结果中我们得知模型为判别模型。
- 结果 Number of trees 展示了所构建的随机森林模型中包含了 500 棵决策树。
- 结果中 No. of variables tried at each split: 3 还告知了每棵决策树节点处所选择的变量个数为 3。
- 模型基于 OOB 样本集进行预测得到的结果正如结果中的 Confusion matrix 所示，且模型总的预测误差为 29.47%。
- 结果中的 Confusion matrix 展示了最终模型的预测结果同训练集实际结果之间的差别情况。从中可以看到，最终模型将类别 bad 中的 718 个训练集样本预测正确，将其中 10 个样本错误地预测为类别 good，将 287 个样本错误地预测为了类别 mid，在该类样本下预测误判率为 29.26%；最终模型将类别 mid 中的 1013 个训练集样本预测正确，将其中 220 个样本错误地预测为类别 bad，将 114 个样本错误地预测为了类别 good，在该类样本集下预测误判率为 39.65%；最终模型将类别 good 中的 385 个训练集样本预测正确，将其中 15 个样本错误地预测为类别 bad，将 238 个样本错误地预测为了类别 mid，在该类样本集下预测误判率为 24.79%。

11.3.4　自变量的重要程度

在随机森林模型建立之后，随机森林模型不同于普通线性回归模型。在判别模型中通常无法比较各自变量之间对于模型的重要程度，在模型建立之后无法对各自变量进行显著性检验。但是在随机森林模型中，可以通过 importance() 函数计算出各自变量对于模型判别效果的重要程度。具体操作过程如下：

```
importance(wine.rf)                    # 对前文中建立的模型 wine.rf 提取其重要值列表
 Variable Importance
 ===================

                      bad    good   mid    MeanDecreaseAccuracy    MeanDecreaseGini
 volatileacidity      53.65  55.04  41.40  73.58                   188.16
 alcohol              67.85  65.47  36.06  85.75                   238.45
 freesulfurdioxide    39.55  34.79  32.85  58.96                   184.22
 density              36.95  40.98  32.58  53.37                   211.08
 PH                   33.23  40.10  31.66  54.82                   160.78
 residualsugar        34.38  33.11  31.58  52.25                   167.94
 sulphates            29.07  31.02  30.18  48.71                   146.30
 chlorides            39.48  47.14  28.91  53.36                   166.02
 fixedacidity         32.20  35.44  28.90  49.60                   142.20
 totalsulfurdioxide   36.14  33.79  28.81  45.62                   171.45
 citricacid           34.16  35.24  28.05  48.56                   153.40

 Time taken: 10.72 secs
```

　　该表格列出了所有的自变量以及在不同测算标准下计算出的相应自变量的重要值。在该表中，自变量对应较高的指标值说明该自变量对模型的判别情况影响较大。图 11-6 中自变量的顺序是以表中 MeanDecreaseAccuracy 的值及 MeanDecreaseGini 的值进行降序排列的。随机森林模型中两种测算方式下的自变量重要程度对比如图 11-6 所示。

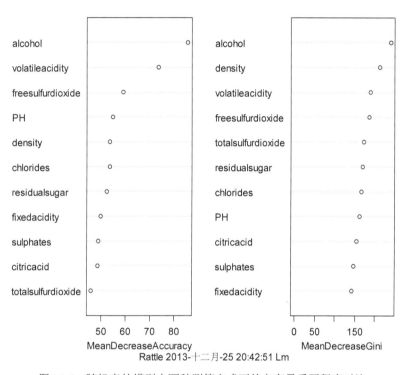

图 11-6　随机森林模型中两种测算方式下的自变量重要程度对比

11.3.5　优化建模

　　在构建随机森林模型时，我们通过前文的介绍已经大致了解了影响随机森林模型的两个主要因素。其一为决策树节点分支所选择的变量个数；其二是随机森林模型中决策树的数量。

　　在使用函数 randomForest()时，函数会存在默认的节点所选变量个数以及决策树的数量。但在实际应用过程中，该默认值不一定是最优的参数值，所以我们在构建模型时还应进一步确定最优的参数值。其中对于决策树节点分支所选择的变量个数的确定，应该采用逐一增加变量的方法来进行建模，最后寻找到最优的模型。关于该方法的具体操作及相关结果如下：

```
> n=ncol(wine)-1                                        # 计算数据集中自变量个数
> rate=1                                                # 设置模型误判率向量初始值
> for(i in 8:n)                                         # 依次逐个增加节点所选变量个数
+{
+    set.seed(222)                                      # 设置随机数生成器的初始值
+    model=randomForest(quality~.,data=wine,mtry=i,importance=TRUE,ntree=1000)
                                                        # 建立随机森林模型
+    rate[i]=mean(model$err.rate)                       # 计算基于 OOB 数据的模型误判率均值
+    print(model)                                       # 展示模型简要信息
}
> rate                                                  # 展示所有模型误判率的均值
     1            2            3            4            5            6
 0.262075     0.263369     0.263772     0.265447     0.266523     0.265976
     7            8            9           10           11
 0.266325     0.266784     0.266307     0.267453     0.268766
```

从以上的输出结果中可以看到，当决策树节点所选变量数为 1 的时候，模型的误判率均值是最低的。然而函数的默认节点所选择变量数应该为 3，所以从该实例中可以发现，函数默认参数值并非最优参数值。

在确定了模型中决策树的节点最优变量个数之后，还需要进一步确定模型中的决策树数量。在确定该参数时，我们将用到模型的可视化分析。在刚才的分析中发现，节点变量个数为 1 的时候模型最佳，所以接下来将建立相应的模型，并对其进行可视化分析。具体操作过程及结果如下：

```
> set.seed(222)                                         # 设置随机数生成器初始值
> model=randomForest(qualitys~.,data=wine,mtry=1,importance=TRUE,ntree=1000)
                                                        # 构建随机森林模型
> plot(model,col=1:1)              # 绘制模型误差与决策树数量关系图，如图 11-7 所示
> legend(800,0.215,"mid",cex=0.9,bty="n")               #为图像添加图例
> legend(800,0.28,"bad",cex=0.9,bty="n")                #为图像添加图例
> legend(800,0.37,"good",cex=0.9,bty="n")               #为图像添加图例
> legend(800,0.245,"total",cex=0.9,bty="n")             #为图像添加图例
```

从图 11-7 中我们可以看到，当决策树数量大概大于 400 之后，模型误差趋于稳定，所以我们可以将模型中的决策树数量大致确定为 400 左右，以此来达到最优模型。

通过以上分析之后，本文决定最优模型为决策树节点处变量个数为 1，模型中决策树数量为 400 的模型。具体模型结果如下所示：

```
> set.seed(222)                                         # 设置随机数生成器初始值
> model=randomForest(quality~.,data=wine,mtry=1,proximity=TRUE,importance=TRUE,
  ntree=400)                                            # 建立随机森林模型
```

```
> print(model)                                          # 展示随机森林模型简要信息
Call:
randomForest(formula = quality ~ ., data = wine, mtry = 1, proximity = TRUE,
importance = TRUE, ntree = 400)
               Type of random forest: classification
                     Number of trees: 400
No. of variables tried at each split: 1


        OOB estimate of  error rate: 24.42%
Confusion matrix:
          bad       good      mid       class.error
bad       1228      16        396       0.2512195
good      21        692       347       0.3471698
mid       282       134       1782      0.1892630
> hist(treesize(model))                                 # 展示随机森林模型中每棵决策树的节点数
> MDSplot(model,wine$quality,palette=rep(1, 3), pch=as.numeric(wine$quality))
                                          # 展示数据集在二维情况下各类别的具体分布情况
```

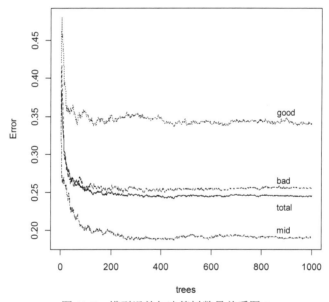

图 11-7　模型误差与决策树数量关系图 2

通过对模型进行上述操作的展示，如图 11-8 与 11-9 所示。我们了解到，模型基于 OOB 数据的总体误判率为 24.42%；模型中决策树的节点数最少为 1205 个，而决策树节点数最多的有 1361 个；在模型中，变量游离二氧化硫、酒精度以及挥发性酸对模型的预测能力影响较大；在图 11-9 中所展示的内容说明了该数据集中的三个类别，三个类别均出现交叉，并且在部分区域，三个类别的交叉情况较为严重，这同时也解释了模型预测精度较低的原因。以上便是建立随机森林模型的全过程。

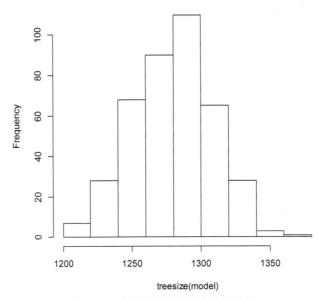

图 11-8　模型中决策树节点数柱状图

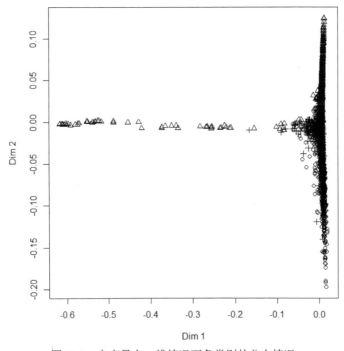

图 11-9　自变量在二维情况下各类别的分布情况

11.4　本章汇总

importance()	函数	提取模型中各变量对模型的重要值
iris	数据集	datasets 软件包提供的数据集
MDSplot()	函数	绘制模型维度经过缩放的坐标图
randomForest	软件包	用于随机森林模型的建立
randomForest()	函数	建立随机森林模型
rfImpute()	函数	利用随机森林模型对数据缺失值进行插值
treesize()	函数	查看模型中每棵决策树的节点数

第 **12** 章

支持向量机

随着科学技术的飞速发展，以及计算机、互联网的日益普及，越来越多的复杂、非线性、高维度数据需要进行分析和处理，这无疑对传统的统计学方法提出了严峻的挑战。

从数据中发现知识是分析复杂数据、建立决策系统的基石，而模式分析和回归分析则是知识发现中的重要内容，也是处理许多其他问题的核心。支持向量机是数据挖掘中的一项新技术，是借助于最优化方法来解决机器学习问题的新工具，开始成为克服"维数灾难"和过学习等困难的强有力的手段。它在解决小样本、非线性及高维度模式识别中表现出许多优势，并能够推广应用到函数拟合等其他机器学习问题中。

12.1　概述

传统统计学研究的内容是样本无穷大时的渐进理论，即当样本数据趋于无穷多时的统计性质，而实际问题中的样本数据往往是有限的。因此，假设样本数据无穷多，并依此为基础推导出的各种算法很难在样本数据有限时取得理想的应用效果。当样本数据有限时，本来具有良好学习能力的学习机器有可能表现出很差的泛化能力。

支持向量机方法建立在统计学理论的 VC 维理论和结构风险最小原理基础之上，根据有限样本在模型的复杂性和学习能力之间寻求最佳折中，以期获得最好的推广能力。其中，模型的复杂性指对特定训练样本的学习精度，学习能力是指无错误地识别任意样本的能力。

支持向量机的定义是，根据给定的训练集

$$T = \{(x_1, y_1), (x_2, y_2), \cdots (x_l, y_l),\} \in (X \times Y)^l$$

其中，$x_i \in X = R^n$，X 称为输入空间，输入空间中的每一个点 x_i 由 n 个属性特征组成，

$y_i \in Y = \{-1,1\}, i = 1, \cdots, l$ 。寻找 R^n 上的一个实值函数 $g(x)$，以便用分类函数

$$f(x) = sgn(g(x))$$

推断任意一个模式 x 相对应的 y 的值的问题为分类问题。

12.1.1　结构风险最小原理

在介绍结构风险最小（Structural Risk Minimization）原理之前，我们首先对机器学习的本质做简要介绍。

机器学习本质上就是一种对所研究问题真实模型的逼近，通常会假设一个近似模型，然后根据适当的原理将这个近似模型不断逼近真实模型。但毫无疑问的是，真实模型一定是不知道的，那么所选择的近似模型与真实模型之间究竟有多大的差距也就无从得知了，这也就引进了结构风险最小原理。

这个近似模型与真实模型之间的误差，通常称之为风险。在我们选择出一个近似模型之后，由于真实模型的未知性，所以真实误差也就无从得知，但是我们可以用某些可以掌握的量来逼近它。最直观的想法就是使用分类器在样本数据上的分类结果与真实结果之间的差值来表示，这个差值统计上称之为经验风险 $R_{emp}(W)$。

在过去的机器学习方法中，通常将经验风险最小化作为努力的目标，但是在实际的使用过程中却看到了这一方法的不足。通常很多分类函数能够在样本集上轻易达到百分之百的正确率，但是在投入实际具体问题中后却是一塌糊涂，即模型无推广能力。在出现上述问题后，大家不难发现，由于我们所取得的样本数相对于现实世界的总体来说是非常渺小的，经验风险最小化原则只在这里占很小比例的样本上做到没有误差，但不能保证在更大比例的实际总体上也没有误差，所以这便是使用经验风险最小化原则建立的模型无推广能力的原因。

统计学习因而引入了泛化误差界的概念。所谓泛化误差界是指真实风险应该由两部分内容刻画：一是经验风险，代表了分类器在给定样本上的误差；二是置信风险，代表了我们在多大程度上可以信任分类器在未知样本上分类的结果。

泛化误差界的公式表示如下：

$$R(W) \leqslant R_{emp}(W) + \phi(n \, / \, h)$$

公式中的 $R(W)$ 就是真实风险，$R_{emp}(W)$ 就是经验风险，$\phi(n \, / \, h)$ 就是置信风险。统计学习的目标从经验风险最小化变为了寻求经验风险与置信风险之和最小化，即结构风险最小化。

支持向量机正是这样一种努力最小化结构风险的算法。

12.1.2 函数间隔与几何间隔

在了解函数间隔及接下来将要介绍的几何间隔之前，我们首先应回忆 Logistic 回归所使用的回归模型，通过对 Logistic 回归模型的相应替换，得到支持向量机模型，并讨论支持向量机模型中的函数间隔及几何间隔。

在支持向量机模型中使用的结果标签是 $y = -1$ 和 $y = 1$，以此替换在 Logistic 回归中使用的 $y = 0$ 和 $y = 1$；同时将系数 θ 替换由 w 和 b 表示，即以前的 $\theta^T x = \theta_0 + \theta_1 x_1 + \theta_2 x_2 + \cdots + \theta_n x_n$（其中认为 $x_0 = 1$），现在我们替换 θ_0 为 b，后面的 $\theta_1 x_1 + \theta_2 x_2 + \cdots + \theta_n x_n$ 替换为 $w_1 x_1 + w_2 x_2 + \cdots + w_n x_n$（即 $w^T x$）。这样，我们让 $\theta^T x = w^T x + b$，进一步 $h_\theta(x) = g(\theta^T x) = g(w^T x + b)$。也就是说，除了 y 由 $y = 0$ 变为 $y = -1$，只是标记不同外，与 Logistic 回归的形式化表示没有区别。

再明确一下假设函数：

$$h_{\theta,b}(x) = g(w^T x + b)，令 Z = W^T x + b$$

对于这个假设函数，我们只需要考虑 $\theta^T x$ 的正负问题，而不用关心 $g(z)$，因此这里将 $g(z)$ 做一个简化，将其简单映射到 $y = -1$ 和 $y = 1$ 上。映射关系如下：

$$g(z) = \begin{cases} 1 & z \geq 0 \\ -1 & z < 0 \end{cases}$$

给定一个训练样本 $(x^{(i)}, y^{(i)})$，x 是特征变量，y 是结果标签。i 表示第 i 个样本。我们定义函数间隔如下：

$$\overline{\gamma}^{(i)} = y^{(i)}(w^T x^{(i)} + b)$$

刚刚我们定义的函数间隔是针对某一个样本的，现在定义全局样本函数间隔如下：

$$\overline{\gamma} = \min(\overline{\gamma}^{(i)})，其中：i = 1, \cdots, m$$

其实，对于函数间隔最直接的看法就是在训练样本上分类正例和负例确信度最小的那个函数间隔。

针对上述函数间隔的介绍，我们继续考虑 w 和 b，如果同时加大 w 和 b，比如在 $(w^T x^{(i)} + b)$ 前面乘个系数，假设乘以 2，那么所有点的函数间隔都会增大变为原来的两倍，这对求解问题是不会产生影响的，因为我们要求解的是 $w^T x + b = 0$，同时扩大 w 和 b 对结果是无影响的。这样，我们为了限制 w 和 b，可能需要加入归一化条件，毕竟求解的目标是确定唯一一组 w 和 b，而不是多组线性相关的向量。这个归一化的结果便是支持向量机的几何间隔。

由此可以得到支持向量机几何间隔的定义如下：

$$\gamma^{(i)} = y^{(i)} \left(\left(\frac{w}{\|w\|} \right)^T \right) x(i) + \frac{b}{\|w\|}$$

由几何间隔的定义式可以看出，当 $\|w\|=1$ 时，几何间隔便等于函数间隔。所以，无论 w 和 b 同时扩大多少倍，$\|w\|$ 都会跟随 w 和 b 同步扩大相同倍数，从而对结果无影响。所以可以定义全局的几何间隔为

$$\gamma = \min(\gamma^{(i)}) \text{，其中：} i = 1, \cdots, m$$

12.1.3 核函数

我们之前讨论的情况都是建立在样例线性可分的假设上，当样例线性不可分时，可以尝试使用核函数来将特征映射到高维，这样很可能就可分了。正如图 12-1 中所示，原始特征是线性不可分的，但是通过对原始特征进行高斯变换后，得到的新特征就是线性可分的了，这便是对核函数最直接的理解。

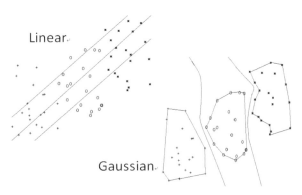

图 12-1 高斯核函数对数据的转换

所以可以将核函数形式化的定义为：如果原始特征内积是 $<x, z>$，映射后为 $< \phi(x), \phi(z) >$，那么核函数（Kernels）为：$K(x, z) = \phi(x)^T \phi(z)$。关于核函数的具体介绍，本章将会在接下来的程序包说明中给予进一步解释。

12.2 R 中的实现

12.2.1 相关软件包

本章将介绍 R 中用于支持向量机建模及分析的 e1071 软件包，其主要用于支持向量机的模型构建，提供核心函数 svm() 来建立支持向量机的基础模型，并且可辅助使用 predict() 函数及 fitted() 函数来利用所建立模型进行分类。

R 给我们提供了丰富的网上学习资源，包括软件包的使用说明文档、函数源代码、操作示例文档等，具体可参见 http://cran.r-project.org/web/packages/e1071/index.html，其中含有相关链接。

下载安装相应软件包，加载后即可使用。

```
> install.packages("e1071")                          # 下载安装 e1071 软件包
> library(e1071)                                     # 加载 e1071 软件包
```

12.2.2　核心函数

1．svm()函数

函数 svm()是用来建立支持向量机模型的核心函数，它可以用来建立一般情况下的回归模型，也可以用来建立判别分类模型以及密度估计模型。对于各算法的数理原理，可参考更多书籍进行深入学习。

函数 svm()基本使用格式有如下两种。

第一类函数使用格式：

```
svm(formula, data = NULL, ..., subset, na.action =na.omit, scale = TRUE);
```

第二类函数使用格式：

```
svm(x, y = NULL, scale = TRUE, type = NULL, kernel ="radial", degree = 3, gamma = if
(is.vector(x)) 1 else 1 / ncol(x),coef0 = 0, cost = 1, nu = 0.5,class.weights = NULL,
cachesize = 40, tolerance = 0.001, epsilon = 0.1,shrinking = TRUE, cross = 0, probability
= FALSE, fitted = TRUE, seed = 1L,..., subset, na.action = na.omit)
```

（1）在第一类使用格式中，formula 代表的是函数模型的形式，例如：y~.或者 y~a+b。

（2）data 代表的是在模型中包含的有变量的一组可选格式数据。

（3）在第二类使用格式中，x 可以是一个数据矩阵，也可以是一个数据向量，同时也可以是一个稀疏矩阵。

（4）y 是对于 x 数据的结果标签，它既可以是字符向量也可以为数量向量。

（5）type 是指建立模型的类别。支持向量机模型通常可以用作分类模型、回归模型或者异常检测模型。所以在 svm()函数中的 type 可取的值有：C-classification、nu-classification、one-classification、eps-regression、nu-regression。在这 5 种类型中，前 3 种是针对于字符型结果变量的分类方式，其中第 3 种方式是逻辑判别，即判别结果输出所需判别的样本是否属于该类别；而后两种则是针对数量型结果变量的分类方式。

（6）kernel 是指在模型建立过程中使用的核函数。正如前文中介绍，支持向量机模型的建模过程中为了解决线性不可分的问题，提高模型预测精度，通常会使用核函数对原始特征进行变换，提高原始特征维度，解决支持向量机模型线性不可分问题。

svm()函数中的 kernel 参数有 4 个可选核函数，分别为线性核函数 linear（u'u）、多项式核函数 polynomial（$(\gamma u'u + coef0)^{degree}$）、径向基核函数（也称高斯核函数）radial basis（$\exp(-\gamma |u-v|^2)$）及神经网络核函数 sigmoid（$\tanh(\gamma u'u + coef0)$）。相应的研究发现，识别率最高、性能最好的是径向基核函数，其次是多项式核函数，而最差的是神经网络核函数。

核函数有两种主要类型——局部性核函数和全局性核函数，径向基核函数是一个典型的局部性核函数，而多项式核函数则是一个典型的全局性核函数。

我们需要知道的是，局部性核函数仅仅在测试点附近小领域内对数据点有影响，其学习能力强、泛化性能较弱；而全局性核函数则相对来说泛化性能较强、学习能力较弱。

在选择所适用的核函数时，我们可以逐一试用并比较结果，取预测结果最好的模型所适用的核函数。

（7）degree 参数是指核函数多项式内积函数中的参数，默认值为 3。

（8）gamma 参数是指核函数中除线性内积函数以外的所有函数的参数，默认值为 1。

（9）coef0 参数是指核函数中多项式内积函数与 sigmoid 内积函数中的参数，默认值为 0。

（10）nu 参数是用于 nu-classification、nu-regression 和 one-classification 回归类型中的参数。

下面介绍 svm()函数在对数据建立模型后所输出的结果。

（1）SV 即 support vectors，就是支持向量机模型中最核心的支持向量。

（2）Index 所包含的结果是模型中支持向量在样本数据中的位置，简而言之就是支持向量是样本数据的第几个样本。

值得注意的一点是，在利用 svm()函数建立支持向量机模型时，使用标准化后的数据建立的模型效果更好。

2．plot()函数

将 svm()函数所得支持向量机模型放入 plot()函数，则可以生成一个来自于根据各个类别和支持向量机建立的支持向量分类模型的输入数据散点图，同时还可以绘制出各个类别的分类图。

plot()函数在应用于 svm()输出结果时的基本使用格式如下：

```
plot(x, data, formula, fill = TRUE, grid = 50, slice = list(),symbolPalette = palette(),
svSymbol = "x", dataSymbol = "o", ...)
```

- x 是指利用 svm()函数所建立的支持向量机模型。
- data 是指绘制支持向量机分类图所采用的数据，该数据格式应与模型建立过程中使用的数据格式一致。
- formula 参数是用来观察任意两个特征维度对模型分类的相互影响。
- fill 参数为逻辑参数，可选值为 TRUE 与 FALSE 两类。当取 TRUE 时，所绘制的图像具有背景色，反之没有，该参数默认值为 TRUE。
- symbolPalette 参数主要用于决定分类点以及支持向量的颜色。
- svSymbol 参数主要决定支持向量的形状。
- dataSymbol 参数主要决定数据散点图的形状。

12.2.3 数据集

本章我们选择使用 datasets 软件包中的 iris 数据集进行算法演示，我们先来对其进行一个简单了解。

```
> data ( iris)                    # 获取数据集 iris
> summary ( iris)                 # 获取 iris 数据集的概括信息
 Sepal.Length   Sepal.Width    Petal.Length   Petal.Width    Species
 Min.   :4.300  Min.   :2.000  Min.   :1.000  Min.   :0.100  setosa    :50
 1st Qu.:5.100  1st Qu.:2.800  1st Qu.:1.600  1st Qu.:0.300  versicolor:50
 Median :5.800  Median :3.000  Median :4.350  Median :1.300  virginica :50
 Mean   :5.843  Mean   :3.057  Mean   :3.758  Mean   :1.199  NA
 3rd Qu.:6.400  3rd Qu.:3.300  3rd Qu.:5.100  3rd Qu.:1.800  NA
 Max.   :7.900  Max.   :4.400  Max.   :6.900  Max.   :2.500  NA
```

获取以上数据后，我们来看 iris 的基本信息，它共包含 150 个样本以及 4 个样本特征，其中结果标签总共有三个类别，并且三种类别的权重是一样的，都为 50 个样本。在输出的结果中还列示了 4 个样本特征的最小值、四分之一位点的值、中位数、均值、四分之三位点的值以及最大值。

在输出结果中，结果标签 setosa、versicolor、virginica 是鸢尾花属的三种花的类别。本数据采集了这三种花的四项基本特征，分别为：花萼的长度、花萼的宽度、花瓣的长度以及花瓣的宽度。本章节主要介绍如何根据这四个特征来建立支持向量机模型，实现对三种花进行判别分类。

12.3 应用案例

下面我们开始运用 R 软件分析 iris 数据集中各种花类别所具有的花萼及花瓣的特征，建立适合的支持向量机模型，并对所建立的模型进行相应的分析，查看建立模型的预测能力。

12.3.1　数据初探

在对数据有了一个初步的了解之后，首先应该确定所建立模型的基本形式。

可以看到，本数据集中的 Species 是支持向量机模型中的结果标签，而对应的特征分别是 Sepal.Length、Sepal.Width、Petal.Length 以及 Petal.Width。所以我们建立模型的简单公式可以大致表示为 Species~Sepal.Length+Sepal.Width+Petal.Length+Petal.Width。在接下来的建模过程中，我们将围绕这个公式来进行分析。

12.3.2　建立模型

在前面的介绍中我们了解到，svm()函数在建立支持向量分类机模型的时候有两种建立方式。简单地说，一种是根据既定公式建立模型；而另一种方式则是根据所给的数据建立模型。下面将具体讲述基于上述数据函数的两种建模过程。

根据函数的第一种使用格式，我们在针对上述数据建模时，应该先确定所建立的模型所使用的数据，然后再确定所建立模型的结果变量和特征变量。过程如下：

```
> data(iris)                                    # 获取数据集 iris
> model=svm(Species~.,data=iris)                # 建立 svm 模型
```

在使用第一种格式建立模型时，如果使用数据中的全部特征变量作为模型特征变量时，可以简要地使用"Species~."中的"."代替全部的特征变量。

根据函数的第二种使用格式，在针对上述数据建立模型时，首先应该将结果变量和特征变量分别提取出来。结果向量用一个向量表示，而特征向量用一个矩阵表示。在确定好数据后还应根据数据分析所使用的核函数以及核函数所对应的参数值，通常默认使用高斯内积函数作为核函数。具体过程如下：

```
> x=iris[,-5]                          # 提取 iris 数据中除第 5 列以外的数据作为特征变量
> y=iris[,5]                           # 提取 iris 数据中的第 5 列数据作为结果变量
> model=svm(x,y,kernel ="radial",gamma = if (is.vector(x))1else1/ncol(x))
                                       # 建立 svm 模型
```

在使用第二种格式建立模型时，不需要特别强调所建立模型的形式，函数会自动将所有输入的特征变量数据作为建立模型所需要的特征向量。

在上述过程中，确定核函数的 gamma 系数时所使用的 R 语言所代表的意思为：如果特征向量是向量则 gamma 值取 1，否则 gamma 值为特征向量个数的倒数。

12.3.3　结果分析

```
> summary(model)                       #查看 model 模型的相关结果
Call:
```

```
svm.default(x = x, y = y, kernel = "radial", gamma = if (is.vector(x)) 1 else 1/ncol(x))
Parameters:
 SVM-Type:  C-classification
 SVM-Kernel:  radial
cost:  1
gamma:  0.25
Number of Support Vectors:  51
( 8 22 21 )
Number of Classes:  3
Levels:
setosa versicolor virginica
```

通过 summary 函数可以得到关于模型的相关信息。其中，SVM-Type 项目说明本模型的类别为 C 分类器模型；SVM-Kernel 项目说明本模型所使用的核函数为高斯内积函数且核函数中参数 gamma 的取值为 0.25；cost 项目说明本模型确定的约束违反成本为 1。

在输出的结果中，我们还可以看到，对于该数据，模型找到了 51 个支持向量：第一类具有 8 个支持向量，第二类具有 22 个支持向量，第三类具有 21 个支持向量。最后说明了模型中的三个类别分别为：setosa、versicolor 和 virginica。

12.3.4 预测判别

通常我们利用样本数据建立模型之后，主要的目的都是利用模型来进行相应的预测和判别。在利用 svm()函数建立的模型进行预测时，我们将用到 R 软件自带的函数 predict()对模型进行预测。在使用 predict()函数时，应该首先确认将要用于预测的样本数据，并将样本数据的特征变量整合放入同一个矩阵。具体操作如下：

```
> x=iris[,1:4]                    # 确认需要进行预测的样本特征矩阵
> pred=predict(model,x)           # 根据模型 model 对 x 数据进行预测
> pred[sample(1:150,8)]           # 随机挑选 8 个预测结果进行展示
76          125        9          87         118        48         150        130
versicolor  virginica  setosa     versicolor virginica  setosa     virginica  virginica
```

在进行数据预测时，主要注意的问题就是必须保证用于预测的特征向量的个数应同模型建立时使用的特征向量个数一致，否则将无法预测结果。在使用 predict()函数进行预测时，不用刻意地去调整预测结果类型。

通过上述预测结果的展示，我们可以看到函数 predict()在预测时自动识别预测结果的类型，并自动生成了相应的类别名称。通常在进行预测之后，还需要检查模型预测的精度，这便需要用到 table()函数对预测结果和真实结果做出对比展示。过程如下：

```
> table(pred,y)                                                   # 模型预测精度展示
y
```

```
pred        setosa    versicolor   virginica
setosa      50        0            0
versicolor  0         48           2
virginica   0         2            48
```

通过观察 table()函数对模型预测精度的展示结果，我们可以看到在模型预测时，模型将所有属于 setosa 类型的花全部预测正确；模型将属于 versicolor 类型的花中的 48 朵预测正确，但将另外两朵预测为 virginica 类型；同理，模型将属于 virginica 类型的花中的 48 朵预测正确，但也将另外两朵预测为 versicolor 类型。

12.3.5　综合建模

通过上述对支持向量机理论及支持向量机模型在 R 软件中的具体应用的介绍，我们将整理前文内容，基于数据集 iris（鸢尾属花类别分类），综合介绍利用 R 软件建立模型的完整过程。

分析数据可以看出，数据需要判别的是三个类别，且三个类别属于字符类别，所以我们可以选择的支持向量分类机就有三类：C-classification、nu-classification、one-classification。同时，可以选择的核函数有四类：线性核函数（linear）、多项式核函数（polynomial）、径向基核函数（radial basis，RBF）和神经网络核函数（sigmoid）。所以在时间和精力允许的情况下，应该尽可能建立所有可能的模型，最后通过比较选出判别结果最优的模型。根据上述分析，利用 R 实现的具体程序如下：

```
> attach(iris)                          # 将数据集 iris 按列单独确认为向量
> x=subset(iris,select=-Species)        # 确定特征变量为数据集 iris 中除去 Species 的其他项
> y=Species                             # 确定结果变量为数据集 iris 中的 Species 项
> type=c("C-classification","nu-classification","one-classification")
                                        # 确定将要使用的分类方式
> kernel=c("linear","polynomial","radial","sigmoid")       # 确定将要使用的核函数
> pred=array(0,dim=c(150,3,4))          # 初始化预测结果矩阵的三维长度分别为150，3，4
> accuracy=matrix(0,3,4)                # 初始化模型精准度矩阵的两维分别为 3，4
> yy=as.integer(y)                      # 为方便模型精度计算，将结果变量数量化为 1，2，3
> for(i in 1:3)                         # 确认 i 影响的维度代表分类方式
+ {
+   for(j in 1:4)                       # 确认 j 影响的维度代表核函数
+   {
+       pred[,i,j]=predict(svm(x,y,type=type[i],kernel=kernel[j]),x)
                                        # 对每一模型进行预测
+       if(i>2)  accuracy[i,j]=sum(pred[,i,j]!=1)
+       else    accuracy[i,j]=sum(pred[,i,j]!=yy)
+   }
+ }
> dimnames(accuracy)=list(type,kernel) # 确定模型精度变量的列名和行名
```

在运行程序中，if 语句的使用是因为 C-classification 和 nu-classification 与 one-classification 的模型预测精度计算方式不同，所以应分别进行计算。在运行了上述程序之后，可以得到所有 12 个模型所对应的预测精度，程序中 accuracy 所代表的是模型预测错误的个数。

我们将根据这个预测结果挑选出预测错误最少的一些模型，然后再根据实际情况进行详细分析，最终决定出最适合本次研究目的的模型。

相应的预测结果如下：

	Linear	Polynomial	Radial	Sigmoid
C-classification	5	7	4	17
nu-classification	5	14	5	12
one-classification	102	75	76	75

从表中的模型预测结果可以看出，利用 one-classification 方式无论采取何种核函数得出的结果错误都非常多。所以可以看出该方式不适合这类数据类型的判别。使用 one-classification 方式进行建模时，数据通常情况下为一个类别的特征，建立的模型主要用于判别其他样本是否属于这类。

继续观察其他两种分类方式，可以发现利用 C-classification 与高斯核函数结合的模型判别错误最少，如果我们建立模型的目的主要是为了总体误判率最低，并且各种类型判错的代价是相同的，那么就可以直接选择这个模型作为最优模型。那么将利用 C-classification 与高斯核函数结合的模型的预测结果列示如下：

```
> table(pred[,1,3],y)                          # 模型预测精度展示
y
pred        setosa    versicolor    virginica
setosa      50        0             0
versicolor  0         48            2
virginica   0         2             48
```

对于这个展示结果的分析在前文中已经介绍，在此将不再多言。在得到这个较优模型之后，我们将针对这一模型再进行具体的分析和讨论，力图进一步提高模型的预测精度。

12.3.6 可视化分析

在建立支持向量机模型之后，我们还需要进一步分析模型。在分析过程中将会使模型可视化以便于对模型的分析。在对模型进行可视化的过程中，我们将用 R 软件中自带的函数 plot() 对模型进行可视化绘制。

首先，利用 plot() 函数对模型进行可视化。其具体过程及绘制结果如下：

```
> plot(cmdscale(dist(iris[,-5])),
```

```
+ col=c("lightgray","black","gray")[as.integer(iris[,5])],
+ pch= c("o","+")[1:150 %in% model$index + 1])        # 绘制模型分类散点图，如图 12-2 所示
> legend(2,-0.8,c("setosa","versicolor","virginica"),
+ col=c("lightgray","black","gray"),lty=1)            # 标记图例
```

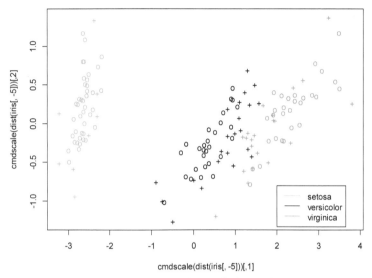

图 12-2 降维之后的各类别图像

通过 plot() 函数对所建立的支持向量机模型进行可视化后，所得到的图像是对模型数据类别的一个总体观察。图中的"+"表示的是支持向量，"0"表示的是普通样本点。

在图 12-2 中我们可以看到，鸢尾属中的第一种 setosa 类别同其他两种类别较大，而剩下的 versicolor 类别和 virginica 类别却相差很小，甚至存在交叉难以区分。这也在另一个角度解释了在模型预测过程中出现的问题，这正是为什么模型将 2 朵 versicolor 类别的花预测成了 virginica 类别，并将 2 朵 virginica 类别的花预测成了 versicolor 类别的原因。

在使用 plot() 函数对所建立的模型进行了总体的观察后，我们还可以利用 plot() 函数对模型进行其他角度的可视化分析。我们可以利用 plot() 函数对模型类别关于模型中任意两个特征向量的变动过程进行绘图。具体过程及图像如下：

```
> data(iris)                                          # 读入数据集 iris
> model=svm(Species~., data = iris)                   # 利用公式格式建立模型
> plot(model,iris,Petal.Width~Petal.Length,fill=FALSE,
+ symbolPalette=c("lightgray","black","grey"),svSymbol="+")
                        # 绘制模型类别关于花萼宽度和长度的分类情况，如图 12-3 所示
> legend(1,2.5,c("setosa","versicolor","virginica"),col=c("lightgray","black",
  "gray"),lty=1)
                                                      # 标记图例
```

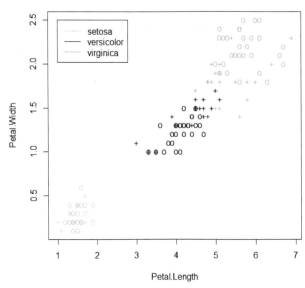

图 12-3   在维度 Width 与 Length 下各类别分布情况

通过对模型关于花瓣的宽度和长度对模型类别分类影响的可视化后，我们仍然可以得到同图一致的结果：setosa 类别的花瓣同另外两个类别相差较大，而 versicolor 类别的花瓣同 virginica 类别的花瓣相差较小。

通过模型可视化图形可以看出，virginica 类别的花瓣在长度和宽度的总体水平上都高于其他两个类别，而 versicolor 类别的花瓣在长度和宽度的总体水平上处于居中位置，而 setosa 类别的花瓣在长度和宽度上都比另外两个类别小。

12.3.7   优化建模

在模型预测精度结果中我们发现，尽管模型的预测错误已经很少，但是所建立的模型还是出现了 4 个预测错误。那么为了寻找到一个最优的支持向量机模型，我们是否能通过一些方式来进一步提高模型的预测精度，最理想的情况就是将模型的预测错误减少为零。

通过对模型的可视化分析后，无论是从总体的角度观察，还是从模型个别特征的角度观察，我们都可以得到一致的结论：类别 setosa 同其他两个类别的差异较大，而类别 versicolor 和类别 virginica 的差异非常小，而且直观上能看到两部分出现少许交叉。并且在预测结果中，模型出现判别错误的地方也是混淆了类别 versicolor 和类别 virginica。

因此，针对这种情况，我们可以想到通过改变模型各个类别的比重来对数据进行调整。由于类别 setosa 同其他两个类别的相差较大，所以我们可以考虑降低类别 setosa 在模型中的比重，而提高另外两个类别的比重，即适当牺牲类别 setosa 的精度来提高其他两个类别的精度。这种方法在 R 软件中的实现可以通过 svm()函数中的 class.weights 参数来进行调整。特别强调的是，class.weights 参数所需要的数据必须为向量，并且具有列名。具体过程如下：

```
> wts=c(1,1,1)                                    # 确定模型各个类别的比重为 1：1：1
> names(wts)=c("setosa","versicolor","virginica")  # 确定各个比重对应的类别
> model1=svm(x,y,class.weights=wts)               # 建立模型
```

当模型的各个类别的比重为 1：1：1 时，则模型就是最原始的模型，预测结果即前文所提到的预测模型，所以在此不再叙述。接下来我们适当提高类别 versicolor 和类别 virginica 的比重，以观察对模型的预测精度是否产生影响，是否为正向影响。

首先，我们先将这两种类别的比重扩大 100 倍（这里读者可以根据数据具体情况估计扩大的倍数），具体过程及结果如下：

```
> wts=c(1,100,100)                                # 确定模型各个类别的比重为 1：100：100
> names(wts)=c("setosa","versicolor","virginica")  # 确定各个比重对应的类别
> model2=svm(x,y,class.weights=wts)               # 建立模型
> pred2=predict(model2,x)                         # 根据模型进行预测
> table(pred2,y)                                  # 展示预测结果
y
pred2       setosa    versicolor    virginica
setosa      50        0             0
versicolor  0         49            1
virginica   0         1             49
```

通过预测结果的展示，我们发现，通过提高类别 versicolor 和类别 virginica 的比重确实能对模型的预测精度产生影响，并且能产生正向的影响。所以我们可以继续通过改变权重的方法来试图提高模型的预测精度。

接下来，我们将这两个类别的权重再扩大 5 倍，即相对于原始数据，这两个类别的权重总共扩大了 500 倍。具体过程及结果如下：

```
> wts=c(1,500,500)                                # 确定模型各个类别的比重为 1：500：500
> names(wts)=c("setosa","versicolor","virginica")  # 确定各个比重对应的类别
> model3=svm(x,y,class.weights=wts)               # 建立模型
> pred3=predict(model3,x)                         # 根据模型进行预测
> table(pred3,y)                                  # 展示预测结果
y
pred3       setosa    versicolor    virginica
setosa      50        0             0
versicolor  0         50            0
virginica   0         0             50
```

通过对权重的调整之后，本文建立的支持向量机模型能够将所有样本全部预测正确。所以在

实际构建模型的过程中，在必要的时候可以通过改变各类样本之间的权重比例来提高模型的预测精度。

12.4　本章汇总

e1071	软件包	用于支持向量机模型
iris	数据集	系统中用于数据挖掘的数据包
svm()	函数	利用数据构建支持向量机模型
predict()	函数	对模型进行预测
plot()	函数	制图

第 **13** 章

神经网络

人工神经网络是一种应用类似于大脑神经突触连接的结构进行信息处理的数学模型。在工程与学术界也常将其直接简称为神经网络或类神经网络。

神经网络是一种运算模型，由大量的节点（或称神经元）和之间的相互连接构成。它是一种非程序化、适应性、大脑风格的信息处理，其本质是通过网络的变换和动力学行为得到一种并行分布式的信息处理功能，并在不同程度和层次上模仿人脑神经系统的信息处理功能。它是涉及神经科学、思维科学、人工智能、计算机科学等多个领域的交叉学科。

神经网络是计算智能和机器学习的重要分支，在诸多领域都取得了很大的成功。

13.1 概述

神经网络近年来越来越受到人们的关注，因为它为解决大复杂度问题提供了一种相对来说比较有效的简单方法。神经网络可以很容易地解决具有上百个参数的问题。

人工神经网络通常是通过一个基于数学统计学类型的学习方法得以优化，所以人工神经网络也是数学统计学方法的一种实际应用，通过统计学的标准数学方法使我们能够得到大量的可以用函数来表达的局部结构空间。另一方面，在人工智能学的人工感知领域，我们通过数学统计学的应用可以解决人工感知方面的决定问题（也就是说，通过统计学的方法，人工神经网络能够类似人一样具有简单的决定能力和简单的判断能力），这种方法比起正式的逻辑学推理演算更具有优势。在人工神经网络中，神经元处理单元可表示不同的对象，例如特征、字母、概念，或者一些有意义的抽象模式。神经元间的连接权值反映了单元间的连接强度，信息的表示和处理体现在网络处理单元的连接关系中。

神经网络是一种运算模型，由大量的节点（或称神经元）和之间的相互连接构成，每个节点代表一种特定的输出函数，称为激励函数（activation function）。每两个节点间的连接都代表一个对于通过该连接信号的加权值，称之为权重，这相当于人工神经网络的记忆。网络的输出则依网络的连接方式、权重值和激励函数的不同而不同。而网络自身通常都是对自然界某种算法或者函数的逼近，也可能是对一种逻辑策略的表达。

现如今神经网络常用于两类问题：分类和回归。

在使用神经网络时有几点需要注意：

第一，神经网络很难解释，目前还没有能对神经网络做出显而易见解释的方法学。

第二，神经网络会学习过度，在训练神经网络时一定要恰当地使用一些能严格衡量神经网络的方法，如前面提到的测试集方法和交叉验证法等。这主要是由于神经网络太灵活、可变参数太多，如果给足够的时间，他几乎可以"记住"任何事情。

第三，除非问题非常简单，训练一个神经网络可能需要相当可观的时间才能完成。当然，一旦神经网络建立好了，用它做预测时运行还是很快的。

13.2　R 中的实现

13.2.1　相关软件包

本章将介绍 R 中的 nnet 软件包，该程序包是用来建立单隐藏层的前馈人工神经网络模型，同时也能用来建立多项对数线性模型。

R 提供了 nnet 软件包丰富的网上学习资源，包括软件包的使用说明文档、函数源代码、操作示例文档等，具体可参见 http://cran.r-project.org/web/packages/nnet/index.html，其中含有相关链接。本章将使用 nnet 包的 7.3-7 版本来实现操作，该版本的程序包需要在 R2.14.0 及以上版本中才能使用。

下载安装相应软件包，并加载后即可使用。

```
> install.packages("nnet")                          # 下载安装 nnet 软件包
> library(nnet)                                      # 加载 nnet 软件包
```

13.2.2　核心函数

nnet 包中主要有 4 个函数，分别为：class.ind()、multinom()、nnet()和 nnetHess()。其中函数 multinom()是用来建立多项对数模型的，由于本章主要介绍前馈神经网络模型在 R 中的使用，所以对该函数将不进行具体介绍。

1. class.ind()函数

class.ind()函数是用来对数据进行预处理的，这也正是该函数最重要以及唯一的一项功能。更具体地说，该函数是用来对建模数据中的结果变量进行处理的（即对模型中的 y 进行处理）。该函数对结果变量的处理，其实是通过结果变量的因子变量来生成一个类指标矩阵。该函数的基本格式如下：

```
class.ind(cl)
```

从函数的基本格式可以看出，该函数的使用非常简单。函数中只有一个参数，该参数可以是一个因子向量，也可以是一个类别向量。

简而言之，这里的 cl 可以直接是你需要进行预处理的结果变量。为了更好地介绍该函数的功能，我们首先假设有两个需要进行预处理的结果向量：一个是字符类别（a, b, a, c）；而另一个为数量类别（1, 2, 1, 3）。下面我们将通过展示在 R 中对于上述两个向量的具体处理过程及结果，让读者更清楚地了解该函数。

```
> vector1=c("a","b","a","c")              # 生成字符向量 vector1
> vector2=c(1,2,1,3)                      # 生成数量向量 vector2
> class.ind(vector1)                      # 对字符向量 vector1 进行预处理
     a b c
[1,] 1 0 0
[2,] 0 1 0
[3,] 1 0 0
[4,] 0 0 1
> class.ind(vector2)                      # 对数量向量 vector2 进行预处理
     1 2 3
[1,] 1 0 0
[2,] 0 1 0
[3,] 1 0 0
[4,] 0 0 1
```

从输出结果中可以看到，该函数主要是将向量变成一个矩阵，其中每行还是代表一个样本。只是将样本的类别用 0 和 1 来表示，即如果是该类，则在该类别名下用 1 表示，而其余的类别名下面用 0 表示。

2. nnet()函数

函数 nnet()是实现神经网络的核心函数，它主要用来建立单隐藏层的前馈人工神经网络模型，同时也可以用该函数建立无隐藏层的前馈人工神经网络模型。对于各算法的数理原理，可参考更多书籍进行深入学习。

函数 nnet()的具体使用格式有两种形式，下面分别具体地介绍该函数的两种使用方式。

第一类函数使用格式：

```
nnet(formula, data, weights, ...,subset, na.action, contrasts = NULL)
```

第二类函数使用格式：

```
nnet(x, y, weights, size, Wts, mask,linout = FALSE, entropy = FALSE, softmax =
FALSE,censored = FALSE, skip = FALSE, rang = 0.7, decay = 0,maxit = 100, Hess = FALSE,
trace = TRUE, MaxNWts = 1000,abstol = 1.0e-4, reltol = 1.0e-8, ...)
```

- 在第一类使用格式中，formula 代表的是函数模型的形式。例如：class~.或者 class~x1+x2。其中 "class~" 后面的 "." 代表在数据集中除 class 以外的其他数据全部都为模型的自变量。

- 参数 data 代表的是在模型中包含的有变量的一组可选格式数据。

- 参数 weights 代表的是各类样本在模型中所占的权重，该参数的默认值为 1，即各类样本按原始比例建立模型。

- 参数 subset 主要用于抽取样本数据中的部分样本作为训练集，该参数所使用的数据格式为一向量，向量中的每个数代表所需要抽取样本的行数。

- 在第二类使用格式中，参数 x 为一个矩阵或者一个格式化数据集。该参数就是在建立人工神经网络模型中所需要的自变量数据。

- 参数 y 是在建立人工神经网络模型中所需要的类别变量数据。但是在人工神经网络模型中的类别变量格式与其他函数中的格式有所不同。这里的类别变量 y 是一个矩阵。这个矩阵便是前文中用函数 class.ind()处理后生成的类指标矩阵。在此需要强调的是，这里的 y 必须使用这种格式，是硬性规定。

- 在第二类使用格式中的参数 weights 的使用方式及用途与第一类使用格式中的参数 weights 一样。

- 参数 size 代表的是隐藏层中的节点个数。正如前文中的介绍，该隐藏层的节点个数通常为输入层节点个数的 1.2 倍至 1.5 倍，即自变量个数的 1.2 倍至 1.5 倍。这里如果将参数值设定为 0，则表示建立的模型为无隐藏层的人工神经网络模型。

- 参数 rang 指的是初始随机权重的范围是[-rang，rang]。通常情况下，该参数的值只有在输入变量很大的情况下才会取到 0.5 左右，而一般对于确定该参数的值是存在一个公式的，即 rang 与 x 的绝对值中的最大值的乘积大约等于 1。

- 参数 decay 是指在模型建立过程中，模型权重值的衰减精度，即当模型的权重值每次衰减小于该参数值时，模型将不再进行迭代。该参数的默认值为 0。

- 参数 maxit 控制的是模型的最大迭代次数，即在模型迭代过程中，如果一直没有触碰模型迭代停止的其他条件，那么模型将会在迭代达到该最大次数后停止模型迭代，这个参数的设置主要是为了防止模型的死循环，或者是一些没必要的迭代。

接下来将介绍 nnet()函数的输出结果。

- 输出结果 wts。该结果中包含了在模型迭代过程中所寻找到的最优权重值，我们也可以将其理解为模型的最优系数。

- 输出结果 residuals。该结果包含了训练集的残差值。
- 输出结果 convergence。该结果表示在模型建立的迭代过程中，迭代次数是否达到最大迭代次数。如果结果为 1，则表明迭代次数达到最大迭代次数；如果结果为 0 则表明没有达到最大迭代次数。如果结果达到了最大迭代次数，我们就应该对模型的建立进行进一步分析，因为模型建立过程中是因为达到最大迭代次数才停止迭代的，则说明迭代过程中没有触碰到其他决定模型精度的条件，这就很可能会导致我们建立出来的模型精度并不高，并不是最优模型，所以应考虑是否提高最大迭代次数后再次进行模型估计。

总的说来，如果模型中的类别变量为一个含有因子的变量，则我们将建立的人工网络模型就是一个分类模型。而如果类别变量不是一个含有因子的变量，则模型将无法建立。

3. nnetHess()函数

该函数用来估计人工神经网络模型中的黑塞矩阵（即二次导数矩阵）。该函数的具体使用格式如下：

```
nnetHess(net, x, y, weights)
```

在该函数中我们看到有 4 个参数：net、x、y 以及 weights。其中参数 net 代表的是利用函数 nnet()所建立的人工神经网络模型；而参数 x 和参数 y 则是模型中的自变量和响应变量（即类别变量）。该函数中参数 weights 的使用方式同函数 nnet()中的 weights 的使用方式一样。

nnet 程序包中除了以上 4 个主要函数以外，程序包还能同 R 自带函数 predict()配合使用，该函数主要用于估计函数 multinom()以及函数 nnet()所建立模型的预测结果。

13.3 应用案例

下面我们开始运用 R 软件分析来源于 UCI 数据库中的关于白酒品质研究的数据集进行算法演示，该数据集是关于白酒中的各项变量对白酒品质的影响情况。

本章将利用该数据集建立出适合的单隐藏层前馈人工神经网络模型，并对所建立的模型进行相应的分析，查看建立模型的预测能力如何。

13.3.1 数据初探

在前面"随机森林"一章中，已经对 UCI 数据进行了介绍，此处不再赘述。本数据来源于 UCI 数据库，读者可以通过以下链接获得该数据：http://archive.ics.uci.edu/ml/datasets/Wine+Quality。

UCI 数据库中包含 12 个变量，其中特征变量 11 个，结果变量为 quality 变量。该数据库中将白酒品质总共分为 1 到 10 这 10 个等级，本数据库中包含 3 至 9 这 7 个等级，为了方便本章节的分析，本章将数据进行同"随机森林"章节相同的处理，即将白酒的品质分为 3 个等级，其中品质 3、4、5 为"bad"品质，品质 6 为"mid"品质，品质 7、8、9 为"good"品质。

本章将利用数据集建立出适合的单隐藏层前馈人工神经网络模型。在模型中我们将根据样本白酒的非挥发性酸、挥发性酸、柠檬酸、剩余糖分、氯化物、游离二氧化硫、总二氧化硫、密度、酸性、硫酸盐、酒精度这 11 个属性来对白酒的品质进行判别。

13.3.2 数据处理

在建立人工神经网络模型之前，我们首先应对数据进行预处理。

作为建立人工神经网络模型的处理方式主要进行数据的归一化。数据归一化方法是神经网络预测前对数据常做的一种处理方法，即将所有数据都转化为[0,1]之间的数，其目的是取消各维度数据间数量级的差别，避免因为输入输出数据数量级差别较大而造成网络预测误差较大。

数据归一化的方法主要有以下两种。

1．最大最小法。函数形式如下：

$$x_k = (x_k - x_{min}) / (x_{max} - x_{min}) \qquad （公式 1）$$

式中，x_{min} 为数据序列中的最小数，x_{man} 为序列中的最大数。

2．平均数方差法。函数形式如下：

$$x_k = (x_k - x_{mean}) / x_{var} \qquad （公式 2）$$

式中，x_{mean} 为数据序列的均值；x_{var} 为数据的方差。

本案例中采用第一种数据归一化方法，对于第一种 0-1 归一化方法，本文将通过自写程序对原始数据进行预处理。相应程序如下，以便读者参考。

```
scale01=function(x)                              # 确定程序名称为 scale01
{
    ncol=dim(x)[2]-1                             # 提取预处理样本集中特征变量个数
    nrow=dim(x)[1]                               # 提取预处理样本集中样本总量
    new=matrix(0,nrow,ncol)                      # 建立用于保存新样本集的矩阵
    for(i in 1:ncol)
    {
        max=max(x[,i])                           # 提取每个变量的最大值
        min=min(x[,i])                           # 提取每个变量的最小值
        for(j in 1:nrow)
        {
            new[j,i]=(x[j,i]-min)/(max-min)      # 计算归一化后的新数据集
        }
```

```
    }
    new
}
```

13.3.3　建立模型

在前面的介绍中我们了解到，nnet()函数在建立支持单隐藏层前馈神经网络模型的时候有两种建立方式。简单地说，一种是根据既定公式建立模型；而另一种方式则是根据所给的数据建立模型。接下来我们将具体讲述基于上述数据函数的两种建模过程。

根据函数的第一种使用格式，在针对上述数据建模时，应该先确定我们所建立模型所使用的数据，然后再确定所建立模型的响应变量和自变量。具体建模操作如下：

```
> wine=read.table("d:\\wine.txt")        # 本文默认数据以记事本格式存储于电脑 D 盘中
> names(wine)=c("fixed","volatile","citric","residual","chlorides","free",
  "total","density","PH","sulphates","alcohol","quality")     # 为每一个变量命名
> set.seed(71)
> samp=sample(1:4898,3000)               # 从总样本集中抽取 3000 个样本作为训练集
> wine[samp,1:11]=scale01(wine[samp,])                 # 对样本进行预处理
> r=1/max(abs(wine[samp,1:11]))                        # 确定参数 rang 的变化范围
> set.seed(101)
> model1=nnet(quality~.,data=wine,subset=samp,size=4,rang=r,decay=5e-4,maxit=200)
                                                       # 建立神经网络模型
```

在使用第一种格式建立模型时，如果使用数据中的全部自变量作为模型自变量时，我们可以简要地使用"quality~."中的"."代替全部的自变量。

根据函数的第二种使用格式，我们在针对上述数据建立模型时，首先应该将响应变量和自变量分别提取出来。自变量通常用一个矩阵表示，而对于响应变量则应该进行相应的预处理。

具体处理方法如前文介绍，利用函数 class.ind()将响应变量处理为类指标矩阵。在确定好数据后还应根据数据分析所使用的各项参数的具体值。对于建立神经网络模型的具体过程如下：

```
> x=subset(wine,select=-quality)      # 提取 wine 数据集中除 quality 列以外的数据作为自变量
> y=wine[,12]                         # 提取 wine 数据集中的 quality 列数据作为响应变量
> y=class.ind(y)                      # 对响应变量进行预处理，将其变为类指标矩阵
> set.seed(101)
> model2=nnet(x,y,decay=5e-4,maxit=200,size=4,rang=r)     # 建立神经网络模型
```

在使用第二种格式建立模型时，不需要特别强调所建立模型的形式，函数会自动将所有输入到 x 矩阵中的数据作为建立模型所需的自变量。在上述过程中，两种模型的相关参数都是一样的，两个模型的权重衰减速度最小值都为 5e–4；最大迭代次数都为 200 次；隐藏层的节点数都为 4 个；最终我们建立出来的模型是一个 11-4-3 的神经网络模型，即输入层是 11 个节点，隐藏层是

4 个节点，输出层是 3 个节点。

13.3.4　结果分析

```
> summary(model1)                                            #查看model1 模型的相关结果
a 11-4-3 network with 63 weights
options were - softmaxmodelling  decay=5e-04
 b->h1    i1->h1   i2->h1   i3->h1   i4->h1   i5->h1   i6->h1   i7->h1   i8->h1
 2.90     1.56     -0.91    -0.52    8.30     8.36     16.89    3.54     -13.08
 i9->h1   i10->h1  i11->h1
 1.42     -0.04    -2.93
 b->h2    i1->h2   i2->h2   i3->h2   i4->h2   i5->h2   i6->h2   i7->h2   i8->h2
 -1.04    1.69     -3.16    2.19     1.62     -13.73   -0.29    -5.77    -3.82
 i9->h2   i10->h2  i11->h2
 3.36     2.49     5.78
 b->h3    i1->h3   i2->h3   i3->h3   i4->h3   i5->h3   i6->h3   i7->h3   i8->h3
 1.25     -1.88    12.64    2.56     0.82     -2.46    3.10     -4.79    -4.47
 i9->h3   i10->h3  i11->h3
 2.56     1.48     4.56
 b->h4    i1->h4   i2->h4   i3->h4   i4->h4   i5->h4   i6->h4   i7->h4   i8->h4
 29.02    1.25     -33.61   1.84     -19.33   21.65    -15.48   11.30    25.22
 i9->h4   i10->h4  i11->h4
 -10.13   -12.83   -23.60
 b->o1    h1->o1   h2->o1   h3->o1   h4->o1
 -0.53    -11.66   -4.17    13.68    0.55
 b->o2    h1->o2   h2->o2   h3->o2   h4->o2
 3.12     10.02    4.21     -15.29   -0.97
 b->o3    h1->o3   h2->o3   h3->o3   h4->o3
 -2.75    1.71     -0.08    1.52     0.35
```

通过 summary()函数我们可以得到关于模型的相关信息。在输出结果的第一行我们可以看到模型的总体类型，该模型总共有三层，输入层有 11 个节点，隐藏层有 4 个节点，输出层有 3 个节点，该模型的权重总共有 63 个。

在输出结果的第二层显示的是模型中的相关参数的设定，在该模型的建立过程中，我们只设定了相应的模型权重衰减最小值，所以这里显示出了模型衰减最小值为 5e-4。

接下来的第三部分是模型的具体判断过程，其中的 i1、i2、i3、i4、i5、i6、i7、i8、i9、i10 和 i11 分别代表输入层的 11 个节点；h1、h2、h3 和 h4 代表的是隐藏层的 4 个节点；而 o1、o2 和 o3 则分别代表输出层的 3 个节点。对于 b，我们可以将它理解为模型中的常数项。第三部分中的数字则代表的是每一个节点向下一个节点的输入值的权重值。

13.3.5　预测判别

通常我们利用样本数据建立模型之后，主要的目的都是利用模型来进行相应的预测和判别。

在利用 nnet()函数建立的模型进行预测时，我们将用到 R 软件自带的函数 predict()对模型进行预测。

在使用 predict()函数时，我们应该首先确认将要用于预测模型的类别。由于我们在建立模型时有两种建立方式，而利用 predict()函数进行预测的时候，对于两种模型会存在两种不同的预测结果，所以我们必须分清楚将要进行预测的模型是哪一类模型。具体操作如下：

针对第一种建模方式所建立的模型：

```
> x=wine[,1:11]                          # 确认需要进行预测的样本特征矩阵
> pred=predict(model,x,type="class")     # 根据模型 model 对 x 数据进行预测
> set.seed(110)
> pred[sample(1:4898,8)]                  # 随机挑选 8 个预测结果进行展示
  3011      1069      4493      3551      3631       637      4551      4765
  bad       mid      good       mid       mid       mid       mid       mid
```

在进行数据预测时，我们主要注意的问题就是必须保证用于预测的自变量向量的个数同模型建立时使用的自变量向量个数一致，否则将无法预测结果。在使用 predict()函数进行预测时，我们不用刻意去调整预测结果类型。通过上述预测结果的展示，我们可以看到函数 predict()在预测时自动识别预测结果的类型，并自动生成了相应的类别名称。相对来说，利用第一种建模方式建立的模型在预测时较为方便。

针对第二种建模方式所建立的模型：

```
> xt=wine[,1:11]                          # 确认需要进行预测的样本特征矩阵
> pred=predict(model2,xt)                 # 根据模型 model 对 xt 数据进行预测
> dim(pred)                               # 查看预测结果的维度
[1] 4989    3
> pred[sample(1:4898,4),]                 # 随机挑选 4 个预测结果进行展示
            bad              good             mid
[1,]    0.06161598       0.5673797       0.4410197
[2,]    0.03038958       0.7615529       0.2483675
[3,]    0.05109837       0.6253857       0.3789193
[4,]    0.06250027       0.5628247       0.4431852
```

通过 predict()函数对第二种模型进行预测，我们可以看出预测结果是一个矩阵，而不像第一种模型那样直接预测出了模型中类别的名字。

在随机挑选的 4 个预测结果中，我们可以看到每个样本对应 3 种类别分别有 3 个数字，而这 3 个数字正是 3 个输出结果的输出值。这 3 个数的求和大约是等于 1 的，所以我们又可以将它简要地看作概率，即样本为其中某一类别的概率，对于样本类别的判别则为概率最大的那一类。

因此对于上述预测结果我们需将其进行进一步处理，处理之后才能直观地看出样本的预测类别。对于预测结果 pred 的处理，具体过程如下：

```
> name=c("bad","good","mid")              # 为 3 个类别确定名称
> prednew=max.col(pred)                   # 确定每行中最大值所在的列
> prednewn=name[prednew]                  # 根据预测结果将其变为相对应的类别名称
> set.seed(201)
> prednewn[sample(1:4898,8)]              # 随机挑选 8 个预测结果进行展示
    487     1409      2302      3318      2963       2308      2556      2543
    mid      bad       mid       bad      good       good       mid       bad
```

通常在进行预测之后，我们还需要检查模型预测的精度，这便需要用到 table()函数对预测结果和真实结果做出对比展示。过程如下：

```
> true=max.col(y)                         # 确定真实值的每行中最大值所在的列
> table(true,prednewn)                    # 模型预测精度展示
        prednewn
true    bad      good      mid
1       1058     38        544
2       49       437       574
3       493      252       1453
```

通过观察 table()函数对模型预测精度的展示结果，我们可以看到在模型预测时，模型将所有属于 bad 品质的白酒中的 1058 个样本预测正确，但将另外 38 个样本预测为 good 品质，并且将 544 个样本预测为 mid 品质；模型将所有属于 good 品质的白酒中的 437 个样本预测正确，但将另外 49 个样本预测为 bad 品质，并且将 574 个样本预测为 mid 品质；模型将所有属于 mid 品质的白酒中的 1453 个样本预测正确，但将另外 252 个样本预测为 good 品质，并且将 493 个样本预测为 bad 品质。

13.3.6　模型差异分析

在利用 nnet()函数建立模型的过程时，其中参数 Wts 的值我们通常默认为原始值。但是在 nnet()函数中，参数 Wts 的值在建立模型过程中用于迭代的权重初始值，该参数的默认值为系统随机生成，换而言之就是，我们每次建立模型所使用的迭代初始值都是不相同的。因此我们在实际建模过程中会遇到这样的现象：我们使用同样的数据，采取同样的节点数，设定同样的参数，但是最后会得到两个不同的模型，甚至是天壤之别的两个模型。

为了具体介绍该问题，我们依然使用数据集 iris 进行举例。关于数据集 iris，本书已经在"支持向量机"一章中做出了详细的介绍，本章将直接使用，不再进行过多陈述。

首先我们利用下列语句建立模型 model1 以及模型 model2。具体过程及结果如下：

```
> model1=nnet(x,y,rang=1/max(abs(x)),size=4,maxit=500,decay=5e-4)   # 建立模型 model1
> model2=nnet(x,y,rang=1/max(abs(x)),size=4,maxit=500,decay=5e-4)   # 建立模型 model2
```

从建立模型的语句观察，我们发现两个模型应该是一样的模型，但是通过对其进行具体分析，

我们将发现两个模型存在很大的差异。

接下来我们将从 3 个方面对模型差异进行分析。

1．模型是否因为迭代次数达到最大值而停止

如果模型的不同是因为建立模型时迭代次数达到最大值而停止迭代所导致的，那么我们可以直接改变迭代的最大次数来使模型变得更加精确。具体察看方式如下：

```
> model1$convergence          # 查看model1的迭代过程中是否达到迭代次数最大值
[1] 0
> model2$convergence          # 查看model2的迭代过程中是否达到迭代次数最大值
[1] 0
```

从输出结果中我们可以看到，两个模型的迭代结果值都为 0，这说明了在建立模型过程中，迭代的停止并非是因为模型的迭代次数达到了最大迭代次数。所以说明模型的最大迭代次数并不是影响两个模型不同的主要原因。

2．模型迭代的最终值

模型迭代的最终值即为模型拟合标准同模型权重衰减值的和。在模型的输出结果中，主要包含在模型的 value 中，该值越小说明模型拟合效果越好。我们对模型的迭代最终值的观察过程及结果如下：

```
> model1$value                          # 查看模型model1的迭代最终值
[1] 3.475286
> model2$value                          # 查看模型model2的迭代最终值
[1] 33.88505
```

从输出结果中我们可以看到，两个模型的迭代最终值有着明显的不同，模型 model2 的值 33.88505 明显大于模型 model1 的值 3.475286。这说明了模型 model1 的拟合效果明显好于模型 model2。

因此对于因为初始迭代值不同而导致的模型不同的情况，我们可以使用该结果值来进行判断，我们应该多运行几次 nnet()函数，而选择所有模型中该结果值最小的一个模型作为最理想的模型。

3．观察两个模型的预测效果

人工神经网络模型的预测效果是该模型最重要最核心的作用，所以对于两模型差异的情况，我们必须对模型的预测能力做出分析。

如果两个模型在预测能力上显示不出任何差异，那么我们讨论两个模型不同也就失去了意义，因为我们所追求的是模型的预测能力，所以在模型的差异问题上，我们最关心的也是两个模

型的预测能力差异。观察的过程及结果如下：

```
> name=c("setosa","versicolor","virginica")          # 为三个类别确定名称
> pred1=name[max.col(predict(model1,x))]
                                      # 利用第二种模型的预测方法对模型 model1 进行预测
> pred2=name[max.col(predict(model2,x))]
                                      # 利用第二种模型的预测方法对模型 model2 进行预测
> table(Species,pred1)                               # 模型 model1 预测精度展示
        pred1
Species      setosa   versicolor   virginica
setosa       50       0            0
versicolor   0        49           1
virginica    0        0            50
> table(Species,pred2)                               # 模型 model2 预测精度展示
        Pred2
Species      setosa   versicolor   virginica
setosa       50       0            0
versicolor   0        45           5
virginica    0        0            50
```

13.3.7　优化建模

在上述对函数 nnet()的特别问题分析之后，我们了解到用相同数据相同参数建立的模型有可能不是最优的模型。那么，应该怎么做才能得到最优的模型呢？

针对这个问题，如果在时间和条件允许的情况下，我们可以多运行几次模型，并从中挑选出针对于测试集样本误判率最小的模型。

首先，本文将确定出隐藏层最优节点的数目。在前文中已经介绍了对于人工神经网络模型中隐藏层的相关确定条件，但是在实际模型构建过程中，仍需要尽可能地测试每一节点数目下模型的误判率，以确定出最优的模型误判率。对该方法在 R 软件中的实际实现方式如下。

```
> wine=read.table("d:\\wine.txt")            # 本文默认数据以记事本格式存储于电脑 D 盘中
> names(wine)=c("fixed","volatile","citric","residual","chlorides","free","total",
  "density","PH","sulphates","alcohol","quality")          # 为每一个变量命名
> set.seed(71)
> wine=wine[sample(1:4898,3000),]
> nrow.wine=dim(wine)[1]
+ scale01=function(x)                         # 原始数据归一化程序
+ {
+   ncol=dim(x)[2]-1
+   nrow=dim(x)[1]
+   new=matrix(0,nrow,ncol)
+   for(i in 1:ncol)
```

```
+    {
+        max=max(x[,i])
+        min=min(x[,i])
+        for(j in 1:nrow)new[j,i]=(x[j,i]-min)/(max-min)
+    new
+ }
> cha=0                                      # 设置中间变量对处理后的向量进行临时存储
> for(i in 1: nrow.wine)                     # 针对每一个样本进行调整
+ {
+    if(wine[i,12]>6)cha[i]="good"           # 将品质大于 6 的样本品质定义为"good"
+    else if(wine[i,12]>5)cha[i]="mid"       # 将品质大于 5 却不大于 6 的样本品质定义为"mid"
+    else cha[i]="bad"                       # 将品质不大于 5 的样本品质定义为"bad"
+ }
> wine[,12]=factor(cha)                      # 将字符型变量转化为含有因子的变量并复制给数据集 wine
> set.seed(444)
> samp=sample(1:nrow.wine, nrow.wine*0.7)    # 从总样本集中抽取 70%的样本作为训练集
> wine[samp,1:11]=scale01(wine[samp,])       # 对训练集样本进行预处理
> wine[-samp,1:11]=scale01(wine[-samp,])     # 对测试集样本进行预处理
> r=1/max(abs(wine[samp,1:11]))              # 确定参数 rang 的变化范围
> n=length(samp)
> err1=0
> err2=0
> for(i in 1:17)
+ {
+ set.seed(111)
+ model=nnet(quality~.,data=wine,maxit=400,rang=r,size=i,subset=samp,decay=5e-4)
+ err1[i]=sum(predict(model,wine[samp,1:11],type='class')!=wine[samp,12])/n
+ err2[i]=sum(predict(model,wine[-samp,1:11],type='class')!=wine[-samp,12])/
  (nrow.wine -n)
+ }
> plot(1:17,err1,'l',col=1,lty=1,ylab="模型误判率",xlab="隐藏层节点个数",ylim=
  c(min(min(err1),min(err2)),max(max(err1),max(err2))))
> lines(1:17,err2,col=1,lty=3)
> points(1:17,err1,col=1,pch="+")
> points(1:17,err2,col=1,pch="o")
> legend(1,0.53,"测试集误判率",bty="n",cex=1.5)
> legend(1,0.35,"训练集误判率",bty="n",cex=1.5)
```

经过上述程序运行之后，将得到关于样本集在不同的隐藏层节点数下所对应的模型误判率。结果如图 13-1 所示。

在图 13-1 中可以清楚地看到，训练集样本错误跟随隐藏层节点数的增加而下降，但是与此同

时，测试集样本错误却未随着隐藏层节点的增加而下降，这种现象便是由于模型中隐藏层节点数增加而引起的模型过度拟合导致的。

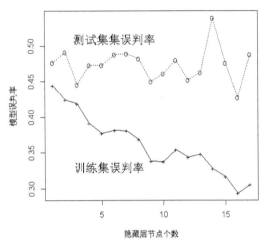

图 13-1   在不同隐藏层节点数下模型的误判率

可以看到，模型针对于测试集误判率大概在模型隐藏层节点数为 3 的时候取到最小值，所以我们将隐藏层节点数确定为 3。

从前文中我们分析到，当神经网络模型训练周期过长的时候，建立出的人工神经网络模型将会记录下训练集中几乎全部信息，这将会产生过度拟合的问题。即该模型针对于训练集的时候将会体现出非常优异的预测能力，但是由于该模型记录下了训练集中的全部信息，则该模型也将训练集中的许多特有信息记录下来，所以当模型用于其他样本集的时候，模型的预测能力将会大大下降，即模型的泛化能力非常弱。

在确定出最优隐藏层节点数之后，本文将确定出最优的迭代次数。具体在 R 软件中的操作过程如下，结果如图 13-2 所示。

```
> err11=0
> err12=0
> for(i in 1:500)
+ {
+ set.seed(111)
+ model=nnet(quality~.,data=wine,maxit=i,rang=r,size=3,subset=samp)
+ err11[i]=sum(predict(model,wine[samp,1:11],type='class')!=wine[samp,12])/n
+ err12[i]=sum(predict(model,wine[-samp,1:11],type='class')!=wine[-samp,12])/
  (nrow.wine-n)
}
> plot(1:length(err11),err11,'l',ylab="模型误判率",xlab="训练周期",col=1,ylim=
  c(min(min(err11),min(err12)),max(max(err11),max(err12))))
> lines(1:length(err11),err12,col=1,lty=3)
```

```
> legend(250,0.47, "测试集误判率",bty="n",cex=1.2)
> legend(250,0.425, "训练集误判率",bty="n",cex=1.2)
```

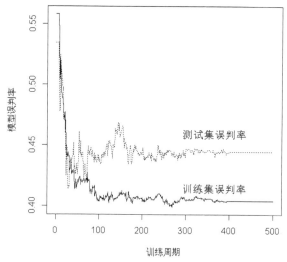

图 13-2　在不同训练周期下模型的误判率

在图 13-2 中可以看到，模型针对于训练集和测试集的误判率均同时随训练周期的增大而降低。在前文理论部分中，谈论到当模型训练周期过长时，模型应该会出现过度拟合的问题，即在训练周期达到一定程度时，测试集误差将会反向变化，训练集误差将会随着模型训练周期的增大而增大。

对于这个问题，当使用 R 软件进行模型构建时会经常遇到，但这并非说明理论出现了错误。对该问题进行进一步分析可以得知出现该问题存在着两个原因。

首先，在 R 软件的 nnet 程序包中，函数在构建模型时将会设定一个条件值以避免函数进入死循环。即在默认情况下，当函数计算值变化为零时模型将会停止运转，所以很多时候模型将不会运行到过高的训练周期。

其次，由于训练集样本同测试集样本的相似度过高，所以训练集中的特征同样为测试集中的特征，所以即使在过度拟合的情况下，所构建的模型同样能很好地适用于与训练集相似度很高的数据集。

尽管出现图 13-2 中的问题，但是该图像仍然具有一定的参考价值。从图中可以发现，训练集误差随着训练周期的增大而不断减小；但是对于测试集，当训练周期达到一定程度后，模型的误判率将会趋于平稳，模型的误判率将不再下降。所以针对图 13-2 中的情况，本文综合分析决定将模型的训练周期确定为 300。

因此，最终得出的模型为隐藏层节点数为 3，训练周期为 300，对于最新抽取的样本集中，在随机数生成器初始值为 111 情况下的人工神经网络模型。

```
> set.seed(111)
> model=nnet(quality~.,data=wine,maxit=300,rang=r,size=3,subset=samp)
> x=wine[-samp,1:11]                     # 确认需要进行预测的样本特征矩阵
> pred=predict(model,x,type="class")     # 根据模型 model 对 x 数据进行预测
> table(wine[-samp,12],pred)
pred
         bad     good     mid
bad      236     5        52
good     20      57       111
mid      176     38       205
```

13.4   本章汇总

iris	数据集	datasets 软件包提供的数据集
nnet	软件包	用于人工神经网络模型的建立
nnet	函数	用于人工神经网络模型的建立
class.ind	函数	用于人工神经模型数据预处理
plot	函数	绘制相关图像

第 **14** 章

模型评估与选择

在前面的章节中我们已经了解了一系列的模型构建过程，而在这一系列模型中，大部分都是通过描述和拟合来进行预测的。所以我们在评估一个模型时，通常考虑的重点也即为模型的预测能力。

通常，我们需要对多个模型进行评估，从而从众多的模型中最终确定出一个最优的模型。而在模型评估这一过程中，必须弄清楚我们利用模型进行样本预测时所想要得到的结果是什么，这样做的同时也有助于我们清晰地认识在模型构建的过程中，被放入模型中的变量是否合适和必要。在利用软件进行模型评估之前，重要的一步就是模型构建者自身对统计模型的重新审视。

14.1 评估过程概述

在本章，将要重点介绍我们在进行模型评估时需要了解的模型各方面的性质。在进行模型评估过程中，将会用到 R 软件自带的函数 predict()，同时我们将主要通过 R 软件中的程序包 Rattle 进行模型评估。

在评估过程中，将会对模型性能的各个方面进行测评。

1. 混淆矩阵

我们通常会从模型的混淆矩阵开始来测评模型的预测能力。模型的混淆矩阵主要是讨论模型的预测结果同真实结果之间的差距，从模型的混淆矩阵中我们将会引申出 4 个概念，分别为：正确的肯定结果、错误的肯定结果、正确的否定结果以及错误的否定结果。

2. 风险图

根据模型的混淆矩阵以及以上 4 个概念，我们将绘制出模型的风险图。风险图主要是利用图像的形式来对模型的预测结果与真实值之间的差别进行比较分析。

3．ROC 图像

除了模型风险图之外，我们还能绘制出模型的 ROC 图像进行模型评估。

4．得分数据集

在模型评估的最后，我们将能得到一个关于模型的简单的得分数据集。

以上介绍的便是本章将进行讲解的模型评估的大致过程，每一步骤的具体实现及意义将在后面部分一一说明。

在进行模型评估之前我们必须注意：当利用一个新的数据集进行模型分析的时候，这个新的数据集中所包含的变量以及数据类型，也应该同模型建立时所使用的数据集相同，否则将会出现错误。

14.2　安装 Rattle 包

Rattle 是 R 中一个用于数据挖掘的图形交互界面（GUI），可快捷处理常见的数据挖掘问题。从数据的整理到模型的评价，Rattle 给出了完整的解决方案。Rattle 和 R 具有良好的交互性，使得用户使用 R 语言解决复杂问题更为方便快捷。而且 Rattle 易学易用，不要求有 R 语言的编程基础，被广泛地应用于数据挖掘实践和教学之中。

Rattle 程序包的安装同其他程序包的安装略有不同，由于该程序包相当于 R 软件中的一个可视化窗口，所以在安装之前需要安装相关插件，以保证该程序包的正常运行。Rattle 使用 RGtk2 包提供的 Gnome 图形用户界面，可以在 Windows、Mac OS/X、Linux 等多种系统中使用。正是由于 RGtk2 包的出现，使得 Rattle 的界面实现完全由 R 来写成，这样 Rattle 才完全成为了一种基于 R 的应用。

具体安装步骤如下所示。

1．下载并安装 GTK+（7MB）

GTK+最初是 GIMP 的专用开发库（GIMP Toolkit），一套跨多种平台的图形工具包，后来发展为 UNIX-like 系统下开发图形界面的应用程序的主流开发工具之一，目前已发展为一个功能强大、设计灵活的通用图形库。

该插件的下载地址：http://downloads.sourceforge.net/gladewin32/gtk-2.12.9-win32-2.exe。

2．下载并安装 GGobi（807KB）

GGobi（http://www.ggobi.org）是一种用于交互式可视化的开源软件，可以用作 R 软件的插件，或者通过 Perl、Python 等脚本语言来调用。

该插件的下载地址：http://www.ggobi.org/downloads/ggobi-2.1.8.exe。

3．在 R 软件语言输入窗口中输入相关语言进行程序包的下载及安装

具体安装语句：

```
> install.packages("rattle", dependencies=TRUE)     # 安装程序包 rattle
```

4．将程序包更新为最新版本

具体更新语句：

```
> install.packages("rattle",repos=http://rattle.togaware.com)     # 更新程序包 rattle
```

5．在以上步骤成功运行之后，即完成了程序包的安装，程序可以正常使用。

```
> library(rattle)                                    # 加载程序包
> rattle()                                           # 调用程序包
```

在完成如上步骤后，即可得到如图 14-1 所示的 Rattle 程序包的初始界面。

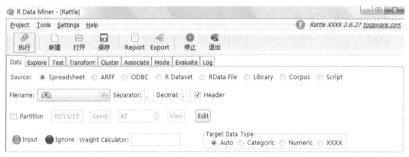

图 14-1　Rattle 程序包的初始界面（即 Data 选项界面）

14.3　Rattle 功能简介

如图 14-1 所示，在 Rattle 界面的中上部有一栏菜单按钮，其中有 9 个选项，分别为：Data、Explore、Test、Transform、Cluster、Associate、Model、Evaluate 以及 Log。以上选项即为该程序包的主要功能，这些选项依次排序使用即为通常情况下模型建立的完整过程。

在本章中，选项 Model 与选项 Evaluate 为进行模型评估的核心内容。因此，接下来本文将依次简要介绍该程序包中各选项的具体使用方式，并对 Model 和 Evaluate 进行详细解说。

14.3.1　Data——选取数据

选项 Data 主要用于模型数据的选取，确定模型数据的来源。

我们继续看图 14-1，在数据来源中，通常有来源于表格的数据（Spreadsheet），例如在 Excel 中建立的数据；来源于数据库的数据（ODBC），例如通过 R 直接提取 MySQL 中的数据；来源于 R 软件中的数据集（R Dataset）等。

在界面中，第三行中的参数 Partition 主要用于数据的划分。在该程序包中，为了方便进行模型的建立和分析，系统将会把原始数据集划分为三部分，分别为 Training、Validation 以及 Testing。如图中所示，系统将默认划分比例设为 70:15:15，并将按照划分比例从数据集中随机抽取样本。在具体使用过程中，数据集 Training 主要用于模型的建立，数据集 Validation 以及数据集 Testing 主要用于模型评估以及模型测试。

在确定数据来源与数据划分之后，系统将会列出数据集中的各个变量以及变量的数据类型。在数据对话窗口中，我们可以选择变量在构建模型时的具体作用。

14.3.2 Explore——数据探究

选项 Explore 主要用于数据探究，其界面如图 14-2 所示。

图 14-2   Rattle 程序包的 Explore 界面

如图 14-2 所示，该程序包中的 Explore 界面主要能根据数据集输出关于数据集的以下信息：数据总体概括（Summary）、数据分布情况（Distributions）、数据的相关系数矩阵（Correlation）、数据集的主成分分析（Principal Components）以及各变量之间的交互作用（Interactive）。

14.3.3 Test——数据相关检验

选项 Test 主要用于数据集的相关检验，其操作界面如图 14-3 所示。

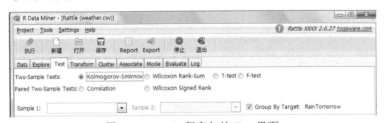

图 14-3   Rattle 程序包的 Test 界面

我们从图 14-3 中可以看到，该界面主要进行的统计检验有：KS 检验（Kolmogorov-Smirnov）、威尔克特斯检验（Wilcoxon Rank-Sum）、T 检验（T-test）以及 F 检验（F-test）。

14.3.4　Transform——数据预处理

选项 Transform 主要用于数据集的预处理，操作界面如图 14-4 所示。

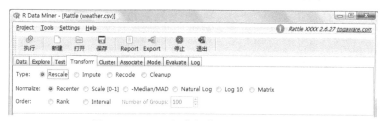

图 14-4　Rattle 程序包的 Transform 界面

如图 14-4 所示，Transform 界面中对数据的转换主要有 4 种转换类型，分别为数据标准化（Rescale）、数据插值（Impute）、数据重排列（Recode）以及数据清理（Cleanup）。我们可以看到，在数据转换类型 Type 的下面一行里，显示出了在数据标准化中将要使用到的标准化方式，例如 0-1 标准化等。

14.3.5　Cluster——数据聚类

选项 Cluster 主要用于将数据集进行聚类，如图 14-5 所示。

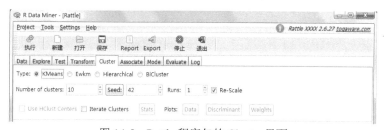

图 14-5　Rattle 程序包的 Cluster 界面

Cluster 界面中主要存在 4 种数据的聚类方式，分别为 K 均值聚类法（KMeans）、自适应的软子空间聚类算法（Ewkm）、层次聚类法（Hierarchical）以及双聚类算法（BiCluster）。从图中可以发现，在聚类方法 Type 的下面一行主要用于决定聚类分析的相关参数，例如类别数量以及随机生成器初始值等。

14.3.6　Model——模型评估

选项 Model 主要用于模型的估计，即构建我们即将进行评估的模型，如图 14-6 所示。

在 Rattle 的 Model 界面中，我们可以看到界面的第一行是模型类型 Type。在本文的例图中，模型的类别总共有 6 种，分别为决策树模型（Tree）、随机森林模型（Forest）、自适应选择模型（Boost）、支持向量机分类模型（SVM）、普通线性回归模型（Linear）以及单隐藏层人工神经网络模型（Neural Net）。这里的模型类别并非由 R 软件自行固定决定，而主要取决于读者电脑中相关的程序包。即读者需要评估何类模型，则应先下载并安装相应的模型构建程序包。

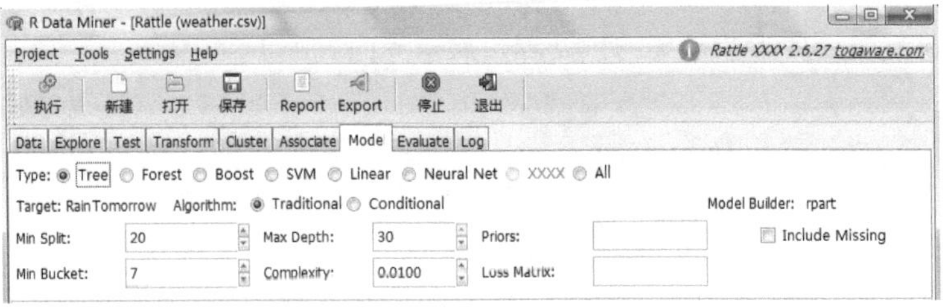

图 14-6　Rattle 程序包的 Model 界面

在确定了模型的预测类别后，界面下面将会出现和模型有关的参数。例如从图中关于决策树的参数中我们可以看到，第一个参数值是决策树的最小节点数。在确定模型的类别以及模型相关的参数之后，我们需要单击"执行"按钮进行模型构建。

系统在建立出模型之后将会在下面的对话框中展示出模型的相关信息。

以随机森林为例，详细情况如图 14-7 所示。

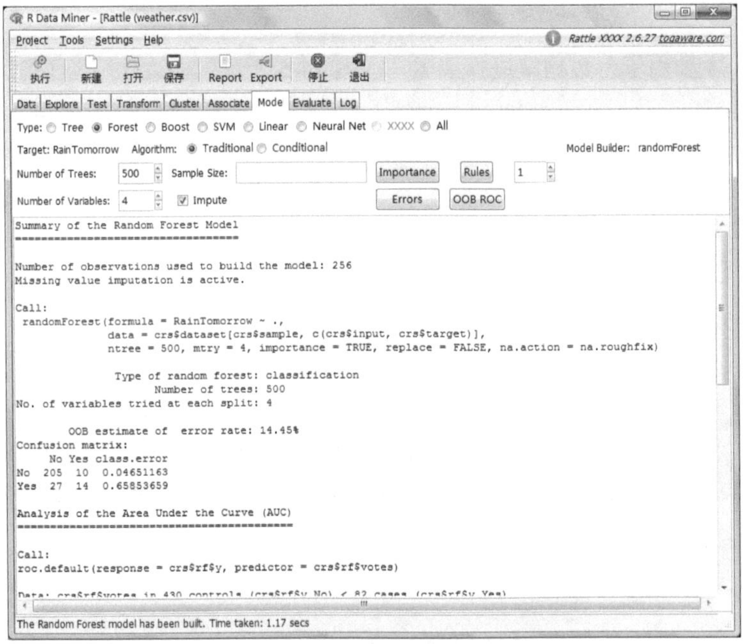

图 14-7　Rattle 程序包中随机森林模型界面

图 14-7 所示为利用 Rattle 程序构建随机森林模型的相关结果输出图。在图中我们可以看到，本次建立的随机森林模型中决策树的个数为 500 棵，而每一棵决策树的节点分支处所选择的变量个数为 4 个。

通过图像显示可以看到，在参数决定窗口的旁边有四个按钮。其中，Importance 按钮主要用于绘制模型中各变量在两种不同的标准下的重要值图像，如图 14-8 所示；Errors 按钮主要用于绘制模型中各个类别以及根据袋外数据计算的误判率的图像，如图 14-9 所示；OOB ROC 按钮主要用于绘制根据随机森林模型的袋外数据计算而得到的 ROC 图像，如图 14-10 所示。

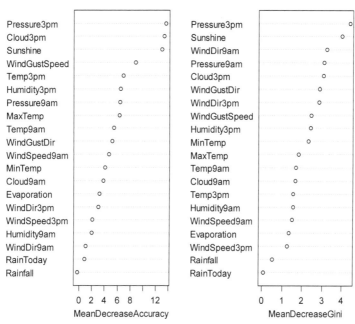

图 14-8　Rattle 程序包中随机森林模型变量重要值图像

图 14-8 中所示的随机森林模型中变量的重要值在前面章节中已经做了具体的介绍，这里通过 Rattle 程序包所绘制的变量重要值图像也是根据模型中各变量的重要值绘制的。该图像总体分为两个图像，其中第一个图像为根据精确度平均减少值所计算得出的重要值所绘制；第二个图像为根据节点不纯度减少平均值计算得出的重要值所绘制。该图中纵轴为所有变量的名称，横轴为各变量对应的重要值。所以在该图像中，越在顶层的变量对于模型的重要程度越大。

图 14-9 中所示的随机森林模型中的各个类别误判率图像也在前面"随机森林"章节中做了具体的介绍。该图中总共有三条不同颜色的线，这三条线分别代表了肯定结论的误判率、否定结论的误判率以及根据袋外数据计算而得的误判率。该图中纵轴为具体误判率的值，而横轴为随机森林中决策树的数量。在前面章节中我们已经介绍了该图像可以用来帮助决策随机森林中决策树的数量。

图 14-10 所示为根据随机森林模型中的袋外数据计算并绘制的 ROC 图像，对于该图像，本文将在接下来的内容中进行具体介绍。

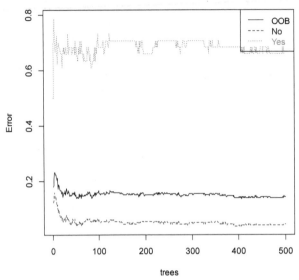

图 14-9　Rattle 程序包中随机森林模型各类别误判率图像

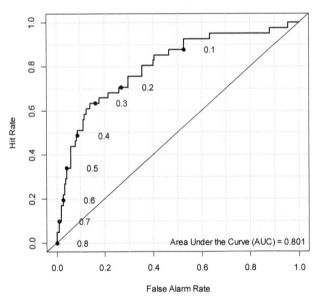

图 14-10　Rattle 程序包中随机森林模型 ROC 图像

14.3.7　Evaluate——模型评估

选项 Evaluate 主要用于本章重点内容——模型评估，如图 14-11 所示。

图 14-11　Rattle 程序包中 Evaluate 界面

如图 14-11 中所示，在 Evaluate 界面中，程序包提供了一系列模型评估标准。其中有模型混淆矩阵（Error Matrix）、模型风险表（Risk）、模型 ROC 图像（ROC）以及模型得分数据集（Score）等各类模型评估指标。对于以上指标的具体介绍本文将在接下来的内容中分别讲解。

在模型评估标准类型的下面一行是需要进行评估的模型类别，这一行的选项只有在前面 Model 选项中已经建立了的模型才可用。在模型类别的选择栏下面一行为数据类型选择栏。前文中已经介绍过，Rattle 程序包将原始数据集随机划分为三部分，通常情况下 Training 数据集用于模型构建，而 Validation 数据集与 Testing 数据集用于模型评估。

14.3.8　Log——模型评估记录

选项 Log 主要用于记录以上所介绍的所有功能的具体执行情况。

14.4　模型评估相关概念

在介绍 Rattle 程序包的具体使用方法之前，先简要地介绍一些相关的概念。

14.4.1　误判率

用于评估模型性能的最简便的方法便是分析模型的误判率。误判率的具体计算是根据模型预测结果同真实值之间的差别而计算得出的。我们可以简单地通过用误判的样本个数除以样本总数而得到相应的模型误判率。

14.4.2　正确/错误的肯定判断、正确/错误的否定判断

这 4 个概念来自于模型的混淆矩阵，但是这 4 个概念的具体应用却不仅仅局限于模型的混淆矩阵。

在案例中的天气预测模型中，如果模型预测为"下雨"并且明天确实下雨了，那么这便是一个正确的肯定判断；同理，如果模型预测同第二天的真实情况都为"不下雨"，那么这便是一个正确的否定判断。另一方面，如果模型预测为"下雨"，然而真实的情况是第二天没有下雨，那么我们将这个预测结果称为错误的肯定判断；同理，如果预测结果为"不下雨"，而真实结果是下雨了，那么我们将之称为错误的否定判断。

其实，如果只是探究模型的误判率，并不需要这么具体的划分。但是之所以进行这样具体的划分，也是有其重要意义的。

比如说在本文的天气数据集中，模型发生"错误肯定判断"和"错误否定判断"对判断结果使用者所造成的损失是显著不同的。一个"错误的肯定判断"也就是说模型预测明天下雨然而明天没用下雨，那么这样会产生的结果是我们带了伞却没用到，这对我们来说其实是一个非常小的损失；但是如果模型发生的是一个"错误的否定判断"，也就是说模型预测明天不下雨但是明天却下雨了，那么我们就会被困在雨中或者是将衣服弄湿，这样的损失相对于错误的肯定判断来说是严重的。

再比如，更为引人关注的医疗误诊问题，一个错误的肯定判断（将健康者诊断为患者）产生的影响（财力、精神损失）将会显著小于一个错误的否定判断（将患者诊断为健康者）所产生的影响（延误治疗而导致病情加重甚至死亡）。

至于到底是错误的肯定判断产生的不利影响较大，还是错误的否定判断产生的不利影响较大，这个问题主要取决于模型的具体应用环境。但通常情况下，我们都会比较注重正确的肯定判断以及错误的肯定判断。

14.4.3　精确度、敏感度及特异性

模型的精确度是指正确的肯定判断与全部肯定判断的比值，模型的精确度主要是用于测评模型针对肯定的预测结果的准确度。

模型的敏感度是指模型正确的肯定判断与真实的肯定结果的比率，模型的敏感度主要用于测评模型具体能够鉴别出实际样本的肯定结果中有多少个真实结果。

模型的特异性主要是用于测评模型具体能够鉴别出实际样本的否定结果中有多少个否定结果，该值刚好与模型的敏感度测评的范围相异。

14.5　Rattle 在模型评估中的应用

14.5.1　混淆矩阵

在 Rattle 程序包中，Evaluate 的默认评估标准即为混淆矩阵。在单击"执行"按钮之后系统将会根据所选数据集，计算得出相应所选模型的混淆矩阵。

该矩阵主要用于比较模型预测值同实际真实值之间的差别。通过混淆矩阵我们将能够很清晰地观察到模型中的正确肯定判断、错误肯定判断、正确否定判断以及错误肯定判断的具体情况，这有利于我们根据实际需求去调整相应的模型。

图 14-12 所示即为利用天气数据集所建立的随机森林模型混淆矩阵。

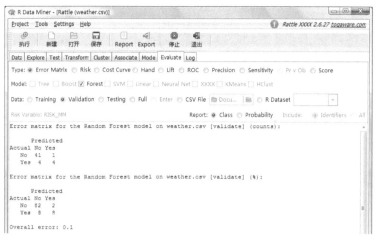

图 14-12　利用天气数据集所建立的随机森林模型混淆矩阵

其中第一个矩阵中的数据代表的是样本的个数，另一个矩阵中的数据则代表了该类别样本占总样本的比率。根据图中所示，我们可以得到的信息有以下 3 个方面。

- 进行混淆矩阵分析的模型为随机森林模型；
- 进行混淆矩阵分析的数据来自于原始数据中的 Validation 数据集；
- 模型总计误判率为 0.1，其中模型中存在错误的肯定预测 1 个，所占百分比为 2%，而存在错误的否定预测 4 个，占样本总数的 8%。

根据分析结果可以看出，在模型中"错误的否定预测"较多，如果模型所处理的实际问题中对于错误的否定预测损失较大，那么我们就应该对模型进行适当调整，最简单的做法便是在建立模型的时候为模型赋予一个权重值，即加大模型中肯定结果的权重。

14.5.2　风险图

模型的风险图通常也被称之为累计增益图，该图像主要提供了二分类模型评估中的另一种透视图，该图像可以通过 Evaluate 界面中的 Risk 选项直接生成而得到。在接下来对于模型风险图的分析中，我们将利用一份审计数据集进行示例。

这份审计数据集中包含的是一份关于纳税人的纳税审计情况，该份数据为二分类数据。在该数据集中肯定的结果代表的是纳税人由于报表中的不准确而被要求修改纳税申报表；相反，在该数据中否定的结果则代表纳税人的纳税申报表不用进行调整。对于每次调整我们都记录了它相应的金额，这便是风险表中的风险变量。

我们根据这份审计数据在 Rattle 程序包中构建随机森林模型，具体导入数据以及建模过程已在前文中介绍，在此将不进行过多叙述。相应的风险图如图 14-13 所示。

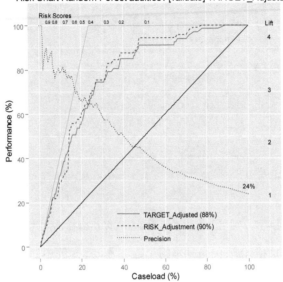

图 14-13   利用纳税人的审计情况所建立的风险图

在理解风险表的时候，我们首先需要找到该问题的核心，并且找到该模型的特定环境。在本案例中，这个特定的情节就是对纳税人所进行的审计活动。假设我们每年将会对 100000 人进行审计，根据风险图中所示，那么就将会存在 24000 人需要对他们各自的纳税申报表进行调整。我们将这个比率（24%）称之为 strike rate。

在现实生活中，通常会由于经费与时间的限制而导致我们并不能进行大样本的分析。例如，假设我们现有的资金量仅允许我们针对 50000 名纳税者进行审计工作。相比较原来的 100000 名纳税人的审计，我们现在需要从以前的样本中随机挑选出 50%的样本进行审计，那么我是否也可以认为在这 50%的样本中同样是有 24%的纳税人需要进行纳税申报表的调整呢？换而言之，在这 50000 名被审计的纳税人中，是否存在着 12000 人需要进行纳税申报表的调整呢？在图 14-13 所示的模型风险图中，从(0,0)点至(100,100)点的对角线就代表了一个随机抽样的过程，即一个随机的 50%抽样同时会带来原模型 50%的性能，我们将把这条对角线看作一条基准线。

现在就以之前文中所构建的随机森林模型为例，随机森林模型将会对纳税者是否需要进行纳税申报表调整给出一个似然值的预测。对于每一位纳税人，模型都会给出一个评分，而这个评分可以看作"纳税人是否需要进行纳税申报表调整"的概率。那么我们将这个评分进行排序，则分数较高的纳税人将会比分数较低的纳税人有更高的风险去进行纳税申报表的调整。试想一下，如果在我们随机挑选 50000 名纳税人进行审计的时候，所挑选到的纳税人都是具有高风险值的纳税人，那么最后的模型结果又会是何种情况呢？

图 14-13 中基准线上方的实线所代表的就是根据模型对数据进行重新排列后，新得到的模型

还能具有原模型多少性能的百分比。在图中我们可以看到，对于一个 50% 的样本比，模型的性能将会下降到原始性能的 90%。换而言之，模型在 50% 样本的情况下还能够识别出 90% 的肯定样本，即对于 50000 个审计对象，将可能有 21600（24000 的 90%）个纳税人需要进行纳税申报表的调整。这相对于基准线的 12000 人是一个非常显著地提高。

在图 14-13 中我们还需要注意一点，当我们进行 90% 的样本审计后，该模型就能够达到原模型 100% 的性能。这就是说，当我们只进行了 90000 名纳税人的审计之后，我们就能够保证所有需要进行纳税申报表调整的人都能被模型所预测到。通过这样的分析，我们将能节省大约 10% 的成本。

在图 14-13 中基准线上方的虚线通常和上述实线非常趋同。该虚线提供的是对于模型中风险大小的一个衡量标准。该图像是根据模型中的风险变量而绘制的。在本案例中，主要的风险变量是模型自带变量 RISK_Adjustment 和前文中介绍的进行纳税申报表调整所产生的金额。在本文的案例中，模型就是通过上述内容来进行模型风险程度的度量的。

对于任意一个二分类变量的模型，只要是通过 Rattle 程序包构建的，那么就能利用模型的风险图对模型进行分析和评估。在比较不同模型的风险图时，通常情况下我们都寻找图形下方面积较大的模型，即靠近图像左上角的图形所代表的模型性能通常优于靠近基准线的模型。

图 14-14（1）至 14-14（4）中所示图像为 4 个模型的风险图对比，通过这样的形式我们将能更为清晰地比较各模型之间风险图的不同。图 14-14 中的 4 个模型分别为：决策树模型、随机森林模型、支持向量机分类模型以及自适应选择模型。

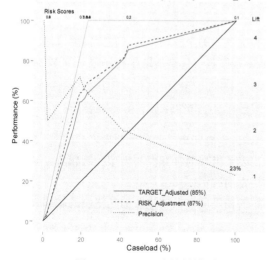

图 14-14（1）　决策树模型

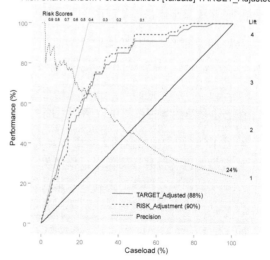

图 14-14（2）　随机森林模型

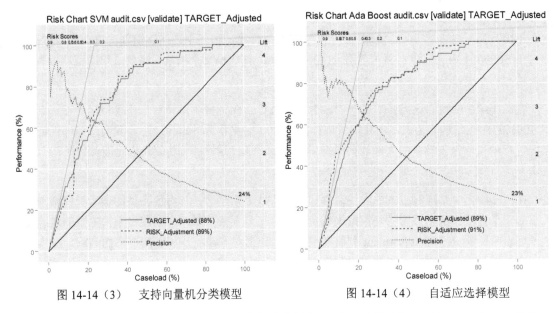

图 14-14（3）   支持向量机分类模型   图 14-14（4）   自适应选择模型

正如图 14-14 中所示，图形下方面积最大的为根据自适应选择模型所绘制的风险图。该图像中有 89%的面积处于 Target-Adjusted 线的下方。

14.5.3 ROC 图及相关图表

模型的 ROC 图像同样也是一种比较常见的用于数据挖掘的模型评估图。此外，与 ROC 图像相关且类似的图像还有敏感度与特异性图像、增益图、精确度与敏感度图像，但是在这些图像之中，ROC 图像是使用最为广泛的。

ROC 图像的形式与风险图较为类似，不同之处在于各自的坐标轴不同。在此需要注意的是，Rattle 程序包自身不具有绘制 ROC 图像的功能，Rattle 程序包仅仅是借助于程序包 ROCR 绘制出相应的 ROC 图像。

在上述介绍的 4 种图像中，两两之间的区别在于各自坐标轴所代表的内容不同。

- 在 ROC 图像中绘制的为正确肯定判断率与错误肯定判断率之间的关系图；
- 在敏感度与特异性图像中，横纵坐标轴分别代表了模型的特异性与模型的敏感度；
- 在增益图中，图像的横轴代表的是抽取原始样本的比例；
- 在精确度与敏感度图像中，纵轴代表的为模型的精确度，横轴代表的是模型的敏感度。

图 14-15 中统一列出了以上 4 个模型，模型顺序依次为：ROC 图、精确度与敏感度图、敏感度与特异性图、增益图。

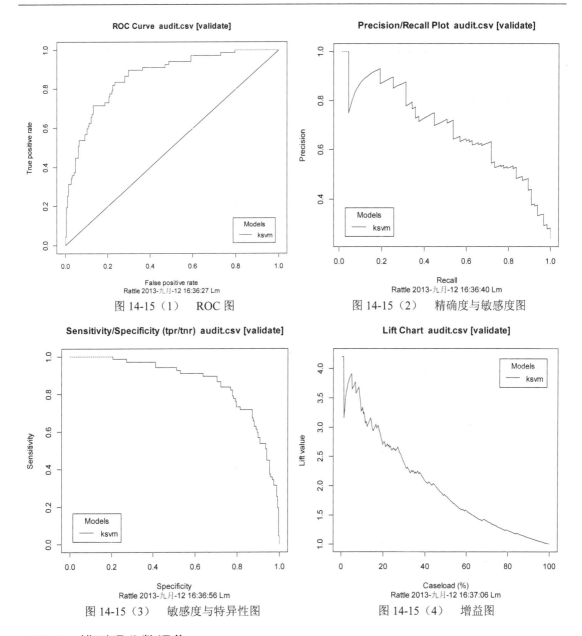

图 14-15（1）　ROC 图

图 14-15（2）　精确度与敏感度图

图 14-15（3）　敏感度与特异性图

图 14-15（4）　增益图

14.5.4　模型得分数据集

在 Evaluate 界面中，程序包还提供了一个得分数据集的按钮。

在程序包中，该按钮的主要作用是让我们能够将模型分析预测结果保存为文件的形式，以便于我们能够在其他软件中对模型进行更多的分析活动，而不仅仅是跑一遍数据生成一个模型这么简单。该软件会根据我们所选择的数据利用模型进行预测，并将预测结果以 CSV 文件的格式进行保存。

14.6 综合实例

下面通过一个综合实例，讲述模型的评估与选择。

14.6.1 数据介绍

本案例中选择的数据来源于 Rattle 程序包中关于审计的 audit.csv 数据集，利用 Rattle 程序包读入数据后，利用菜单中的 Explore 项目进行读数据进行描述性分析。选择 Explore 选项中的 Summary 类型。

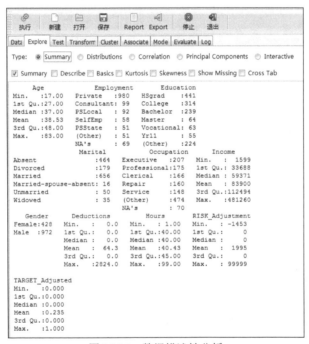

图 14-16　数据描述性分析

由图 14-16 可以看到，该数据中所包含的变量，以及变量的四分位数。对于定性变量，描述性分析图中列示出了每个类别的数量。

14.6.2 模型建立

在读入数据之后，利用 Rattle 程序包中的 Model 选项，选择 Forest 建立随机森林模型。选择参数，建立 500 棵决策树，每一节点上利用的变量个数为 3 个。建立的随机森林模型如图 14-17 所示。

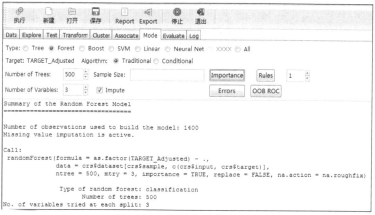

图 14-17　随机森林模型构建

如图 14-17 所示，随机森林模型中含有 1400 个训练集样本，并利用随机森林模型原理对缺失值进行插值。模型利用数据集中的 TARGET-Adjusted 为响应变量。

14.6.3　模型结果分析

对随机森林模型的结果分析，主要有随机森林的重要值分析、模型之间的混淆矩阵对比分析和模型之间的风险图分析，下面分别进行介绍。

1．随机森林重要值分析

随机森林方法的一个重要特征是能够计算每个变量的重要值，Rattle 提供两种基本的重要值，一种是采用精度平均减少值作为度量标准，另一种是采用节点不纯度的平均减少值作为度量标准。模型变量重要值的结果分析如图 14-18 所示。

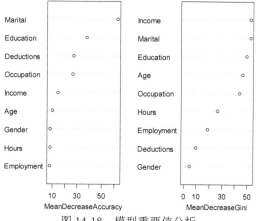

图 14-18　模型重要值分析

按照第一种标准分析，自变量 Marital 对于模型的预测能力是最重要的，自变量 Income 在第一种标准下仅仅属于中等重要程度。然而在第二种判断标准下，自变量 Income 对于模型的预测能力是非常重要的，然而在第一种标准下最重要的自变量 Marital 在第二种标准下仅仅为第二重要的自变量。

2．不同模型之间的混淆矩阵对比情况

模型之间的混淆矩阵对比如表 14-1 所示。

表 14-1　混淆矩阵表（单位：百分之）

决策树模型				随机森林模型		
	Predicted				Predicted	
Actual	0	1		Actual	0	1
0	71	6		0	69	7
1	9	14		1	10	13

支持向量机模型				自适应选择模型		
	Predicted				Predicted	
Actual	0	1		Actual	0	1
0	72	5		0	72	5
1	12	11		1	10	13

从表 14-1 中可以看出：

（1）决策树模型的预测误差为 15%，即将 6% 的真实结果为 0 的样本错误地预测为了 1 的类别，将 9% 的真实结果为 1 的样本错误地预测为了 0 的类别；

（2）随机森林模型的预测误差为 17%，即将 7% 的真实结果为 0 的样本错误地预测为了 1 的类别，将 10% 的真实结果为 1 的样本错误地预测为了 0 的类别；

（3）支持向量机模型的预测误差为 17%，即将 5% 的真实结果为 0 的样本错误地预测为了 1 的类别，将 12% 的真实结果为 1 的样本错误地预测为了 0 的类别；

（4）自适应选择模型的预测误差为 15%，即将 5% 的真实结果为 0 的样本错误地预测为了 1 的类别，将 10% 的真实结果为 1 的样本错误地预测为了 0 的类别。

单纯从预测模型的混淆矩阵进行分析可以发现，支持向量机模型以及随机森林模型的预测能力较差，预测误差高达 17%；与此相反的是，预测能力较强的模型为决策树模型以及自适应选择模型，预测误差为 15%。

3．不同模型之间的风险图分析

不同模型之间的风险图分析如图 14-19 所示。

666666666666

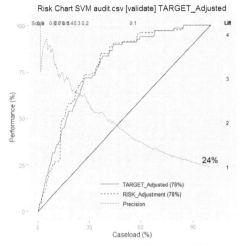

图 14-19（1）　支持向量机模型

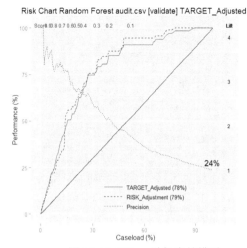

图 14-19（2）　随机森林模型

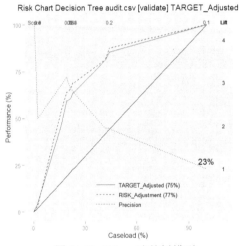

图 14-19（3）　决策树模型

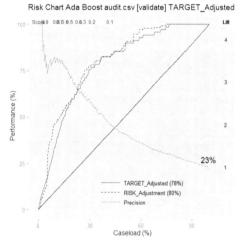

图 14-19（4）　自适应选择模型

从图 14-19 中可以看到，图形下方面积最大的为根据自适应选择模型以及随机森林模型和支持向量机模型所绘制的风险图。该图像中有 78%的面积处于 Target-Adjusted 线的下方。另一方面，决策树模型的 Target-Adjusted 线下方的面积仅为 75%。

根据本章前面的介绍说明可知，对于该数据进行分析预测是，选择使用自适应选择模型以及随机森林模型和支持向量机模型是最有效、最经济的。综合前文中对不同模型的混淆矩阵进行的比较可知，自适应选择模型尽管在预测精度上几乎没有差异，但是在考虑到对数据进行分析时的效率问题，自适应选择模型将优于决策树模型，所以本章案例中最终选择的模型为自适应选择模型。

4．模型 ROC 图及相关图表

模型的 ROC 图及相关图表如图 14-20 所示。

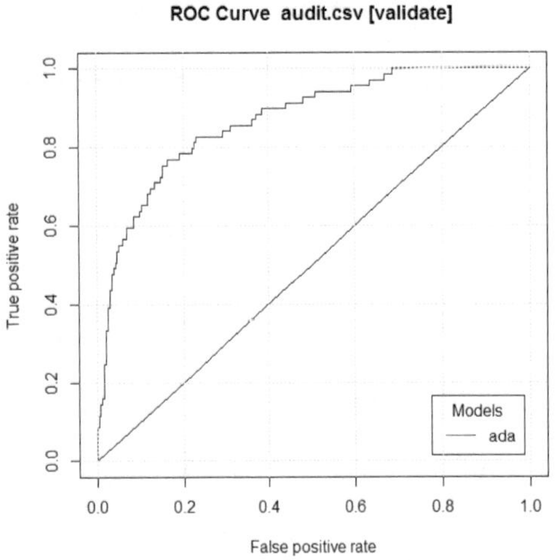
ROC Curve audit.csv [validate]
True positive rate
False positive rate
Models
ada
0.0
0.2
0.4
0.6
0.8
1.0

图 14-20（1） ROC 图

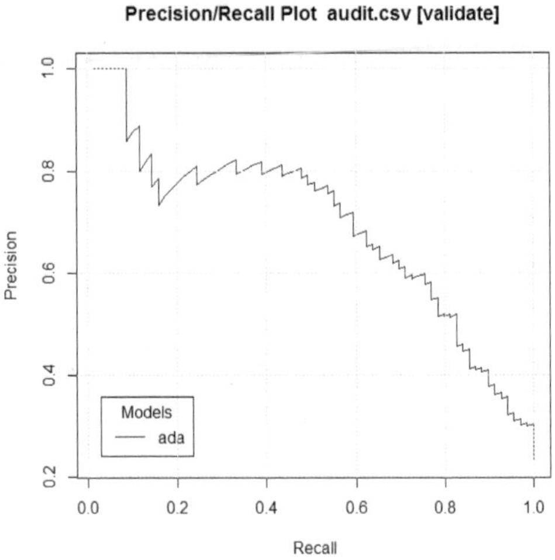
Precision/Recall Plot audit.csv [validate]
Precision
Recall
Models
ada

图 14-20（2） 精确度与敏感度图

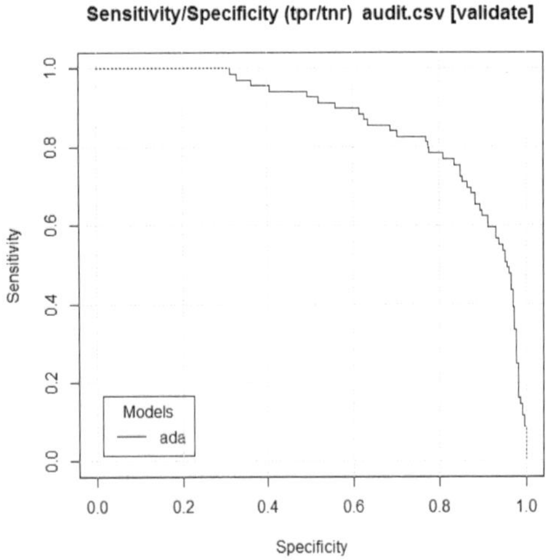
Sensitivity/Specificity (tpr/tnr) audit.csv [validate]
Sensitivity
Specificity
Models
ada

图 14-20（3） 敏感度与特异性图

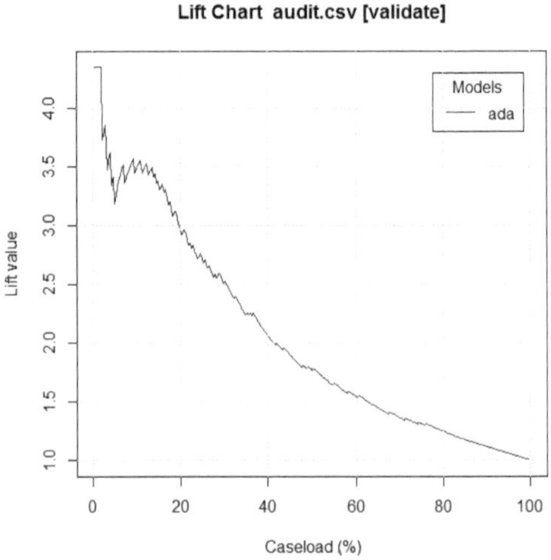
Lift Chart audit.csv [validate]
Lift value
Caseload (%)
Models
ada

图 14-20（4） 增益图

从图 14-20 中可以具体看到自适应选择模型的预测误差相互之间变动的情况。在 ROC 图像中绘制的为正确肯定判断率与错误肯定判断率之间的关系图。

在图 14-20（1）中，模型正确肯定判断率与错误肯定判断率呈现正比例关系变化，且在错误肯定判断率较低时正确肯定判断率的变化幅度较大。

在图 14-20（2）中，模型的精确度同模型的敏感度呈现反比例变动趋势，说明在获得模型精确度的同时将不得不牺牲模型的敏感度。